21世纪高等学校计算机类专业
核心课程系列教材

Oracle数据库教程

第3版·微课视频版

◎ 赵明渊 唐明伟 主编

清华大学出版社

北京

内 容 简 介

根据当前高等学校 Oracle 数据库教学和实验的需要,本书全面系统地介绍了 Oracle 19c 的基础知识、应用开发、教学和实验。其中,实验包含验证性实验和设计性实验。全书分为两篇,包括数据库基础和数据库实验,在打好理论基础的同时,提高实际操作能力。

第 1 篇介绍 Oracle 数据库基础,各章内容为:概论,Oracle 数据库系统,Oracle 数据库,Oracle 表,数据查询,视图、索引、序列和同义词,数据完整性,PL/SQL 程序设计,存储过程和函数,触发器和程序包,安全管理,备份和恢复,事务和锁,Java EE 和 Oracle 学生成绩管理系统开发。第 2 篇介绍 Oracle 数据库实验,各个实验与数据库基础内容相对应。

本书可作为大学本科、高职高专院校及培训机构的教材,也可作为计算机应用人员和计算机爱好者的自学参考书。

图书在版编目(CIP)数据

Oracle 数据库教程:微课视频版/赵明渊,唐明伟主编.—3 版.—北京:清华大学出版社,2024.1
21 世纪高等学校计算机类专业核心课程系列教材
ISBN 978-7-302-65218-2

Ⅰ.①O…　Ⅱ.①赵…　②唐…　Ⅲ.①关系数据库系统－高等学校－教材　Ⅳ.①TP311.132.3

中国国家版本馆 CIP 数据核字(2024)第 003730 号

责任编辑:闫红梅
封面设计:刘　键
责任校对:李建庄
责任印制:刘海龙

出版发行:清华大学出版社
网　　　址:https://www.tup.com.cn,https://www.wqxuetang.com
地　　　址:北京清华大学学研大厦 A 座　　　邮　　编:100084
社　总　机:010-83470000　　　　　　　　邮　　购:010-62786544
投稿与读者服务:010-62776969,c-service@tup.tsinghua.edu.cn
质量反馈:010-62772015,zhiliang@tup.tsinghua.edu.cn
课件下载:https://www.tup.com.cn,010-83470236
印　装　者:三河市东方印刷有限公司
经　　销:全国新华书店
开　　本:185mm×260mm　　印　张:24.25　　　　字　　数:592 千字
版　　次:2015 年 11 月第 1 版　　2024 年 1 月第 3 版　　印　　次:2024 年 1 月第 1 次印刷
印　　数:1～1500
定　　价:69.00 元

产品编号:093037-01

前　言

　　本书以数据库理论为基础,以 Oracle 19c 作为平台,系统地介绍了数据库基础知识和相应的实验,在帮助学生掌握数据库理论知识的同时,还能培养学生掌握数据库管理、操作和数据库语言编程的能力。

　　本书重在应用,特点如下。

　　(1) 教学和实验配套,方便课程教学和实验课教学;深化实验课的教学,每章对应的实验分为验证性实验和设计性实验两个阶段。

　　(2) 理论与实践相结合,培养学生掌握数据库理论知识,从而具备数据库管理和操作能力、编程能力和综合应用能力。

　　(3) 在数据查询、PL/SQL 程序设计、存储过程和函数、触发器和程序包等较为复杂的章节,进行程序分析,以帮助读者理解。

　　(4) 技术新颖,介绍 Oracle 19c 数据库的特性、分区表、排名函数等技术内容。

　　(5) 配套资源丰富,提供教学课件、源代码、教学大纲、教案、微课视频和习题答案。

　　本书由赵明渊、唐明伟主编,参加本书编写的有程小菊、蔡露、赵凯文、周亮宇,对于帮助完成基础工作的同志,在此表示感谢!

　　由于作者水平有限,书中存在的不足之处,敬请读者批评指正。

　　为方便教师教学,本书提供教学课件、教学大纲、教案、所有实例的源代码,教师可登录清华大学出版社网站(www.tup.com.cn)下载,书末附录 A 提供习题参考答案。

作　者

2023 年 10 月

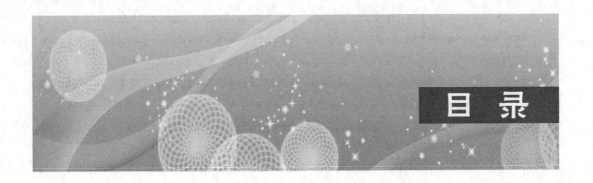

目 录

第1篇 Oracle 数据库基础

第 2 篇 Oracle 数据库实验

微课视频索引

序号	微课视频章节	微课视频二维码	序号	微课视频章节	微课视频二维码
1	1.2　数据库设计		12	6.4　创建索引、修改索引和删除索引	
2	2.3.1　Oracle SQL Developer		13	7.2.1　PRIMARY KEY 约束	
3	2.3.2　SQL * Plus		14	7.3.2　FOREIGN KEY 约束	
4	4.5　使用 PL/SQL 语句定义表		15	8.4　PL/SQL 控制语句	
5	4.6　使用 PL/SQL 语句操作表数据		16	8.5　系统内置函数	
6	4.8　分区表		17	8.6　游标	
7	5.2　简单查询		18	第 9 章　存储过程和函数	
8	5.3　连接查询		19	第 10 章　触发器和程序包	
9	5.5　子查询		20	11.2　用户管理 11.3　权限管理	
10	5.6　排名函数的使用		21	11.4　角色管理	
11	6.2　创建视图、查询视图、更新视图、修改视图和删除视图		22	12.2　逻辑备份与恢复	

第 1 篇

Oracle 数据库基础

第 1 章

概论 ◀

数据库技术在各个行业有着广泛的应用,数据库技术是现代计算机信息系统和计算机应用系统的核心。本章从数据库基本概念与知识出发,介绍数据库设计、SQL 和 PL/SQL、大数据相关内容,它是学习以后各章的基础。

1.1 数据库基本概念

本节介绍数据库、数据管理技术的发展、数据模型、关系数据库等内容。

1.1.1 数据库

1. 数据

数据(Data)是事物的符号表示,数据的种类有数字、文字、图像、声音等,可以用数字化后的二进制形式存入计算机来进行处理。

在日常生活中,人们直接用自然语言描述事务;在计算机中,就要抽出事物的特征组成一个记录来描述,例如,一个学生的记录数据如下所示:

221001	何德明	男	2001-07-16	计算机	52

数据的含义称为信息,数据是信息的载体,信息是数据的内涵,是对数据的语义解释。

2. 数据库

数据库(Database,DB)是长期存放在计算机内的有组织的可共享的数据集合,数据库中的数据按一定的数据模型组织、描述和存储,具有以下特性:
- 共享性,数据库中的数据能被多个应用程序的用户所使用;
- 独立性,提高了数据和程序的独立性,有专门的语言支持;

- 完整性,指数据库中数据的正确性、一致性和有效性;
- 减少数据冗余。

数据库包含了以下含义:

- 建立数据库的目的是为应用服务;
- 数据存储在计算机的存储介质中;
- 数据结构比较复杂,有专门理论支持。

3. 数据库管理系统

数据库管理系统(Database Management System,DBMS)是数据库系统的核心组成部分,它是在操作系统支持下的系统软件,是对数据进行管理的大型系统软件,用户在数据库系统中的一些操作都是由数据库管理系统来实现的。

- 数据定义功能:提供数据定义语言定义数据库和数据库对象。
- 数据操纵功能:提供数据操纵语言对数据库中的数据进行查询、插入、修改、删除等操作。
- 数据控制功能:提供数据控制语言进行数据控制,即提供数据的安全性、完整性、并发控制等功能。
- 数据库建立维护功能:包括数据库初始数据的装入、转储、恢复和系统性能监视、分析等功能。

4. 数据库系统

数据库系统(Database System,DBS)是在计算机系统中引入数据库后的系统构成,数据库系统由数据库、操作系统、数据库管理系统、应用程序、用户、数据库管理员(Database Administrator,DBA)组成,如图 1.1 所示,数据库系统在整个计算机系统中的地位如图 1.2 所示。

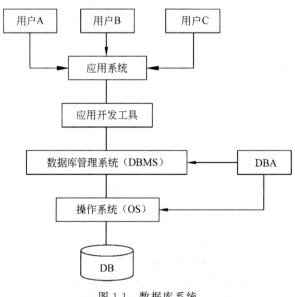

图 1.1　数据库系统

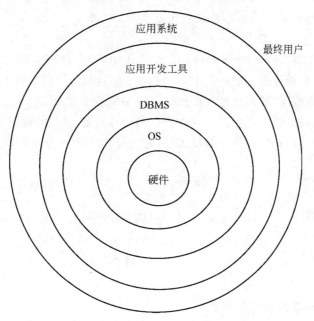

图 1.2 数据库在计算机系统中的地位

从数据库系统应用的角度看,数据库系统的工作模式分为客户/服务器模式和浏览器/服务器模式。

1) 客户/服务器模式

在客户/服务器(Client/Server,C/S)模式中,将应用划分为前台和后台两部分。命令行客户端、图形用户界面、应用程序等分别称为"前台""客户端""客户程序",主要完成向服务器发送用户请求和接收服务器返回的处理结果;而数据库管理系统称为"后台""服务器""服务器程序",主要承担数据库的管理,按用户的请求进行数据处理并返回处理结果,如图 1.3 所示。

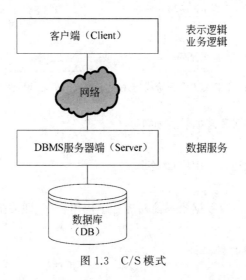

图 1.3 C/S 模式

客户端既要完成应用的表示逻辑,又要完成应用的业务逻辑,完成的任务较多,显得较胖,这种两层的 C/S 模式称为胖客户机瘦服务器的 C/S 模式。

2）浏览器/服务器模式

在浏览器/服务器(Browser/Server,B/S)模式中,将客户端细分为表示层和处理层两部分。表示层是用户的操作和展示界面,一般由浏览器担任,这就减轻了数据库系统中客户端担负的任务,成为瘦客户端;处理层主要负责应用的业务逻辑,它与数据层的数据库管理系统共同组成功能强大的胖服务器。这样将应用划分为表示层、处理层和数据层 3 部分,成为一种基于 Web 应用的客户/服务器模式,称为三层客户-服务器模式,如图 1.4 所示。

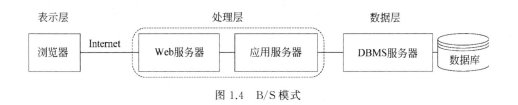

图 1.4　B/S 模式

1.1.2　数据管理技术的发展

数据管理是指对数据进行分类、组织、编码、存储、检索和维护等工作,数据管理技术的发展经历了人工管理阶段、文件系统阶段、数据库系统阶段,现在正在向更高一级的数据库系统发展。

1. 人工管理阶段

20 世纪 50 年代中期以前,人工管理阶段的数据是面向应用程序的,一个数据集只能对应一个应用程序,应用程序与数据集之间的关系如图 1.5 所示。

图 1.5　人工管理阶段应用程序与数据集之间的关系

在人工管理阶段,数据管理的特点如下。

（1）数据不保存。

只是在计算时将数据输入,用完即撤走。

（2）数据不共享。

数据面向应用程序,一个数据集只能对应一个应用程序,即使多个不同程序用到相同数据,也必须各自定义。

（3）数据和程序不具有独立性。

数据的逻辑结构和物理结构发生改变,必须修改相应的应用程序,即要修改数据必须修改程序。

(4) 没有软件系统对数据进行统一管理。

2. 文件系统阶段

20 世纪 50 年代后期到 60 年代中期,计算机不仅用于科学计算,也开始用于数据管理。数据处理的方式不仅有批处理,还有联机实时处理。应用程序与数据之间的关系如图 1.6 所示。

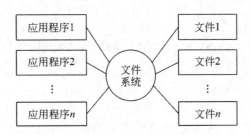

图 1.6 文件系统阶段应用程序与数据之间的关系

在文件系统阶段,数据管理的特点如下。

(1) 数据可长期保存。

数据以文件的形式长期保存。

(2) 数据共享性差,冗余度大。

在文件系统中,一个文件基本对应一个应用程序,当不同应用程序具有相同数据时,也必须各自建立文件,而不能共享相同数据,以致数据冗余度大。

(3) 数据独立性差。

当数据的逻辑结构改变时,必须修改相应的应用程序,数据依赖于应用程序,独立性差。

(4) 由文件系统对数据进行管理。

由专门的软件——文件系统进行数据管理,文件系统把数据组织成相互独立的数据文件,可按文件名访问,按记录存取,程序与数据之间有一定的独立性。

3. 数据库系统阶段

20 世纪 60 年代后期开始,数据管理对象的规模越来越大,应用越来越广泛,数据量快速增加。为了实现数据的统一管理,解决多用户、多应用共享数据的需求,数据库技术应运而生,出现了统一管理数据的专门软件——数据库管理系统。

数据库系统阶段应用程序和数据之间的关系如图 1.7 所示。

数据库系统与文件系统相比较,具有以下的主要特点:

(1) 数据结构化;

(2) 数据的共享度高,冗余度小;

(3) 有较高的数据独立性;

(4) 由数据库管理系统对数据进行管理。

在数据库系统中,数据库管理系统作为用户与数据库的接口,提供了数据库定义、数据库运行、数据库维护和数据安全性、完整性等控制功能。

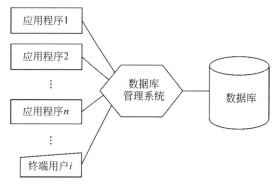

图 1.7　数据库系统阶段应用程序与数据之间的关系

1.1.3　数据模型

模型是对现实世界中某个对象特征的模拟和抽象，数据模型（Data Model）是对现实世界数据特征的抽象，它是用来描述数据、组织数据和对数据进行操作的。数据模型是数据库系统的核心和基础。

1. 两类数据模型

数据模型需要满足三方面的要求：能比较真实地模拟现实世界，容易为人所理解，便于在计算机上实现。

在开发设计数据库应用系统时需要使用不同的数据模型，它们是概念模型、逻辑模型、物理模型，根据模型应用的不同目的，按不同的层次可将它们分为两类：第一类是概念模型，第二类是逻辑模型、物理模型。

1）概念模型

第一类中的概念模型，按用户的观点对数据和信息建模，是对现实世界的第一层抽象，又称信息模型，它通过各种概念来描述现实世界的事物及事物之间的联系，主要用于数据库设计。

2）逻辑模型和物理模型

第二类中的逻辑模型，按计算机的观点对数据建模，是概念模型的数据化，是事物及事物之间联系的数据描述，提供了表示和组织数据的方法，主要的逻辑模型有层次模型、网状模型、关系模型、面向对象数据模型、对象关系数据模型和半结构化数据模型等。

第二类中的物理模型，是对数据最底层的抽象，它描述数据在系统内部的表示方式和存取方法，如数据在磁盘上的存储方式和存取方法，是面向计算机系统的，由数据库管理系统具体实现。

为了把现实世界的具体的事物抽象、组织为某一数据库管理系统支持的数据模型，需要经历一个逐级抽象的过程，将现实世界抽象为信息世界，然后将信息世界转换为机器世界，即首先将现实世界的客观对象抽象为某一种信息结构，这种信息结构不依赖于具体计算机系统，不是某一个数据库管理系统支持的数据模型，而是概念级的模型，然后将概念模型转换为计算机上某一个数据库管理系统支持的数据模型，如图 1.8 所示。

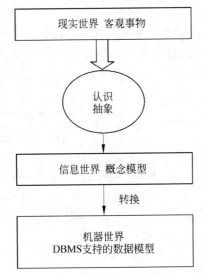

图 1.8 现实世界客观事物的抽象过程

从概念模型到逻辑模型的转换由数据库设计人员完成,从逻辑模型到物理模型的转换主要由数据库管理系统完成。

2. 数据模型组成要素

数据模型(Data Model)是现实世界数据特征的抽象,一般由数据结构、数据操作、数据完整性约束 3 部分组成。

1)数据结构

数据结构用于描述系统的静态特性,是所研究的对象类型的集合,数据模型按其数据结构分为层次模型、网状模型和关系模型等。数据结构所研究的对象是数据库的组成部分,包括两类:一类是与数据类型、内容、性质有关的对象,如关系模型中的域、属性等,另一类是与数据之间联系有关的对象,如关系模型中反映联系的关系等。

2)数据操作

数据操作用于描述系统的动态特性,是指对数据库中各种对象及对象的实例允许执行的操作的集合,包括对象的创建、修改和删除,对对象实例的检索、插入、删除、修改及其他有关操作等。

3)数据完整性约束

数据完整性约束是一组完整性约束规则的集合,完整性约束规则是给定数据模型中数据及其联系所具有的制约和依存的规则。

数据模型三要素在数据库中都是严格定义的一组概念的集合,在关系数据库中,数据结构是表结构定义及其他数据库对象定义的命令集,数据操作是数据库管理系统提供的数据操作(操作命令、语法规定、参数说明等)命令集,数据完整性约束是各关系表约束的定义及操作约束规则等的集合。

3. 层次模型、网状模型和关系模型

数据模型是现实世界的模拟,它是按计算机的观点对数据建立模型,包含数据结构、数据操作和数据完整性约束三要素，下面介绍数据模型中的层次模型、网状模型、关系模型。

1）层次模型

用树状层次结构组织数据，树状结构每一个节点表示一个记录类型，记录类型之间的联系是一对多的联系。层次模型有且仅有一个根节点，位于树状结构顶部，其他节点有且仅有一个父节点。某大学按层次模型组织数据的示例如图 1.9 所示。

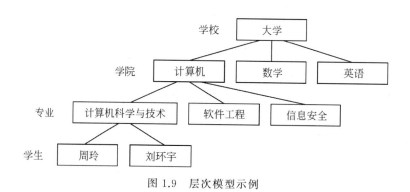

图 1.9　层次模型示例

层次模型简单易用，但现实世界很多联系是非层次性的，如多对多联系等，表达起来比较笨拙且不直观。

2）网状模型

对于多对多联系的数据，可以采用网状结构组织数据。网状结构每一个节点表示一个记录类型，记录类型之间可以有多种联系，按网状模型组织数据的示例如图 1.10 所示。

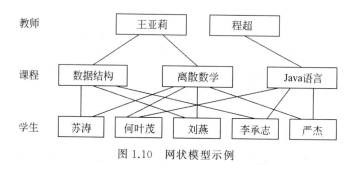

图 1.10　网状模型示例

网状模型可以更直接地描述现实世界，层次模型是网状模型的特例，但网状模型结构复杂，用户不易掌握。

3）关系模型

采用关系的形式组织数据时，一个关系就是一张二维表，二维表由行和列组成，按关系模型组织数据的示例如图 1.11 所示。

关系模型建立在严格的数学概念基础上，数据结构简单清晰，用户易懂易用，关系模型是目前应用最为广泛、最为重要的一种数学模型。

学生关系框架

学号	姓名	性别	出生日期	专业	总学分

成绩关系框架

学号	课程号	分数

学生关系

学号	姓名	性别	出生日期	专业	总学分
221001	何德明	男	2001-07-16	计算机	52
221002	王丽	女	2002-09-21	计算机	50

成绩关系

学号	课程号	分数
221001	1004	94
221002	1004	86
221001	1201	93

图 1.11　关系模型示例

1.1.4　关系数据库

1. 关系数据库基本概念

关系数据库采用关系模型组织数据,关系数据库是目前最流行的数据库,关系数据库管理系统(Relational Database Management System,RDBMS)是支持关系模型的数据库管理系统。

- 关系:关系就是表(Table),在关系数据库中,一个关系存储为一个数据表。
- 元组:表中一行(Row)为一个元组(Tuple),一个元组对应数据表中的一条记录(Record),元组的各个分量对应于关系的各个属性。
- 属性:表中的列(Column)称为属性(Property),对应数据表中的字段(Field)。
- 域:属性的取值范围。
- 关系模式:对关系的描述称为关系模式,格式如下:

$$关系名(属性名1,属性名2,\cdots,属性名n)$$

- 候选码:属性或属性组,其值可唯一标识其对应元组。
- 主关键字(主键,也称主码):在候选码中选择一个作为主键(Primary Key)。
- 外关键字(外键,也称外码):在一个关系中的属性或属性组不是该关系的主键,但它是另一个关系的主键,称为外键(Foreign Key)。

在图 1.10 中,学生的关系模式为:

$$学生(学号,姓名,性别,出生日期,籍贯,专业,总学分)$$

主键为学号。

成绩的关系模式为:

成绩(学号，课程号，分数)

主键为学号和课程号。

2. 关系运算

关系数据操作称为关系运算,投影、选择、连接是最重要的关系运算,关系数据库管理系统支持关系数据库和投影、选择、连接运算。

1) 选择

选择(Selection)指选出满足给定条件的记录,它是从行的角度进行的单目运算,运算对象是一个表,运算结果形成一个新表。

【例 1.1】 从图 1.11 中的学生关系表中选择姓名为何德明的行进行选择运算,选择所得的新表如表 1.1 所示。

表 1.1 选择后的新表

学　号	姓　名	性　别	出生日期	专　业	总 学 分
221001	何德明	男	2001-07-16	计算机	52

2) 投影

投影(Projection)是选择表中满足条件的列,它是从列的角度进行的单目运算。

【例 1.2】 从学生关系表中选取学号、姓名、专业 3 列进行投影运算,投影所得的新表如表 1.2 所示。

表 1.2 投影后的新表

学　号	姓　名	专　业
221001	何德明	计算机
221002	王丽	计算机

3) 连接

连接(Join)是将两个表中的行按照一定的条件横向结合生成的新表。选择和投影都是单目运算,其操作对象只是一个表,而连接是双目运算,其操作对象是两个表。

【例 1.3】 学生关系表与成绩关系表通过学号相等的连接条件进行连接运算,连接所得的新表如表 1.3 所示。

表 1.3 连接后的新表

学　号	姓　名	性　别	出生日期	专　业	总学分	课程号	分　数
221001	何德明	男	2001-07-16	计算机	52	1004	94
221001	何德明	男	2001-07-16	计算机	52	1201	93
221002	王丽	女	2002-09-21	计算机	50	1004	86

1.2 数据库设计

数据库设计是将业务对象转换为数据库对象的过程,它包括需求分析、概念结构设计、逻辑结构设计、物理结构设计、数据库实施、数据库运行和维护 6 个阶段。在本节中,重点介绍概念结构设计和逻辑结构设计的内容。

1.2.1 需求分析

需求分析阶段是整个数据库设计中最重要的一个步骤,它需要从各个方面对业务对象进行调查、收集、分析,以准确了解用户对数据和处理的需求,需求分析中的结构化分析方法采用逐层分解的方法分析系统,通过数据流图、数据字典描述系统。

- 数据流图:数据流图用来描述系统的功能,表达了数据和处理的关系。
- 数据字典:数据字典是各类数据描述的集合,对数据流图中的数据流和加工等进一步定义,它包括数据项、数据结构、数据流、存储、处理过程等。

1.2.2 概念结构设计

为了把现实世界的具体事物抽象、组织为某一 DBMS 支持的数据模型,首先将现实世界的具体事物抽象为信息世界某一种概念结构,这种结构不依赖于具体的计算机系统,然后将概念结构转换为某个 DBMS 所支持的数据模型。

需求分析得到的数据描述是无结构的,概念设计是在需求分析的基础上转换为有结构的、易于理解的精确表达,概念设计阶段的目标是形成整体数据库的概念结构,它独立于数据库逻辑结构和具体的 DBMS,描述概念结构的工具是 E-R 模型。

E-R 模型即实体-联系模型,在 E-R 模型中有以下几个概念。

- 实体:客观存在并可相互区别的事物称为实体,实体用矩形框表示,框内为实体名。实体可以是具体的人、事、物或抽象的概念,例如,在学生成绩管理系统中,"学生"就是一个实体。
- 属性:实体所具有的某一特性称为属性,属性采用椭圆框表示,框内为属性名,并用无向边与其相应实体连接。例如,在学生成绩管理系统中,学生的特性有学号、姓名、性别、出生日期、专业、总学分,它们就是学生实体的 6 个属性。
- 实体型:用实体名及其属性名集合来抽象和刻画同类实体,称为实体型。例如,学生(学号,姓名,性别,出生日期,专业,总学分)就是一个实体型。
- 实体集:同型实体的集合称为实体集,例如,全体学生记录就是一个实体集。
- 联系:实体之间的联系,可分为一对一的联系、一对多的联系、多对多的联系。实体间的联系采用菱形框表示,联系以适当的含义命名,名字写在菱形框中,用无向边将参加联系的实体矩形框分别与菱形框相连,并在连线上标明联系的类型,即 $1:1$、$1:n$ 或 $m:n$。如果联系也具有属性,则将属性与菱形也用无向边连上。

1. 一对一的联系($1:1$)

例如,一个班只有一个正班长,而一个正班长只属于一个班,班级与正班长两个实体间具有一对一的联系。

2. 一对多的联系 (1 : n)

例如,一个班可有若干学生,一个学生只能属于一个班,班级与学生两个实体间具有一对多的联系。

3. 多对多的联系 (m : n)

例如,一个学生可选多门课程,一门课程可被多个学生选修,学生与课程两个实体间具有多对多的联系。

实体之间的 3 种联系如图 1.12 所示。

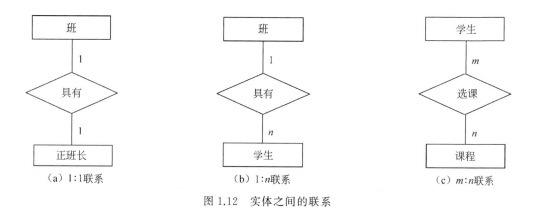

(a) 1:1联系   (b) 1:n联系   (c) m:n联系

图 1.12   实体之间的联系

【例 1.4】   设学生信息系统有学生、课程、教师实体如下:

学生:学号、姓名、性别、出生日期、专业、总学分

课程:课程号、课程名、学分

教师:教师编号、姓名、性别、出生日期、职称、学院

上述实体中存在如下联系:

(1) 一个学生可选修多门课程,一门课程可被多个学生选修;

(2) 一个教师可讲授多门课程,一门课程可被多个教师讲授。

现要求设计该系统的 E-R 图。设计的学生信息系统 E-R 图如图 1.13 所示。

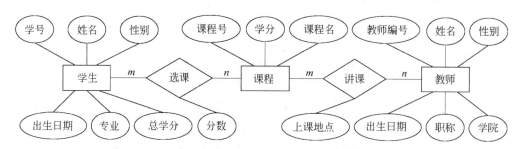

图 1.13   学生信息系统 E-R 图

1.2.3　逻辑结构设计

为了建立用户所要求的数据库,必须将概念结构转换为某个 DBMS 所支持的数据模型,由于当前主流的数据模型是关系模型,所以逻辑结构设计是将概念结构转换为关系模型,即将 E-R 模型转换为一组关系模式。

1.（1∶1）联系的 E-R 图到关系模式的转换

以学校和校长之间的联系为例,一个学校只有一个校长,一个校长只在一个学校任校长,属于一对一关系(下画线"_"表示该字段为主键)。

（1）每个实体设计一张表。

学校(学校编号,名称,地址)

校长(校长编号,姓名,职称)

（2）任选一表,其中的主键在另一个表中充当外键。

例如,选择校长表中的主键在学校表中充当外键,设计以下关系模式。

学校(学校编号,名称,地址,校长编号)

校长(校长编号,姓名,职称)

2.（1∶n）联系的 E-R 图到关系模式的转换

以班级和学生之间的联系为例,一个班级中有若干名学生,每个学生只在一个班级中学习,属于一对多关系。

（1）为每个实体设计一张表。

班级(班级编号,教室号,人数)

学生(学号,姓名,性别,出生日期,籍贯,专业,总学分)

（2）选"1"方表,其主键在"n"方表中充当外键。

例如,选择班级表中的主键在学生表中充当外键,设计以下关系模式。

班级(班级编号,教室号,人数)

学生(学号,姓名,性别,出生日期,籍贯,专业,总学分,班级编号)

3.（$m∶n$）联系的 E-R 图到关系模式的转换

以学生和课程之间的联系为例,一个学生可以选多门课程,一门课程可以被多个学生所选,属于多对多关系。

（1）为每个实体设计一张表。

学生(学号,姓名,性别,出生日期,籍贯,专业,总学分)

课程(课程号,课程名,学分)

（2）产生一个新表,"m"方和"n"方表的主键在新表中充当外键。

选择学生表中的主键和课程表中的主键在新表选课表中充当外键,设计以下关系模式。

学生(学号,姓名,性别,出生日期,籍贯,专业,总学分)

课程（课程号，课程名，学分）

选课（学号，课程号，分数）

【例 1.5】 设计学生信息系统的逻辑结构。

设计学生信息系统的逻辑结构，即设计学生信息系统的关系模式。选课联系与讲课联系都是多对多的联系，将它们都转换为关系，选课关系的属性有分数，讲课关系的属性有上课地点。选课关系实际上是成绩关系，将选课关系改为成绩关系。

学生信息系统的关系模式设计如下：

学生（学号，姓名，性别，出生日期，专业，总学分）

课程（课程号，课程名，学分）

成绩（学号，课程号，分数）

教师（教师编号，姓名，性别，出生日期，职称，学院）

讲课（教师编号，课程号，上课地点）

为了程序设计方便，将汉字表示的关系模式改为英文表示的关系模式：

student(sid, sname, ssex, sbirthday, speciality, tc)　　　对应学生关系模式

course(cid, cname, credit)　　　对应课程关系模式

score(sid, cid, grade)　　　对应成绩关系模式

teacher(tid, tname, tsex, tbirthday, title, school)　　　对应教师关系模式

lecture(tid, cid, location)　　　对应讲课关系模式

1.2.4　物理结构设计

数据库在物理设备上的存储结构和存取方式称为数据库的物理结构，它依赖于给定的计算机系统，为逻辑数据模型选取一个最适合应用环境的物理结构，就是物理结构设计。

数据库的物理结构设计通常分为两步：

- 确定数据库的物理结构，在关系数据库中主要指存取方法和存储结构；
- 对物理结构进行评价，评价的重点是时间和空间效率。

1.2.5　数据库实施

数据库实施主要包括以下工作：

- 建立数据库；
- 组织数据入库；
- 编制与调试应用程序；
- 数据库试运行。

1.2.6　数据库运行和维护

数据库投入正式运行后，经常性维护工作主要由 DBA 完成，内容如下：

- 数据库的转储和恢复；
- 数据库的安全性、完整性控制；

- 数据库性能的监督、分析和改进；
- 数据库的重组织和重构造。

1.3　SQL 和 PL/SQL

SQL(Structured Query Language)是目前主流的关系型数据库上执行数据操作、数据检索及数据库维护所需要的标准语言，是用户与数据库之间进行交流的接口，许多关系型数据库管理系统都支持 SQL，但不同的数据库管理系统之间的 SQL 不能完全通用，Oracle 数据库使用的 SQL 是 Procedural Language/SQL(简称 PL/SQL)。

1.3.1　SQL

SQL 是应用于数据库的结构化查询语言，是一种非过程性语言，本身不能脱离数据库而存在。一般高级语言存取数据库时要按照程序顺序处理许多动作，使用 SQL 只需简单的几行命令，由数据库系统来完成具体的内部操作。

1. SQL 分类

通常将 SQL 分为以下 4 类。

（1）数据定义语言(Data Definition Language，DDL)：用于定义数据库对象，对数据库及数据库中的表、视图、索引等数据库对象进行建立和删除，DDL 包括 CREATE、ALTER、DROP 等语句。

（2）数据操纵语言(Data Manipulation Language，DML)：用于对数据库中的数据进行插入、修改、删除等操作，DML 包括 INSERT、UPDATE、DELETE 等语句。

（3）数据查询语言(Data Query Language，DQL)：用于对数据库中的数据进行查询操作，例如，用 SELECT 语句进行查询操作。

（4）数据控制语言(Data Control Language，DCL)：用于控制用户对数据库的操作权限，DCL 包括 GRANT、REVOKE 等语句。

2. SQL 的特点

SQL 既是自含式语言又是嵌入式语言，具有高度非过程化、应用于数据库的语言、面向集合的操作方式、综合统一、语言简洁和易学易用等特点。

（1）既是自含式语言，又是嵌入式语言。SQL 作为自含式语言，它能够用于联机交互方式，用户可以在终端键盘上直接输入 SQL 命令对数据库进行操作；作为嵌入式语言，SQL 语句能够嵌入到高级语言(如 C、C++、Java)程序中，供程序员设计程序时使用。在两种不同的使用方式下，SQL 的语法结构基本上是一致的，提供了极大的灵活性与方便性。

（2）高度非过程化。SQL 是非过程化语言，进行数据操作，只要提出"做什么"，而无须指明"怎么做"，因此无须说明具体处理过程和存取路径，处理过程和存取路径由系统自动完成。

（3）应用于数据库的语言。SQL 本身不能独立于数据库而存在，它是应用于数据库和表的语言，使用 SQL，应熟悉数据库中的表结构和样本数据。

（4）面向集合的操作方式。SQL 采用集合操作方式，不仅操作对象、查找结果可以是记录的集合,而且一次插入、删除、更新操作的对象也可以是记录的集合。

(5) 综合统一。SQL 集数据查询(Data Query)、数据操纵(Data Manipulation)、数据定义(Data Definition)和数据控制(Data Control)功能于一体。

(6) 语言简洁,易学易用。SQL 接近英语口语,易学实用,功能很强,由于设计巧妙,语言简洁,完成核心功能只用了 9 个动词,如表 1.4 所示。

表 1.4 SQL 的动词

SQL 的功能	动 词	SQL 的功能	动 词
数据定义	CREATE,ALTER,DROP	数据查询	SELECT
数据操纵	INSERT,UPDATE,DELETE	数据控制	GRANT,REVOKE

1.3.2 PL/SQL 预备知识

本节介绍使用 PL/SQL 的预备知识:PL/SQL 的语法约定。

PL/SQL 的语法约定如表 1.5 所示,在 PL/SQL 不区分大写和小写。

表 1.5 PL/SQL 的基本语法约定

语 法 约 定	说 明
大写	PL/SQL 关键字
|	分隔括号或大括号中的语法项,只能选择其中一项
[ ]	可选项
{ }	必选项
[,…n]	指示前面的项可以重复 n 次,各项由逗号分隔
[…n]	指示前面的项可以重复 n 次,各项由空格分隔
[;]	可选的 Transact-SQL 语句终止符。不要输入方括号
<label>	编写 PL/SQL 语句时设置的值
<label>(斜体,下画线)	语法块的名称。此约定用于对可在语句中的多个位置使用的过长语法段或语法单元进行分组和标记,可使用的语法块的每个位置由括在尖括号内的标签指示:<label>

1.4　大数据简介

随着 PB 级巨大的数据容量存储、快速的并发读写速度、成千上万个节点的扩展,我们进入大数据时代。下面介绍大数据的基本概念、大数据的处理过程、大数据的技术支撑等内容。

1.4.1　大数据的基本概念

每秒,全球消费者会产生 10000 笔银行卡交易;

每小时,全球百货连锁店(如沃尔玛)需要处理超过 100 万单的客户交易;

每天,Twitter 用户发表 5 亿篇推文,Facebook(现已更名为 Meta)用户发表 27 亿个赞和评论。

由于人类的日常生活已经与数据密不可分,科学研究数据量急剧增加,各行各业也越来越依赖大数据手段来开展工作,而数据产生越来越自动化,人类进入大数据(Big Data)时代。

1. 大数据的基本概念

"大数据"这一概念的形成,有 3 个标志性事件。

2008 年 9 月,国际学术杂志 Nature 专刊——组织了系列文章 *The Next Google*,第一次正式提出"大数据"概念。

2011 年 2 月,国际学术杂志 Science 专刊——*Dealing with Data*,通过社会调查的方式,第一次综合分析了大数据对人们生活造成的影响,详细描述了人类面临的"数据困境"。

2011 年 5 月,麦肯锡研究院发布报告——*Big Data:The Next Frontier for Innovation,Competition,and Productivity*,第一次给大数据作出相对清晰的定义:"大数据是指其大小超出了常规数据库工具获取、存储、管理和分析能力的数据。"

目前,学术界和工业界对大数据的定义尚未形成标准化的表述,比较流行的提法如下。

维基百科(Wikipedia)定义大数据为"数据集规模超过了目前常用的工具在可接受的时间范围内进行采集、管理及处理的水平"。

美国国家标准技术研究院(NIST)定义大数据为"具有巨量(Volume)、多样(Variety)、快速(Velocity)和多变(Variability)特性,需要具备可扩展性的计算架构来进行有效存储、处理和分析的大规模数据集"。

概况上述情况和定义可以得出:大数据指海量数据或巨量数据,需要以新的计算模式为手段,获取、存储、管理、处理并提炼数据以帮助使用者决策。

2. 大数据的特点

大数据具有 4V+1C 的特点。

(1) 巨量:存储和处理的数据量巨大,超过了传统的 GB(1GB=1024MB)或 TB(1TB=1024GB)规模,达到了 PB(1PB=1024TB)甚至 EB(1EB=1024PB)量级,PB 级别已是常态。

下面列举数据存储单位。

bit(比特):二进制位,二进制最基本的存储单位。

Byte(字节):8 个二进制位,1Byte=8bit

1KB(KiloByte)=1024B=2^{10} Byte

1MB(MegaByte)=1024KB=2^{20} Byte

1GB(GigaByte)=1024MB=2^{30} Byte

1TB(TeraByte)=1024GB=2^{40} Byte

1PB(PetaByte)=1024TB=2^{50} Byte

1EB(ExaByte)=1024PB=2^{60} Byte

1ZB(ZettaByte)=1024EB=2^{70} Byte

1YB(YottaByte)=1024ZB=2^{80} Byte

1BB(BrontoByte)＝1024YB＝2^{90}Byte

1GPB(GeopByte)＝1024BB＝2^{100}Byte

（2）多样：数据的来源及格式多样，数据格式除了传统的结构化数据外，还包括半结构化或非结构化数据，比如用户上传的音频和视频内容。而随着人类活动的进一步拓宽，数据的来源更加多样。

（3）快速：数据增长速度快，而且越新的数据价值越大，这就要求对数据的处理速度也要快，以便能够从数据中及时地提取知识，发现价值。

（4）价值：需要对大量数据进行处理，挖掘其潜在的价值。

（5）复杂：对数据的处理和分析的难度增大。

1.4.2　大数据的处理过程

大数据的处理过程包括数据的采集和预处理，以及大数据分析和数据可视化。

1. 数据的采集和预处理

大数据的采集一般采用多个数据库来接收终端数据，包括智能终端、移动 APP 应用端、网页端、传感器端等。

数据预处理包括数据清理、数据集成、数据变换和数据归约等方法。

（1）数据清理：目标是达到数据格式标准化，清除异常数据和重复数据，纠正数据错误。

（2）数据集成：将多个数据源中的数据结合起来并统一存储，建立数据仓库。

（3）数据变换：通过平滑聚集、数据泛化、规范化等方式将数据转换成适用于数据挖掘的形式。

（4）数据归约：寻找依赖于发现目标的数据的有用特征，缩减数据规模，最大限度地精简数据量。

2. 大数据分析

大数据分析包括统计分析、数据挖掘等方法。

1）统计分析

统计与分析使用分布式数据库或分布式计算集群，对存储于其内的海量数据进行分析和分类汇总。

统计分析、绘图的语言和操作环境通常采用 R 语言，它是一个用于统计计算和统计制图的、免费且源代码开放的优秀软件。

2）数据挖掘

与统计分析不同的是，数据挖掘一般没有预先设定主题。数据挖掘通过对提供的数据进行分析，查找特定类型的模式和趋势，最终形成模型。

数据挖掘常用方法有分类、聚类、关联分析、预测建模等。

（1）分类：根据重要数据类别的特征向量值及其他约束条件，构造分类函数或分类模型，目的是根据数据集的特点把未知类别的样本映射到给定类别中。

（2）聚类：目的在于将数据集内具有相似特征属性的数据聚集成一类，同一类中的数据特征要尽可能相似，不同类中的数据特征要有明显的区别。

（3）关联分析：搜索系统中的所有数据，找出所有能把一组事件或数据项与另一组事件或数据项联系起来的规则，以获得预先未知的和被隐藏的信息。

（4）预测建模：一种统计或数据挖掘的方法，包括可以在结构化与非结构化数据中使用以确定未来结果的算法和技术，可为预测、优化、预报和模拟等许多业务系统所使用。

3. 数据可视化

数据可视化是通过图形、图像等技术，直观形象和清晰有效地表达数据，从而为发现数据隐含的规律提供技术手段。

1.4.3　大数据的技术支撑

大数据的技术支撑有计算速度的提高、存储成本的下降和对人工智能的需求，如图 1.14 所示。

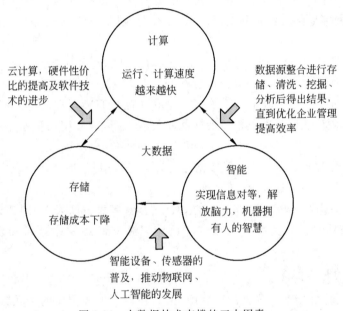

图 1.14　大数据技术支撑的三大因素

1. 计算速度的提高

在大数据的发展过程中，计算速度是关键的因素。分布式系统基础架构 Hadoop 的高效性，基于内存的集群计算系统 Spark 的快速数据分析，HDFS 为海量的数据提供了存储，MapReduce 为海量的数据提供了并行计算，从而大幅度地提高了计算效率。

大数据需要强大的计算能力支撑，我国工业和信息化部电子科技情报所所做的大数据需求调查表明：实时分析能力差、海量数据处理效率低等是进行数据分析处理所面临的主要难题。

2. 存储成本的下降

新的云计算数据中心的出现，降低了企业的计算和存储成本，例如，建设企业网站，通过租用硬件设备的方式，不需要购买服务器，也不需要雇用技术人员维护服务器，并可长期保留历史数据,为大数据做好基础工作。

3. 对人工智能的需求

大数据让机器具有智能,例如,Google 的 AlphaGo 战胜世界围棋冠军李世石,阿里云 AI 成功预测出《我是歌手》的总决赛歌王。

1.4.4 NoSQL 数据库

在大数据和云计算时代,很多信息系统需要对海量的非结构化数据进行存储和计算,NoSQL(Not Only SQL)数据库应运而生。

1. 传统关系数据库存在的问题

随着互联网应用的发展,传统关系数据库在读写速度、支撑容量、扩展性能、管理和运营成本方面存在以下问题。

(1)读写速度慢。关系数据库由于其系统逻辑复杂,当数据量达到一定规模时,读写速度快速下滑,即使能勉强应付每秒上万次 SQL 查询,硬盘 I/O 也无法承担每秒上万次 SQL 写数据的要求。

(2)支撑容量有限。Facebook 和 Twitter 等社交网站,每月能产生上亿条用户动态,关系数据库在一个有数亿条记录的表中进行查询,效率极低,致使查询速度无法忍受。

(3)扩展困难。当一个应用系统的用户量和访问量不断增加时,关系数据库无法通过简单添加更多的硬件和服务节点来扩展性能和负载能力,该应用系统不得不停机维护以完成扩展工作。

(4)管理和运营成本高。企业级数据库的许可证价格高,加上系统规模不断上升,系统管理维护成本无法满足上述要求。

同时,关系数据库一些特性(如复杂的 SQL 查询、多表关联查询等)在云计算和大数据中往往无用武之地,所以,传统关系数据库已难以独立满足云计算和大数据时代应用的需要。

2. NoSQL 的基本概念

NoSQL 数据库泛指非关系型的数据库,指其在设计上和传统的关系数据库不同,常用的数据模型有 Cassandra、Hbase、BigTable、Redis、MongoDB、CouchDB、Neo4j 等。

NoSQL 数据库具有以下特点。

(1)读写速度快、数据容量大。具有对数据的高并发读写和海量数据的存储。

(2)易于扩展。可以在系统运行的时候,动态增加或者删除节点,不需要停机维护。

(3)支持一致性策略。即遵循 BASE(Basically Available, Soft state, Eventual consistency)原则。Basically Available(基本可用),指允许数据出现短期不可用;Soft state(柔性状态),指状态可以有一段时间不同步;Eventual consistency(最终一致),指最终一致,而不是严格的一致。

(4)是灵活的数据模型。不需要事先定义数据模式和预定义表结构。数据中的每条记录都可能有不同的属性和格式,当插入数据时,并不需要预先定义它们的模式。

(5)高可用性。NoSQL 数据库将记录分散在多个节点上,对各个数据分区进行备份(通常是 3 份),以应对节点的失败。

3. NoSQL 的种类

随着大数据和云计算的发展,出现了众多的 NoSQL 数据库,常用的 NoSQL 数据库根据其存储特点及存储内容可以分为以下 4 类。

(1) 键值(Key-Value)模型。该类模型一个关键字(Key)对应一个值(Value),是一种简单易用的数据模型,能够提供快的查询速度、海量数据存储和高并发操作,适合通过主键对数据进行查询和修改工作,如 Redis 模型。

(2) 列存储模型。该类模型按列对数据进行存储,可存储结构化和半结构化数据,对数据进行查询有利,适用于数据仓库类的应用,代表模型有 Cassandra、Hbase、BigTable。

(3) 文档型模型。该类模型也是一个关键字(Key)对应一个值(Value),但这个值是以 JSON 或 XML 等格式的文档进行存储,常用的模型有 MongoDB、CouchDB。

(4) 图(Graph)模型。该类模型将数据以图形的方式进行存储,记为 $G(V,E)$,V 为节点(node)的结合,E 为边(edge)的结合,该模型支持图结构的各种基本算法,用于直观地表达和展示数据之间的联系,如 Neo4j 模型。

4. NewSQL 的兴起

现有 NoSQL 数据库产品大多是面向特定应用的,缺乏通用性,其应用具有一定的局限性,虽然已有一些研究成果和改进的 NoSQL 数据存储系统,但它们都是针对不同应用需求而提出的相应解决方案,还没有形成系列化的研究成果,缺乏强有力的理论、技术、标准规范的支持,缺乏足够的安全措施。

NoSQL 数据库以其读写速度快、数据容量大、扩展性能好,在大数据和云计算时代取得了迅速发展,但 NoSQL 不支持 SQL,使应用程序开发困难,且不支持应用所需 ACID 特性,而新的 NewSQL 数据库则将 SQL 和 NoSQL 的优势结合起来,代表的模型有 VoltDB、Spanner 等。

1.5 小　　结

本章主要介绍了以下内容。

(1) 数据库是长期存放在计算机内的有组织的可共享的数据集合,数据库中的数据按一定的数据模型组织、描述和存储,具有尽可能小的冗余度、较高的数据独立性和易扩张性。

数据库管理系统是数据库系统的核心组成部分,它是在操作系统支持下的系统软件,是对数据进行管理的大型系统软件,用户在数据库系统中的一些操作都是由数据库管理系统来实现的。

数据库系统是在计算机系统中引入数据库后的系统构成,数据库系统由数据库、操作系统、数据库管理系统、应用程序、用户、数据库管理员组成。

数据管理技术的发展经历了人工管理阶段、文件系统阶段、数据库系统阶段,现在正在向更高一级的数据库系统发展。

(2) 数据模型(Data Model)是现实世界数据特征的抽象,在开发设计数据库应用系统时需要使用不同的数据模型,它们是概念模型、逻辑模型、物理模型。

(3) 关系数据库采用关系模型组织数据,关系数据库是目前最流行的数据库,关系数据库管理系统是支持关系模型的数据库管理系统。关系数据操作称为关系运算，投影、选择、连接是最重要的关系运算，关系数据库管理系统支持关系数据库和投影、选择、连接运算。

（4）数据库设计分为以下 6 个阶段：需求分析阶段、概念结构设计阶段、逻辑结构设计阶段、物理结构设计阶段、数据库实施阶段、数据库运行和维护阶段。我们重点介绍概念结构设计和逻辑结构设计的内容。

概念结构设计阶段的目标是形成整体数据库的概念结构，它独立于数据库逻辑结构和具体的数据库管理系统。描述概念模型的有力工具是 E-R 模型，概念结构设计是整个数据库设计的关键。

逻辑结构设计的任务是将概念结构设计阶段设计好的基本 E-R 图转换为与选用的数据库管理系统产品所支持的数据模型相符合的逻辑结构。由于当前主流的数据模型是关系模型，所以逻辑结构设计是将 E-R 图转换为关系模型，即将 E-R 图转换为一组关系模式。

（5）SQL 是关系数据库管理的标准语言，PL/SQL 是 Oracle 在 SQL 基础上增加控制语句和系统函数的扩展。通常将 SQL 分为以下 4 类：数据定义语言、数据操纵语言、数据查询语言、数据控制语言。

SQL 既是自含式语言又是嵌入式语言，具有高度非过程化、应用于数据库的语言、面向集合的操作方式、综合统一、语言简洁和易学易用等特点。

（6）大数据指海量数据或巨量数据，大数据以云计算等新的计算模式为手段，获取、存储、管理、处理并提炼数据以帮助使用者进行决策。大数据具有巨量、多样、快速、价值密度低、复杂度增加等特点。

NoSQL 数据库泛指非关系型的数据库，NoSQL 指其在设计上和传统的关系数据库不同，NoSQL 数据库的特点包括：读写速度快，数据容量大，易于扩展，支持一致性策略，是灵活的数据模型，具有高可用性等。

习　题　1

一、选择题

1. 下面不属于数据模型要素的是_____。

　　A. 数据结构　　　　　B. 数据操作　　　　　C. 数据控制　　　　　D. 完整性约束

2. 数据库（DB）、数据库系统（DBS）和数据库管理系统（DBMS）的关系是_____。

　　A. DBMS 包括 DBS 和 DB　　　　　　B. DBS 包括 DBMS 和 DB

　　C. DB 包括 DBS 和 DBMS　　　　　　D. DBS 就是 DBMS，也就是 DB

3. 能唯一标识实体的最小属性集，则称之为_____。

　　A. 候选码　　　　　B. 外码　　　　　C. 联系　　　　　D. 码

4. 数据库设计中概念结构设计的主要工具是_____。

　　A. E-R 图　　　　　B. 概念模型　　　　　C. 数据模型　　　　　D. 范式分析

5. 数据库设计人员和用户之间沟通信息的桥梁是_____。

　　A. 程序流程图　　　B. 模块结构图　　　C. 实体联系图　　　D. 数据结构图

6. 概念结构设计阶段得到的结果是_____。

　　A. 数据字典描述的数据需求　　　　　B. E-R 图表示的概念模型

C. 某个 DBMS 所支持的数据结构　　　　D. 包括存储结构和存取方法的物理结构

7. 在关系数据库设计中,设计关系模式是_____的任务。

A. 需求分析阶段　　　　　　　　　B. 概念结构设计阶段

C. 逻辑结构设计阶段　　　　　　　D. 物理结构设计阶段

8. 生成 DBMS 系统支持的数据模型是在_____阶段完成的。

A. 概念结构设计　　　B. 逻辑结构设计　　　C. 物理结构设计　　　D. 运行和维护

9. 逻辑结构设计阶段得到的结果是_____。

A. 数据字典描述的数据需求　　　　B. E-R 图表示的概念模型

C. 某个 DBMS 所支持的数据结构　　D. 包括存储结构和存取方法的物理结构

10. 将 E-R 图转换为关系数据模型的过程属于_____。

A. 需求分析阶段　　　　　　　　　B. 概念结构设计阶段

C. 逻辑结构设计阶段　　　　　　　D. 物理结构设计阶段

二、填空题

1. 数据模型由数据结构、数据操作和_____组成。

2. 数据库的特性包括共享性、独立性、完整性和_____。

3. 概念结构设计阶段的目标是形成整体_____的概念结构。

4. 描述概念模型的有力工具是_____。

5. 逻辑结构设计是将 E-R 图转换为_____。

三、问答题

1. 什么是数据库?

2. 数据库管理系统有哪些功能?

3. 数据管理技术的发展经历了哪些阶段?各阶段有何特点?

4. 什么是关系模型?关系模型有何特点?

5. 概念结构有何特点?简述概念结构设计的步骤。

6. 逻辑结构设计的任务是什么?简述逻辑结构设计的步骤。

7. 简述 E-R 图向关系模型转换的规则。

8. 什么是 SQL?什么是 PL/SQL?

9. 什么是大数据?大数据有何特点?

四、应用题

1. 设学生成绩信息管理系统在需求分析阶段搜集到以下信息:

学生信息:学号、姓名、性别、出生日期

课程信息:课程号、课程名、学分

该业务系统有以下规则:

* 一名学生可选修多门课程,一门课程可被多名学生选修;

* 学生选修的课程要在数据库中记录课程成绩。

(1) 根据以上信息画出合适的 E-R 图。

(2) 将 E-R 图转换为关系模式,并用下画线标出每个关系的主码,并说明外码。

2. 设图书借阅系统在需求分析阶段搜集到以下信息：

图书信息：书号、书名、作者、价格、复本量、库存量
学生信息：借书证号、姓名、专业、借书量

该业务系统有以下约束：

- 一名学生可以借阅多种图书，一种图书可被多名学生借阅；
- 学生借阅的图书要在数据库中记录书号、借阅时间。

（1）根据以上信息画出合适的 E-R 图。

（2）将 E-R 图转换为关系模式，并用下画线标出每个关系的主码，并说明外码。

第 2 章

Oracle 数据库系统

本章要点

- Oracle 数据库体系结构
- Oracle 19c 数据库的特性
- Oracle 19c 数据库安装
- Oracle 数据库开发工具：SQL Developer、SQL * Plus
- Oracle 服务的启动和停止
- 启动和关闭 Oracle 数据库实例
- Oracle 数据库卸载

Oracle 19c 是由 Oracle 公司开发的支持关系对象模型的分布式数据库产品，是当前主流关系数据库管理系统之一，本章介绍内容包括：Oracle 数据库体系结构，Oracle 19c 数据库的特性、安装、开发工具，Oracle 服务的启动和停止，启动和关闭 Oracle 数据库实例、Oracle 数据库卸载等。

2.1　Oracle 数据库体系结构

Oracle 数据库的体系结构由实例和数据库两部分组成。

在 Oracle 12c 之前，实例和数据库是一对一或多对一(RAC)的关系，即一个实例和一个数据库相关联、多个实例和一个数据库相关联。从 12c 到 19c，Oracle 引入了新特性多租户环境(Multitenant Environment)，它允许一个容器数据库(Container Database，CDB)承载多个可插拔数据库(Pluggable Database，PDB)，基于多租户环境这一新特性，实现了实例与数据库的多对一关系。

在 Oracle 19c 中，可以将数据库设计为多租户容器数据库(CDB)或非容器数据库(Non _CDB)，Non_CDB 中的单实例数据库由一个实例和一个数据库组成，对配置于在同一台计算机上运行不同版本的 Oracle 数据库很有用，本教材介绍 Oracle 19c 中 Non_CDB 的应用和开发。

Oracle 数据库的存储结构分为逻辑存储结构和物理存储结构，物理存储结构表现为操作系统的一系列文件，逻辑存储结构是对物理存储结构的组织和管理。

Oracle 数据库实例(Instance)，分为内存结构和后台进程两部分。

下面对逻辑存储结构、物理存储结构、内存结构、后台进程和数据字典进行介绍。

2.1.1 逻辑存储结构

逻辑存储结构从逻辑的角度分析数据库的构成,使用逻辑概念描述 Oracle 数据库内部数据的组织和管理形式,数据库的逻辑存储结构概念存储在数据库的数据字典中。

Oracle 数据库的逻辑存储结构分为表空间(Table Space)、段(Segment)、区(Extent)和数据块(Data Block)。一个数据库由一个或多个表空间构成,一个表空间由一个或多个段构成,一个段由一个或多个区构成,一个区由一个或多个连续的数据块构成,如图 2.1 所示。

图 2.1　Oracle 数据库的逻辑存储结构

1. 表空间

表空间是 Oracle 数据库中数据的逻辑组织单位,通过表空间可以组织数据库中的数据,数据库逻辑上是由一个或多个表空间组成,表空间物理上是由一个或多个数据文件组成,Oracle 系统默认创建的表空间如下。

(1) EXAMPLE 表空间:EXAMPLE 表空间是示例表空间,用于存放示例数据库的方案对象信息及其培训资料。

(2) SYSTEM 表空间:SYSTEM 表空间是系统表空间,用于存放 Oracle 系统内部表和数据字典的数据,如表名、列名和用户名等。一般不赞成将用户创建的表、索引等存放在 SYSTEM 表空间中。

(3) SYSAUX 表空间:SYSAUX 表空间是辅助系统表空间,主要存放 Oracle 系统内部的常用样例用户的对象,如存放 CMR 用户的表和索引等,从而减少系统表空间的负荷。

(4) TEMP 表空间:TEMP 表空间是临时表空间,存放临时表和临时数据,用于排序和汇总等。

(5) UNDOTBSI 表空间:UNDOTBSI 表空间是重做表空间,存放数据库中有关重做的信息和数据。

(6) USERS 表空间:USERS 表空间是用户表空间,存放永久性用户对象的数据和私有信息,因此也被称为数据表空间。

2. 段、区和数据块

(1) 段:段是按照不同的处理性质,在表空间划分出不同的区域,用于存放不同的数据,如数据段、索引段、临时段等。

(2) 区:区是由连续分配的相邻数据块组成。

(3) 数据块:数据块是数据库中最小的、最基本的存储单位。

表空间划分为若干个段,段由若干个区(盘区)组成,区由连续分配的相邻数据块组成,如图 2.2 所示。

2.1.2 物理存储结构

Oracle 数据库的物理存储结构由一系列的操作系统文件组成,存放在物理磁盘上,是

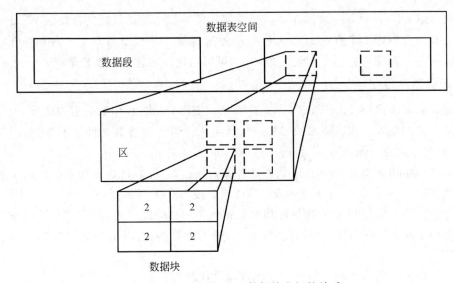

图 2.2　表空间、段、区和数据块之间的关系

数据库的实际存储单元。物理存储结构包括数据文件、控制文件、日志文件、服务器参数文件、其他文件等。

1. 数据文件

数据文件(Data File)是用来存放数据库数据的物理文件,文件后缀名为".dbf"。

所有数据文件大小的和构成了数据库的大小,数据文件存放的主要内容有以下几种:

- 表中的数据;
- 索引数据;
- 数据字典定义;
- 回滚事务所需信息;
- 存储过程、函数和数据包的代码;
- 用来排序的临时数据。

每一个 Oracle 数据库都有一个或多个数据文件,每一个数据文件只能属于一个表空间,数据文件一旦加入表空间,就不能从这个表空间中移走,也不能和其他表空间发生联系。

2. 控制文件

控制文件(Control File)用于记录和维护整个数据库的全局物理结构,它是一个二进制文件,文件后缀名为".ctl"。

控制文件存放了与 Oracle 数据库物理文件有关的关键控制信息,如数据库名和创建时间,以及物理文件名、大小和存放位置等信息。

控制文件在创建数据库时生成,以后当数据库发生任何物理变化都将被自动更新。

每个数据库通常包含两个或多个控制文件。这几个控制文件在内容上通常保持一致。

3. 日志文件

日志文件(Log File)用于记录对数据库进行的修改操作和事务操作,文件后缀名为

"`.log`"。

除了数据文件外,Oracle 数据库最重要的实体档案就是重做日志文件(Redo Log Files)。Oracle 保存所有数据库事务的日志。这些事务被记录在联机重做日志文件(Online Redo Log File)中。当数据库中的数据遭到破坏时,可以用这些日志来恢复数据库。

4. 服务器参数文件

服务器参数文件(Server Parameter File)是数据库启动过程中所必需的文件,记录了数据库显式参数的设置。数据库启动的第一步就是根据服务器参数文件中的参数,配置和启动实例,即分配内存空间、启动后台进程。

物理存储结构用于描述 Oracle 数据库外部数据存储,即描述在操作系统层面中如何组织和管理数据,与具体的操作系统有关,并具体表现为一系列的操作系统文件,是可见的。逻辑存储结构用于描述 Oracle 数据库内部数据的组织和管理方式,即描述在数据库管理系统层面如何组织和管理数据,与操作系统无关,是不可见的,可以通过数据字典查询逻辑存储结构信息。

Oracle 数据库的物理存储结构和逻辑存储结构既有联系又相互独立,如图 2.3 所示。

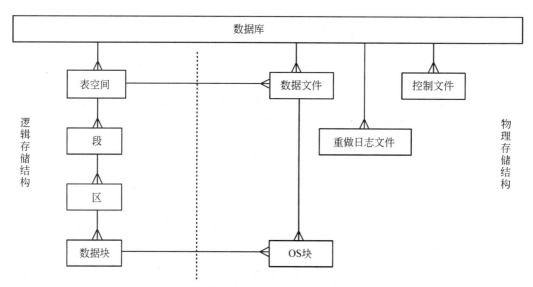

图 2.3 Oracle 数据库的物理存储结构和逻辑存储结构的关系

由图 2.3 可以看出,Oracle 数据库的物理存储结构和逻辑存储结构有以下关系:
- 一个数据库在物理上包含多个数据文件,在逻辑上包含多个表空间;
- 一个表空间包含一个或多个数据文件,一个数据文件只能从属于某个表空间;
- 一个逻辑块由一个或多个操作系统块构成;
- 一个逻辑区只能从属于某一个数据文件,而一个数据文件可包含一个或多个逻辑区。

2.1.3 内存结构

Oracle 数据库实例由内存结构和后台进程组成。用户操作数据库,首先是用户与数据库实例建立连接,再通过实例来操作数据库,然后由数据库后台进程将操作结果写入各种物理文件中永久保存,这个操作过程都在内存中进行。

内存结构是 Oracle 数据库重要的信息缓存和共享区域,Oracle 有两种类型的内存结构:系统全局区(System Global Area,SGA)和程序全局区(Program Global Area,PGA)。

1. 系统全局区

SGA 是由 Oracle 分配的共享内存结构,包含一个数据库实例共享的数据和控制信息。当多个用户同时连接同一个实例时,SGA 数据供多个用户共享,所以 SGA 又称为共享全局区。SGA 在实例启动时分配,在实例关闭时释放。

SGA 包含几个重要区域,如数据库高速缓冲区、重做日志缓冲区、共享池、Java 池、大池等,如图 2.4 所示。

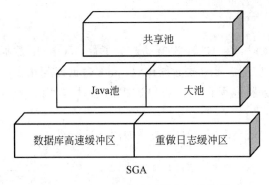

图 2.4　SGA 各重要区域之间的关系

(1)数据库高速缓冲区。数据库高速缓冲区为 SGA 的主要成员,为所有与该实例相连接的用户进程所共享,采用最近最少使用算法(LRU)来管理可用空间。

(2)重做日志缓冲区。事务日志先写入重做日志缓冲区,待一定的时机由日志、写进程(LGWR)将重做日志缓存中的信息写入联机日志文件中。

(3)共享池。共享池用来存储最近使用过的数据定义及最近执行过的 SQL 指令,以便共享。共享池有 3 部分:库缓存区、数据字典缓存区和 PL/SQL 区。

(4)Java 池。Java 池供各会话内运行的 Java 代码及 JVM 内的数据使用,为 Java 命令提供语法分析。

(5)大池。当使用线程服务器选项或频繁执行备份/恢复操作时,只要创建一个大池,就可以更有效地管理这些操作,它是一个可选内存区。

2. 程序全局区

PGA 是为每一个与 Oracle 数据库连接的用户保留的内存区,主要存储该连接使用的变量信息和与用户进程交换的信息,它是非共享的,只有服务进程本身才能访问它自己的PGA,它包含堆栈空间、散列区、位图合并区、用户全局区等。

2.1.4　后台进程

进程是操作系统中一个独立的可以调度的活动,用于完成指定的任务,进程可看作由一段可执行的程序、程序所需要的相关数据和进程控制块组成。

进程的类型有用户进程(User Process)、服务器进程(Server Process)、后台进程(Background Process)。

1. 用户进程

当一个数据库用户请求与 Oracle 服务器连接时,用户进程即会启动。在用户连接数据库执行一个应用程序时,会创建一个用户进程来完成用户所指定的任务,用户进程在用户方工作,它向服务器进程提出请求信息。

2. 服务器进程

当一个用户创建一会话时,服务器进程即会启动。服务器进程由 Oracle 自身创建,与 Oracle 实例相连,用于处理连接到数据库实例的用户进程所提出的请求,用户进程只有通过服务器进程才能实现对数据库的访问和操作。

3. 后台进程

当 Oracle 实例启动时,后台进程才启动。为了保证 Oracle 数据库在任一时刻可以处理多用户的并发请求,进行复杂的数据操作,Oracle 数据库起用了一些相互独立的附加进程,称为后台进程。服务器进程在执行用户进程请求时,调用后台进程来实现对数据库的操作。

进程与内存结构、数据文件间的协作关系如图 2.5 所示。

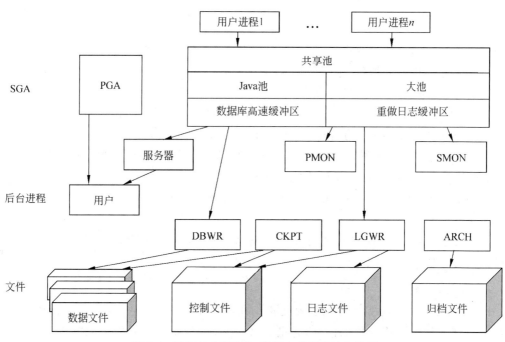

图 2.5 进程与内存结构、数据文件间的协作关系

几个常用的后台进程介绍如下。

* DBWR(数据库写入进程):负责将数据块缓冲区内变动过的数据块写回磁盘内的数据文件中。

- LGWR(日志写入进程)：负责将重做日志缓冲区内的变动记录循环写回磁盘内的重做日志文件,该进程会将所有数据从重做日志缓存中写入现行的在线重做日志文件中。
- ARCH(归档进程)：负责在日志切换后将已经写满的重做日志文件复制到归档日志文件中,防止写满的重做日志文件被覆盖。归档进程是一个可选择的进程,当Oracle 数据库处于归档模式时,该进程才能起作用。
- SMON(系统监控进程)：负责 Oracle 实例的恢复,清理临时段以释放空间。
- PMON(进程监控进程)：监控服务器进程,负责进程失败后的清理工作。
- CKPT(检查点进程)：在适当时候产生一个检查点事件,确保缓冲区内经常被变动的数据也要定期被写入数据文件。在检查点之后,万一需要恢复,不再需要写检查点之前的记录,从而缩短数据库的重新激活时间。

2.1.5　数据字典

数据字典是数据库的重要组成部分,它是在数据库创建的过程中创建的,由一系列表和视图构成,这些表和视图对于所有的用户都是只读的,只有 Oracle 系统才可以对数据字典进行管理与维护。在 Oracle 数据库中,所有数据字典表和视图都属于 SYS 模式,存储于SYSTEM 表空间中。

Oracle 数据字典包含以下内容：

- 各种数据库对象的定义信息,包括表、视图、索引、同义词、序列、存储过程、函数、包、触发器及其他各种对象;
- 数据库存储空间分配信息,如为某个数据库对象分配了多少空间,已经使用了多少空间等;
- 数据库安全信息,包括用户、权限、角色、完整性等;
- 数据库运行时的性能和统计信息;
- 其他数据库本身的基本信息。

Oracle 数据字典作用如下：

- Oracle 通过访问数据字典获取用户、模式对象、数据库对象定义与存储等信息,以判断用户权限的合法性、模式对象的存在性及存储空间的可用性等;
- 使用 DDL 语句修改数据库对象后,Oracle 将在数据字典中记录所做的修改;
- 任何数据库用户都可以从数据字典只读视图中获取各种数据库对象信息;
- DBA 可以从数据字典动态性能视图中获取数据库的运行状态,作为数据库进行性能调整的依据。

2.2　Oracle 19c 数据库

本节介绍 Oracle 19c 数据库的特性和安装。

2.2.1　Oracle 19c 数据库的特性

Oracle 公司的产品版本具有信息化发展的鲜明时代特征,从 8i/9i 的 Internet 时代,

10g/11g 的 Grid(网格计算)时代,到 12c~19c 的 Cloud(云计算)时代。

2019 年,Oracle 公司发布了 Oracle 19c 版,该版本将支持到 2026 年。下面简要介绍 Oracle 19c 数据库的特性。

1. PL/SQL 性能增强

通过 WITH 语句在 SQL 中定义一个函数,以提高 SQL 调用功能。在 SELECT 语句中,使用 FETCH 语句或 OFFSET 语句可以指定前 n 行或百分之多少的记录,改善默认值(Defaults)的功能,改善多种数据类型长度的限制,可以在行间进行匹配判断并进行计算。

2. 分区改进

Oracle 19c 数据库对分区功能进行了较多的调整和改进。

3. 数据优化

Oracle 19c 数据库新增数据生命周期管理(ILM),添加了数据库热图(Database Heat Map),可以在视图中直接看到数据的利用率。

4. 应用连续性

在 Oracle 19c 数据库中,支持事务的失效转移。

5. Adaptive 执行计划

该执行计划用于学习功能,并可得到更好的执行计划。

6. 临时 UNDO

可减少 UNDO 和 REDO 产生的数量,允许对临时表进行 DML 操作(插入、删除、更新)。

7. 统计信息增强

Oracle 19c 数据库增加了动态统计信息、混合统计信息、数据加载过程统计信息、会话私有统计信息的收集。

8. 多租户用户环境

在 Oracle 19c 数据库的多租户用户环境中,允许一个容器数据库承载多个可插拔数据库,Oracle 多租户技术可与所有 Oracle 数据库功能协同工作,包括应用到集群、分区、数据防护、压缩、自动存储管理等。

2.2.2 Oracle 19c 数据库安装

Oracle 19c 数据库的安装软件,可以直接从 Oracle 官方网站上免费下载,下载窗口如图 2.6 所示。

1. 安装要求

1) 硬件

硬盘空间:最小 6GB,推荐大于 20GB。

内存:最小 2GB,推荐大于 4GB。

CPU 主频:最小 550MHz,推荐大于 800MHz。

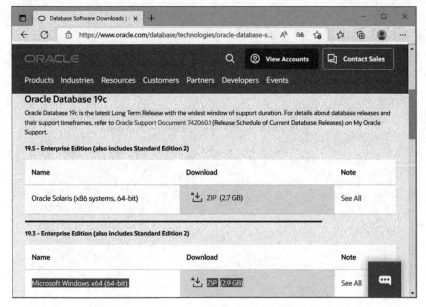

图 2.6　Oracle 19c 数据库安装软件下载窗口

2）软件

Oracle 19c 数据库的最低软件条件为 Windows 10、64 位的操作系统。

2. Oracle 19c 数据库安装步骤

以在 Windows 10 下安装 Oracle 19c 企业版为例，说明安装步骤。

（1）双击 WINDOWS.X64_193000_db_home 文件夹中的 setup.exe 应用程序，出现"选择配置选项"窗口，选中"创建并配置单实例数据库"单选按钮，如图 2.7 所示，单击"下一步"按钮。

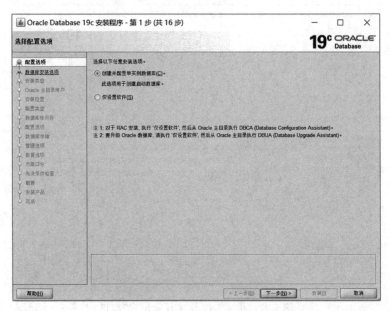

图 2.7　"选择配置选项"窗口

（2）进入如图 2.8 所示的"选择系统类"窗口，本书安装 Oracle 仅用于教学，这里选中"桌面类"单选按钮，然后单击"下一步"按钮。

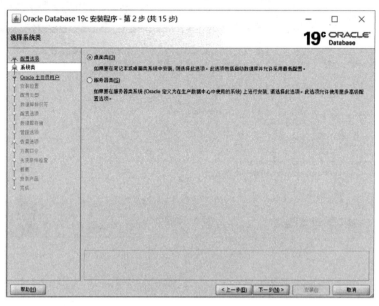

图 2.8 "选择系统类"窗口

（3）弹出"指定 Oracle 主目录用户"窗口，该步骤是用于更加安全地管理 Oracle 主目录，防止用户误删 Oracle 文件。这里选中"创建新 Windows 用户"单选按钮，在"用户名"文本框中输入 orauser，在"口令"文本框中输入 Ora123456，如图 2.9 所示。

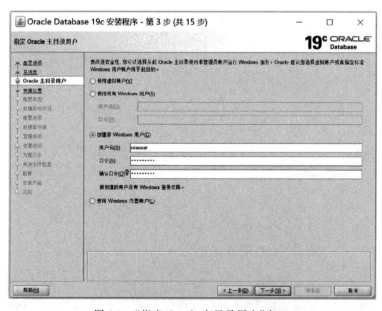

图 2.9 "指定 Oracle 主目录用户"窗口

　　注意：Oracle 19c 对用户口令有严格要求,规范的标准口令组合为：小写字母＋数字＋大写字母(顺序不限),且字符长度必须保持在要求的范围内。

　　(4) 单击"下一步"按钮,出现"典型安装配置"窗口,Oracle 基目录、数据库文件位置、数据库版本、可插入数据库名等均采用默认值,但要保存上述信息到本地,以便以后使用。这里"全局数据库名"为 orcl,"字符集"的设置选择"操作系统区域设置(ZHS16GBK)",设置口令为 Ora123456,取消选中"创建为容器数据库"复选框,如图 2.10 所示。

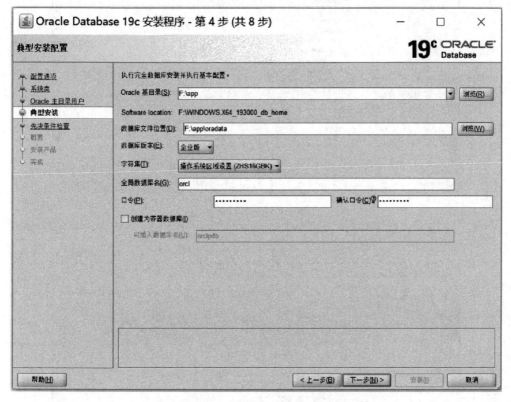

图 2.10　"典型安装配置"窗口

　　(5) 单击"下一步"按钮,执行先决条件检查后,将弹出"概要"窗口,生成安装设置概要信息,可保存上述信息到本地,对于需要修改的地方,可返回上一步进行调整,如图 2.11 所示,确认无误后,单击"安装"按钮。

　　(6) 在弹出的"安装产品"窗口,进入安装产品过程,如图 2.12 所示。这个过程持续时间较长,需耐心等待。

　　(7) 安装完成并且 Oracle Database 配置完成后,将弹出"完成"窗口,提示安装成功,如图 2.13 所示,单击"关闭"按钮结束 Oracle 19c 的安装。

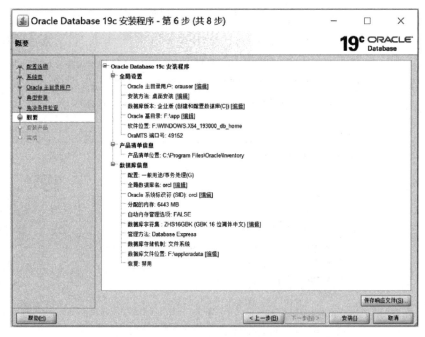

图 2.11 "概要"窗口

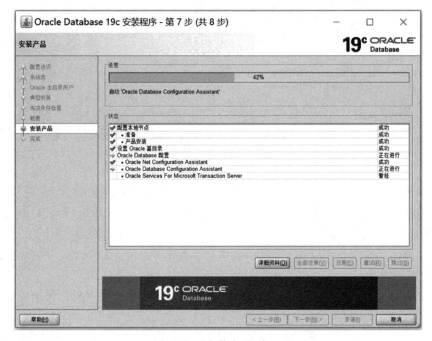

图 2.12 "安装产品"窗口

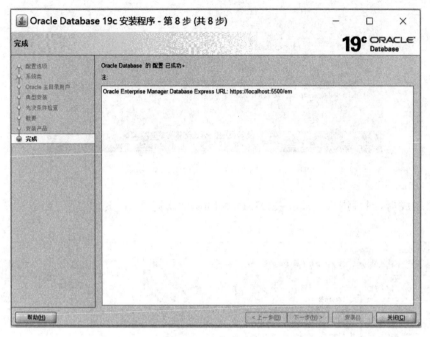

图 2.13　"完成"窗口

2.3　Oracle 数据库开发工具

在 Oracle 19c 数据库中,可以使用两种方式执行命令,一种方式是使用命令行,另一种方式是使用图形界面。图形界面的特点是直观、简便、容易记忆,但灵活性较差,不利于用户对命令及其选项的理解。使用命令行需要记忆命令的语法形式,但使用灵活,有利于加深用户对命令及其选项的理解,可以完成某些图形界面无法完成的任务。

Oracle 19c 数据库有很多开发和管理工具,包括使用图形界面的 Oracle SQL Developer 和使用命令行的 SQL＊Plus,下面分别进行介绍。

2.3.1　Oracle SQL Developer

Oracle SQL Developer 是一个图形化的开发环境,不管是创建、修改和删除数据库对象,还是运行 SQL 语句或调试 PL/SQL 程序,都十分直观、方便,简化了数据库的管理和开发,提高了工作效率,受到广大用户的欢迎。

1. 下载和安装 Oracle SQL Developer

为使用 Oracle 数据库管理工具 Oracle SQL Developer,首先需要下载和安装,下载地址为 https://www.oracle.com/database/sqldeveloper/。

下载完成后,在解压包下找到 sqldeveloper.exe 并双击,启动后默认连接到 Oracle 数据库,如图 2.14 所示。

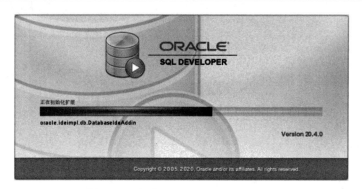

图 2.14 启动 Oracle SQL Developer

启动完成后,即可进入 Oracle SQL Developer "欢迎使用"页,如图 2.15 所示。

图 2.15 Oracle SQL Developer"欢迎使用"页

2. 使用 SQL Developer 登录 Oracle 数据库

使用 Oracle SQL Developer 登录 Oracle 数据库的步骤如下。

(1)在 Oracle SQL Developer 的"欢迎使用"页中,在"连接"窗格中,单击 ➕▾ 下拉按钮,选择"新建数据库连接命令",将弹出"新建/选择数据库连接"对话框,在"Name"文本框中输入一个自定义的连接名,如 st_test,在"用户名"文本框中输入 system,在"密码"文本框中输入相应的密码,这里密码为 Ora123456(安装时已设置),"角色"保留为默认值,"主机名"文本框保留为 localhost;"端口"文本框保留默认的 1521,在"SID"文本框中输入数据库的 SID,本书为 orcl,如图 2.16 所示。

(2)单击"连接"按钮,出现"连接信息"对话框,如图 2.17 所示。在"密码"文本框中输入相应的密码,这里密码为 Ora123456。

(3)单击"确定"按钮,将出现 Oracle SQL Developer 主界面,如图 2.18 所示。

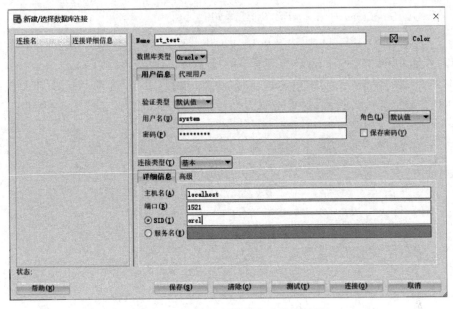

图 2.16　"新建/选择数据库连接"对话框

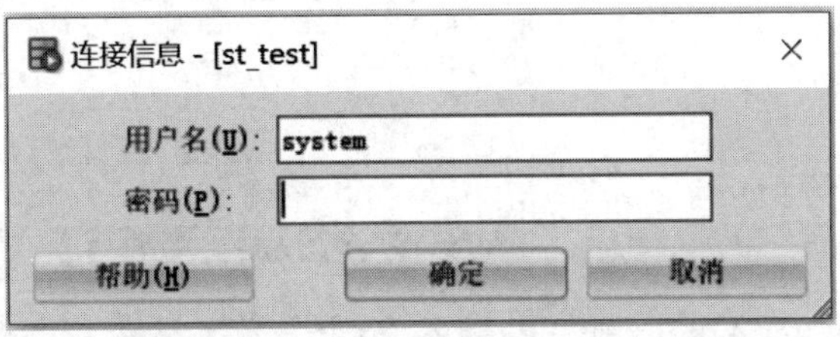

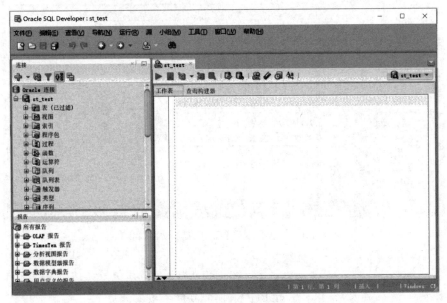

图 2.17　"连接信息"对话框

图 2.18　Oracle SQL Developer 主界面

3. 在 SQL Developer 中执行 PL/SQL 语句

在 SQL Developer 中执行 PL/SQL 语句的步骤如下。

(1) 双击 sqldeveloper.exe,启动 SQL Developer。

(2) 在"连接"窗格中,单击"Oracle 连接"下方的▦按钮,出现"连接信息"对话框,在"密码"文本框中输入相应的密码,这里密码为 Ora123456,单击"确定"按钮,出现 Oracle SQL Developer 主界面。

(3) 在主界面"工作表"窗口中输入创建 course 表的如下代码。

```
CREATE TABLE course
    (
        courseno char(4) NOT NULL PRIMARY KEY,
        cname char(15) NOT NULL,
        credit number NULL
    );
```

这些代码如图 2.19 右边上面窗口所示。

(4) 选中所有语句并单击工具栏中的"运行语句"按钮▷或直接单击"运行脚本"按钮▣,即可执行语句,在"结果"窗口将显示 PL/SQL 语句的执行结果,如图 2.19 右边下面"脚本输出"窗口所示。

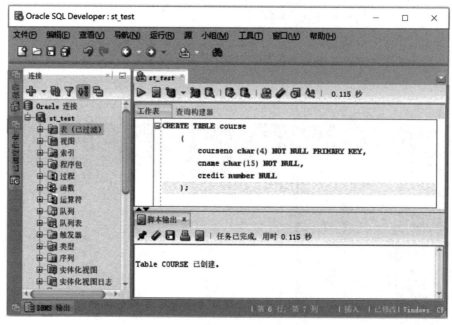

图 2.19 "工作表"窗口和"脚本输出"窗口

提示

在主界面的"工作表"窗口中执行 PL/SQL 语句命令的方法如下:

(1) 选中所有语句后单击工具栏中的▷按钮或按 Ctrl+Enter 键;

（2）直接单击 按钮或按 F5 键。

2.3.2 SQL * Plus

SQL * Plus 是 Oracle 公司独立的 SQL 语言工具产品,它是与 Oracle 数据库进行交互的一个非常重要的工具,同时也是一个可用于各种平台的工具,很多用户使用 SQL * Plus 与 Oracle 数据库进行交互,进行如下操作:执行启动或关闭数据库,进行数据查询、插入、删除、修改,创建用户和授权,备份和恢复数据库等。

SQL Plus 具有以下功能:

- 数据库的维护,如启动、关闭等,一般在服务器上操作;
- 执行 SQL 语句和执行 PL/SQL 程序;
- 执行 SQL 脚本;
- 数据的导入和导出;
- 应用程序的开发;
- 生成新的 SQL 脚本;
- 供应用程序调用;
- 用户管理及权限维护等。

1. SQL * Plus 登录 Oracle 数据库

SQL * Plus 登录 Oracle 数据库有以下两种方式。

1）使用菜单命令方式启动 SQL * Plus 登录 Oracle 数据库

在菜单栏中选择"开始"→"Oracle-OraDb19_home1"→"SQL Plus"命令,进入 SQL Plus 命令行窗口,在"请输入用户名:"处输入 system,按 Enter 键,在"输入口令:"处输入 Ora123456,再按 Enter 键,即可连接到 Oracle 数据库,如图 2.20 所示。

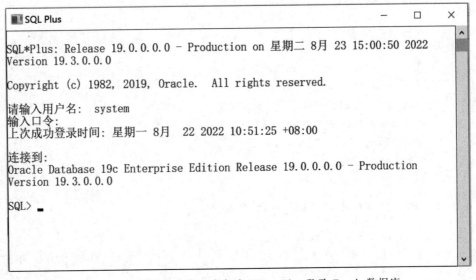

图 2.20 使用菜单命令方式启动 SQL * Plus 登录 Oracle 数据库

2）使用 Windows 运行窗口启动 SQL＊Plus 登录 Oracle 数据库

在菜单栏中选择"开始"→"运行"命令，进入 Windows 运行窗口，在"打开"文本框中输入 sqlplus 后按 Enter 键，然后输入用户名和口令，连接到 Oracle 后进入如图 2.21 所示的界面。

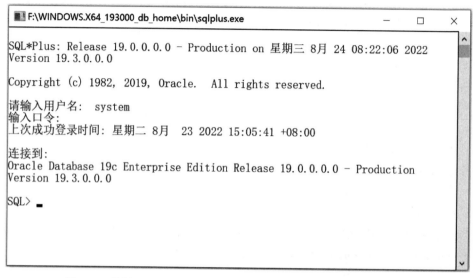

图 2.21　使用 Windows 运行窗口启动 SQL＊Plus 登录 Oracle 数据库

2. 使用 SQL＊Plus

下面介绍使用 SQL＊Plus 创建数据表及插入和查询数据。

【例 2.1】　使用 SQL＊Plus 创建学生表 student。

创建 student 表的代码如下：

```
CREATE TABLE student
    (
        sid char(6) NOT NULL PRIMARY KEY,
        sname char(12) NOT NULL,
        ssex char(3) NOT NULL,
        sbirthday date NOT NULL,
        speciality char(12) NULL,
        tc number NULL
    );
```

在 SQL＊Plus 的窗口中，代码和运行结果如下：

```
1  SQL>CREATE TABLE student
2      (
3          sid char(6) NOT NULL PRIMARY KEY,
4          sname char(12) NOT NULL,
5          ssex char(3) NOT NULL,
```

```
6        sbirthday date NOT NULL,
7        speciality char(12) NULL,
8        tc number NULL
9      );
```
按 Enter 键,出现运行结果。
表已创建。

【例 2.2】 使用 INSERT 语句向学生表 student 插入一条记录。
代码和运行结果如下:

```
SQL>INSERT INTO student VALUES('221001','何德明','男',TO_DATE('20010716',
'YYYYMMDD'),'计算机',52);
已创建 1 行。
```

【例 2.3】 设置显示宽度和日期格式。
(1) Oracle 数据库默认每行显示的字符数为 80,可以使用 SET 命令增大显示宽度。
代码和运行结果如下:

```
SQL>SET LINESIZE 100;
```

(2) 在插入 sbirthday 数据时,数据库默认的日期格式是:DD-MM-YY,为了将日期格式改为习惯的格式,需要在 SQL Developer 命令窗口中执行以下语句。
代码和运行结果如下:

```
SQL>ALTER SESSION SET NLS_DATE_FORMAT="YYYY-MM-DD";
会话已更改。
```

【例 2.4】 使用 SELECT 语句查询学生表 student 中的记录。
代码和运行结果如下:

```
SQL>SELECT * FROM student;
SID      SNAME   SSEX  SBIRTHDAY     SPECIALITY       TC
-------- ------- ----- ------------ ------------- --------
221001   何德明   男    2001-07-16   计算机           52
```

3. SQL * Plus 编辑命令

在 SQL * Plus 中,最后执行的一条 SQL * Plus 语句将保存在一个 SQL 缓冲区的内存区域中,用户可对 SQL 缓冲区中的 SQL 语句进行修改、保存,然后再次执行。

1) SQL * Plus 行编辑命令

SQL * Plus 窗口是一个行编辑环境,它提供了一组行编辑命令用于编辑保存在 SQL 缓冲区中的语句,常用的编辑命令如表 2.1 所示。

表 2.1　SQL * Plus 行编辑命令

命　　令	描　　述
A[PPEND] text	将文本 text 的内容附加在当前行的末尾
C[HRNGE]/old/new	将旧文本 old 替换为新文本 new 的内容

续表

命　　令	描　　述
C[HANGE]/text/	删除当前行中 text 指定的内容
CL[EAR] BUFF[ER]	删除 SQL 缓冲区中的所有命令行
DEL	删除当前行
DEL n	删除指定的 n 行
DEL m n	删除由 m 行到 n 行之间的所有命令
DEL n LAST	删除由 n 行到最后一行的命令
I[NPUT]	在当前行后插入任意数量的命令行
I[NPUT] text	在当前行后插入一行 text 指定的命令行
L[IST]	列出所有行
L[IST] n 或只输入 n	显示第 n 行,并指定第 n 行为当前行
L[IST] m n	显示第 m 到第 n 行
L[IST] *	显示当前行
R[UN]	显示并运行缓冲区中当前命令
n text	用 text 文本的内容替代第 n 行
O text	在第一行之前插入 text 指定的文本

2）SQL * Plus 常用命令

SQL * Plus 常用命令如表 2.2 所示。

表 2.2　SQL * Plus 常用命令

命　　令	描　　述
SAV[E] filename	将 SQL 缓冲区的内容保存到指定的文件中,默认的扩展名为.sql
GET filename	将文件的内容调入 SQL 缓冲区,默认的文件扩展名为.sql
STA[RT] filename	运行 filename 指定的命令文件
@ filename	运行 filename 指定的命令文件
ED[IT]	调用编辑器,并把缓冲区的内容保存到文件中
ED[IT] filename	调用编辑器,编辑所保存的文件内容
SPO[OL][filename]	把查询结果放入到文件中
EXIT	退出 SQL * Plus

【例 2.5】　在 SQL * Plus 中输入一条 SQL 查询语句,将当前缓冲区的 SQL 语句保存为 stu.sql 文件,再将保存在磁盘上的文件 stu.sql 调入缓冲区执行。

（1）输入 SQL 查询语句,保存 SQL 语句到脚本文件 stu.sql 中。

代码和运行结果如下:

```
SQL>SELECT * FROM student
  2    WHERE sid='221001';
SID      SNAME   SSEX  SBIRTHDAY    SPECIALITY      TC
-------- ------- ----- ------------ ------------  ------
221001   何德明  男    2001-07-16   计算机            52
```

```
SQL>SAVE E:\stu.sql
已创建 file E:\stu.sql
```

（2）调入脚本文件 stu.sql，运行缓冲区的命令使用"/"即可。

代码和运行结果如下：

```
SQL>GET E:\stu.sql
  1  SELECT * FROM student
  2*     WHERE sid='221001'

SQL>/
SID      SNAME   SSEX SBIRTHDAY    SPECIALITY      TC
-------- ------- ---- ------------ ------------   ------
221001   何德明  男   2001-07-16   计算机           52
```

2.4　Oracle 服务的启动和停止

启动和停止 Oracle 数据库服务的方法介绍如下。

2.4.1　启动 Oracle 服务

在安装和配置 Oracle 数据库的过程中，已经将 Oracle 安装为 Windows 服务，当 Windows 启动或停止时，Oracle 也自动启动或停止。另外，用户还可以使用图形服务工具来控制 Oracle 服务，操作步骤如下。

（1）在菜单栏中选择"开始"→"运行"命令，出现"运行"对话框，在"打开"下拉框中输入 services.msc，单击"确定"按钮，如图 2.22 所示。

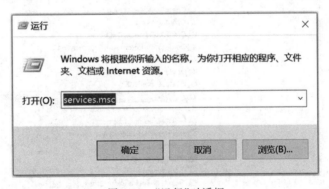

图 2.22　"运行"对话框

（2）在弹出的 Windows 的"服务"窗口中，可以看到服务名称以"Oracle"开头的 5 个服务项的右边状态都是"正在运行"，表明该服务已经启动，如图 2.23 所示。

如果没有"正在运行"字样，可以选择该服务并右击，在弹出的快捷菜单中选择"启动"命令即可，如图 2.24 所示。也可以双击该 Oracle 服务，在打开的对话框中通过"启动"或"停止"按钮来改变服务器状态，如图 2.25 所示。

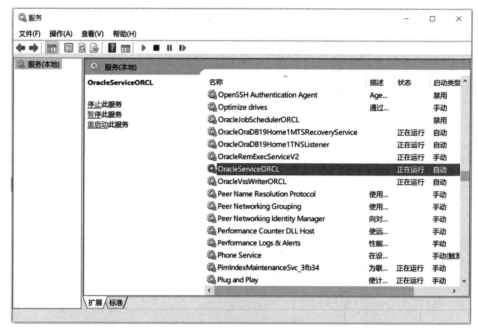

图 2.23　"服务"窗口

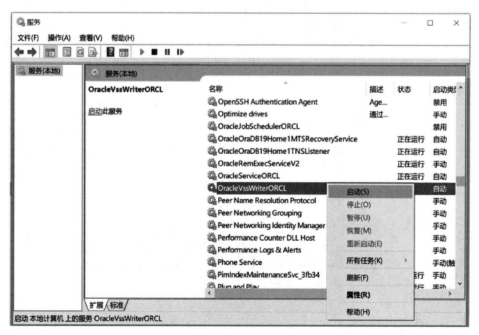

图 2.24　选择"启动"命令

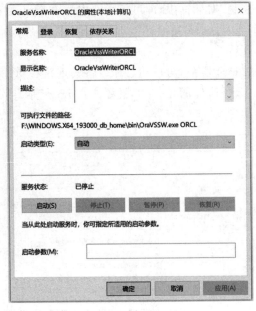

图 2.25 在对话框中启动 Oracle 服务

2.4.2 停止 Oracle 服务

停止 Oracle 数据库服务的操作步骤如下。

(1) 在"服务"窗口中选择需要停止运行的 Oracle 服务并右击,在弹出的快捷菜单中选择"停止"命令,如图 2.26 所示。

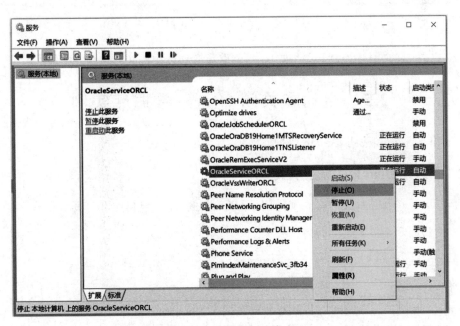

图 2.26 选择"停止"命令

（2）在弹出的"服务控制"对话框中，即可停止选中的 Oracle 数据库服务。

2.4.3　重启 Oracle 服务

对于暂停的 Oracle 数据库服务，可以通过命令将其重新启动，操作步骤如下。

（1）在"服务"窗口中选择暂停的 Oracle 服务并右击，在弹出的快捷菜单中选择"重新启动"命令，如图 2.27 所示。

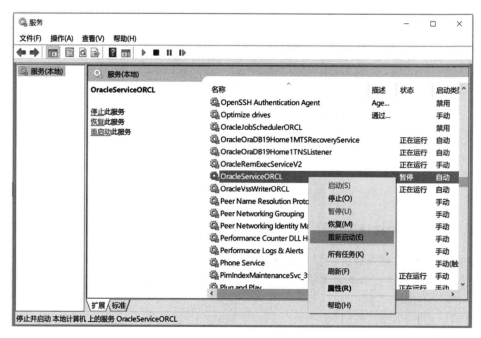

图 2.27　选择"重新启动"命令

（2）在弹出的"服务控制"对话框中，即可重新启动选中的 Oracle 数据库服务。

2.5　启动和关闭 Oracle 数据库实例

下面介绍启动和关闭 Oracle 数据库实例。

2.5.1　启动 Oracle 数据库实例

启动 Oracle 数据库实例有 3 个步骤，即启动实例、加载数据库和打开数据库。

语法格式：

```
STARTUP[ NOMOUNT | MOUNT | OPEN | FORCE ] [ RESTRICT ] [ PFILE=filename ]
```

说明：

- NOMOUNT：启动实例，但不加载数据库。
- MOUNT：启动实例，加载数据库，但不打开数据库。

- OPEN：启动实例，加载数据库，打开数据库，该选项是默认选项。
- FORCE：终止实例并重新启动实例，加载数据库，打开数据库。
- RESTRICT：用于指定以受限制的会话方式启动数据库。
- PFILE：用于指定启动实例时所使用的文本参数文件，filename 是文件名。

1. NOMOUNT 方式

NOMOUNT 方式只创建数据库实例（创建实例的内存结果和服务进程），不加载数据库，也不打开任何数据库文件。

首先用户要以 sysdba 的身份登录才具有关闭和启动数据库实例的权限。在创建新数据库或重建控制文件时，通常使用 NOMOUNT 方式启动数据库实例。

【例 2.6】 以 NOMOUNT 方式启动数据库实例。

代码和运行结果如下：

```
SQL>CONNECT sys/Ora123456 AS sysdba
已连接。


SQL>SHUTDOWN IMMEDIATE
数据库已经关闭。
已经卸载数据库。
ORACLE 例程已经关闭。


SQL>STARTUP NOMOUNT
ORACLE 例程已经启动。
Total System Global Area    5066718176 bytes
Fixed Size                     9038816 bytes
Variable Size                956301312 bytes
Database Buffers            4093640704 bytes
Redo Buffers                   7737344 bytes
```

2. MOUNT 方式

MOUNT 方式将启动实例，加载数据库，但不打开数据库。

MOUNT 方式通常在维护数据库时使用，例如，更改数据库的归档模式，进行数据库闪回，执行数据库完全恢复操作等。

【例 2.7】 以 MOUNT 方式启动数据库实例。

代码和运行结果如下：

```
SQL>SHUTDOWN IMMEDIATE
数据库已经关闭。
已经卸载数据库。
ORACLE 例程已经关闭。


SQL>STARTUP MOUNT
ORACLE 例程已经启动。
Total System Global Area    5066718176 bytes
```

```
Fixed Size                  9038816 bytes
Variable Size             956301312 bytes
Database Buffers         4093640704 bytes
Redo Buffers                7737344 bytes
数据库装载完毕。
```

3. OPEN 方式

OPEN 方式将启动实例,加载数据库,打开数据库,这是常规的启动方式。

OPEN 方式是 STARTUP 命令的默认选项,STARTUP 命令后不带任何参数,就表示以 OPEN 方式启动数据库实例。

【例 2.8】 以 OPEN 方式启动数据库实例。

代码和运行结果如下:

```
SQL>STARTUP
ORACLE 例程已经启动。
Total System Global Area  5066718176 bytes
Fixed Size                   9038816 bytes
Variable Size              956301312 bytes
Database Buffers          4093640704 bytes
Redo Buffers                 7737344 bytes
数据库装载完毕。
数据库已经打开。
```

4. FORCE 方式

FORCE 方式下将终止实例并重新启动数据库,该方式带有一定的强制性,当其他启动方式失效时,可以尝试使用这种启动方式。

【例 2.9】 以 FORCE 方式启动数据库实例。

代码和运行结果如下:

```
SQL>STARTUP FORCE
ORACLE 例程已经启动。
Total System Global Area  5066718176 bytes
Fixed Size                   9038816 bytes
Variable Size              956301312 bytes
Database Buffers          4093640704 bytes
Redo Buffers                 7737344 bytes
数据库装载完毕。
数据库已经打开。
```

2.5.2　关闭 Oracle 数据库实例

关闭 Oracle 数据库实例也有 3 个步骤,即关闭数据库、卸载数据库和关闭实例。

语法格式:

```
SHUTDOWN[ NORMAL | TRANSACTIONAL | IMMEDIATE | ABORT ]
```

说明：

- NORMAL：以正常方式关闭数据库。
- TRANSACTIONAL：当前所有活动事务提交完毕之后关闭数据库。
- IMMEDIATE：以尽可能短的时间立即关闭数据库。
- ABORT：以终止方式关闭数据库。

1. NORMAL 方式

NORMAL 方式称作正常关闭方式，当关闭数据库的时间没有限制时，通常采用该方式关闭数据库。

【例 2.10】　以 NORMAL 方式关闭数据库。

代码和运行结果如下：

```
SQL>SHUTDOWN NORMAL
数据库已经关闭。
已经卸载数据库。
ORACLE 例程已经关闭。
```

2. TRANSACTIONAL 方式

TRANSACTIONAL 方式称作事务关闭方式，首先保证所有活动事务都提交完毕，然后在尽可能短的时间内关闭数据库。

【例 2.11】　以 TRANSACTIONAL 方式关闭数据库。

代码和运行结果如下：

```
SQL>SHUTDOWN TRANSACTIONAL
数据库已经关闭。
已经卸载数据库。
ORACLE 例程已经关闭。
```

3. IMMEDIATE 方式

IMMEDIATE 方式称作立即关闭方式，该方式将在尽可能短的时间内关闭数据库。

【例 2.12】　以 IMMEDIATE 方式关闭数据库。

代码和运行结果如下：

```
SQL>SHUTDOWN IMMEDIATE
数据库已经关闭。
已经卸载数据库。
ORACLE 例程已经关闭。
```

4. ABORT 方式

ABORT 方式称作终止关闭方式，具有一定的强制性和破坏性。使用上述 3 种方式无法关闭数据库时才使用此方式，否则应该尽量避免使用这种方式。

【例 2.13】　以 ABORT 方式关闭数据库。

代码和运行结果如下：

```
SQL>SHUTDOWN ABORT
ORACLE 例程已经关闭。
```

2.6　Oracle 19c 数据库卸载

Oracle 19c 数据库卸载包括以下几项: 停止所有 Oracle 服务, 卸载所有 Oracle 组件, 手动删除 Oracle 残留部分等。

2.6.1　停止所有 Oracle 服务

在卸载 Oracle 组件以前, 必须首先停止所有 Oracle 服务, 可参见 2.4.2 节的操作步骤。

2.6.2　卸载所有 Oracle 组件

通过菜单命令可以卸载 Oracle 组件, 操作步骤如下。

(1) 选择"开始"→Oracle OraDB19Home1→Universal Installer 命令, 如图 2.28 所示。

(2) 弹出 Oracle Universal Installer 窗口, 显示有关的核实信息, 随即打开"Oracle Universal Installer: 欢迎使用"对话框, 如图 2.29 所示。

图 2.28　选择 Universal Installer 命令

图 2.29　"Oracle Universal Installer: 欢迎使用"对话框

(3) 单击"卸载产品"按钮, 打开"产品清单"对话框, 选择全部需要删除的内容, 单击"删除"按钮, 如图 2.30 所示。

系统将会弹出如下提示:

请运行命令 F:\WINDOWS.X64_19300_db_home/deinstall/deinstall 来卸载此 Oracle 主目录,

运行之后, 即可开始卸载所有的 Oracle 组件。

图 2.30　"产品清单"对话框

2.6.3　手动删除 Oracle 残留部分

由于 Oracle 安装器 OUI(Oracle Universal Installer)不能完全卸载 Oracle 所有组件,在卸载完 Oracle 后,还需要手动删除 Oracle 残留部分,包括注册表、环境变量、文件和文件夹等。

1. 从注册表中删除

删除注册表中所有 Oracle 入口,操作步骤如下:

(1) 选择"开始"→"运行"命令,在"打开"文本框中输入 regedit 命令,单击"确定"按钮,将出现"注册表编辑器"窗口。

(2) 需要删除的注册表项如下。

① 在"注册表编辑器"窗口中,在 HKEY_CLASSES_ROOT 路径下,查找 Oracle、ORA、Ora 的注册项进行删除,如图 2.31 所示。

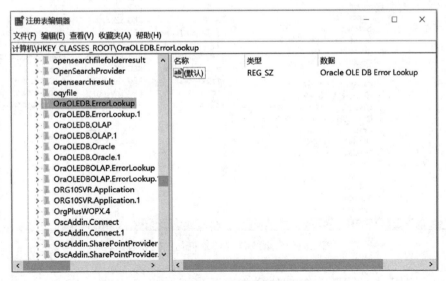

图 2.31　查找待删除注册项

② 在 HKEY_LOCAL_MACHINE\SOFTWARE\ORACLE 路径下，删除 ORACLE 目录(该目录注册 ORACLE 数据库软件安装信息)，如图 2.32 所示。

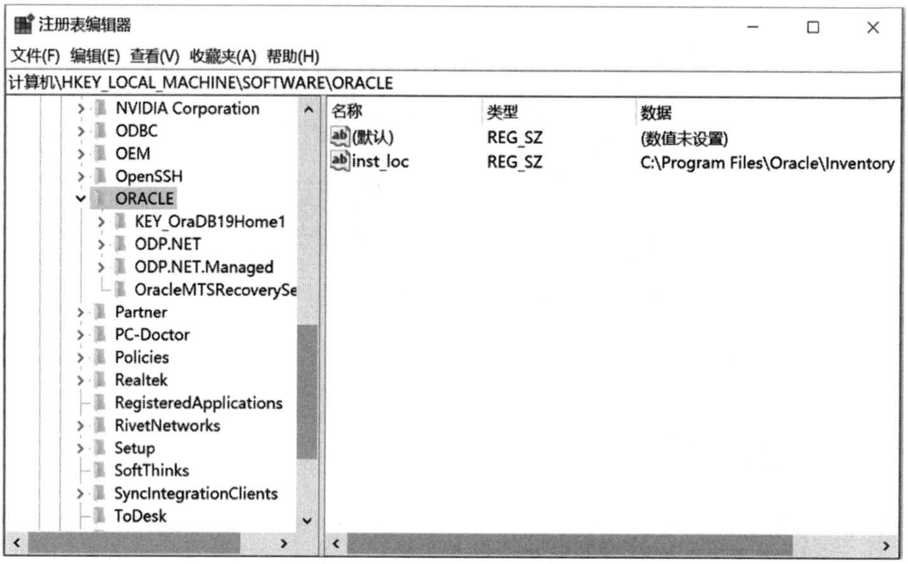

图 2.32　删除 ORACLE 目录

③ 在 HKEY_LOCAL_MACHINE\SYSTEM\CurrentControlSet\Services 路径下，删除所有以 ORACLE 开始的服务名称，该键标识 ORACLE 在 Windows 下注册的服务，如图 2.33 所示。

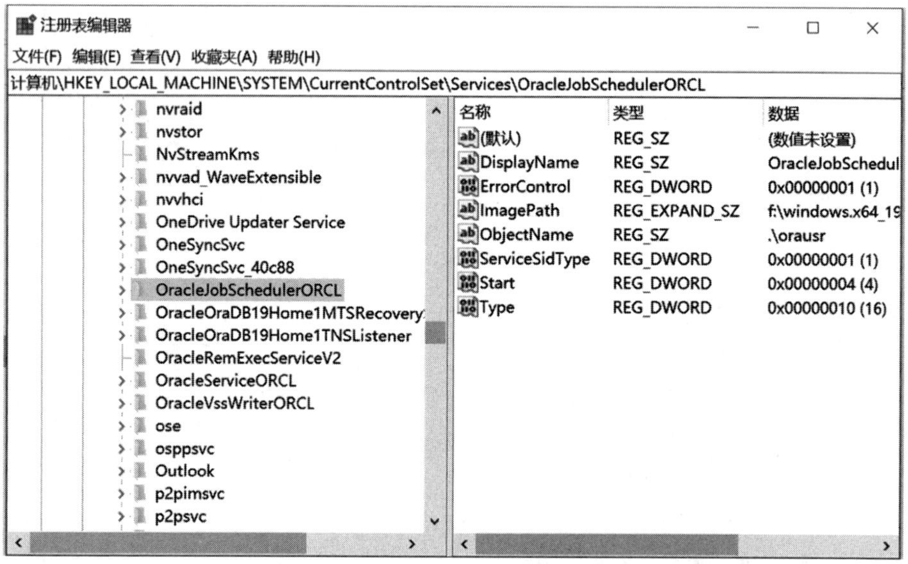

图 2.33　删除以 ORACLE 开始的服务名称

④ 在 HKEY_LOCAL_MACHINE\SYSTEM\CurrentControlSet\Services\Eventlog\

Application 路径下,删除以 ORACLE 开头的 ORACLE 事件日志,如图 2.34 所示。

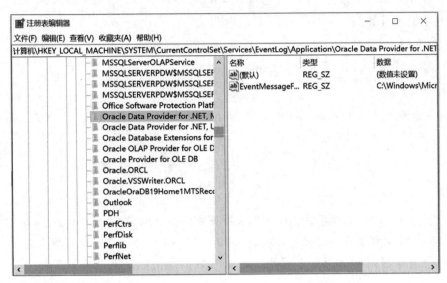

图 2.34　删除以 ORACLE 开头的 ORACLE 事件日志

(3)确定删除后,退出"注册表编辑器"窗口。

2. 从环境变量中删除

从环境变量中删除 Oracle 残留部分,操作步骤如下:

(1)选择"开始"→"系统"→"高级系统设置"命令,弹出"系统属性"对话框。

(2)在"系统属性"对话框中,单击"环境变量"按钮,弹出如图 2.35 所示的"环境变量"
对话框。

图 2.35　"环境变量"对话框

（3）在"系统变量"列表框中，选择变量 Path，单击"编辑"按钮，删除 Oracle 在该变量值中的内容；选择其他关于 Oracle 的选项，进行删除。单击"确定"按钮，保存并退出。

3. 从文件夹中删除

删除 Oracle 残留部分中的文件和文件夹，操作步骤如下：

（1）删除 C:\Program Files\Oracle。

（2）删除 F:\app。

注意：需要对 Oracle 数据库重新安装，必须先卸载已安装的 Oracle 数据库。

2.7 小　　结

本章主要介绍了以下内容。

（1）Oracle 数据库的体系结构由实例和数据库两部分组成。Oracle 数据库的存储结构分为逻辑存储结构和物理存储结构，物理存储结构表现为操作系统的一系列文件，逻辑存储结构是对物理存储结构的组织和管理。Oracle 数据库实例分为内存结构和后台进程两部分。

（2）Oracle 19c 数据库的特性。

（3）SQL Developer 是一个图形化的开发环境，集成于 Oracle 19c 中，用于创建、修改和删除数据库对象，运行 SQL 语句，调试 PL/SQL 程序。

（4）SQL * Plus 是 Oracle 公司独立的 SQL 语言工具产品，是一个使用命令行的开发环境，它是与 Oracle 数据库进行交互的一个非常重要的工具，同时也是一个可用于各种平台的工具，主要用于以下几种操作：执行启动或关闭数据库，进行数据查询、插入、删除、修改，创建用户和授权，备份和恢复数据库等。

（5）启动 Oracle 服务、停止 Oracle 服务和重新启动 Oracle 服务。

（6）启动 Oracle 数据库实例有启动实例、加载数据库和打开数据库 3 个步骤，启动方式有 NOMOUNT 方式、MOUNT 方式、OPEN 方式和 FORCE 方式。关闭 Oracle 数据库实例有关闭数据库、卸载数据库和关闭实例 3 个步骤，关闭方式有 NORMAL 方式、TRANSACTIONAL 方式、IMMEDIATE 方式和 ABORT 方式。

（7）Oracle 数据库卸载包括停止所有 Oracle 服务，卸载所有 Oracle 组件，手动删除 Oracle 残留部分等步骤。

习　题　2

一、选择题

1. 下列操作系统中，不能运行 Oracle 19c 的是_____。

　　A. Windows　　　　　B. macOS　　　　　C. Linux　　　　　D. UNIX

2. 下列选项中，_____是 Oracle 数据库最小存储分配单元。

　　A. 表空间　　　　　B. 盘区　　　　　C. 数据块　　　　　D. 段

3. 当数据库创建时，_____会自动生成。

A. SYSTEM 表空间　　　　　　　　B. TEMP 表空间

C. USERS 表空间　　　　　　　　　D. TOOLS 表空间

4. 每个数据库至少有_____重做日志文件。

　　A. 1 个　　　　　B. 2 个　　　　　C. 3 个　　　　　D. 任意个

5. 解析后的 SQL 语句在 SGA 的_____区域中进行缓存。

　　A. 数据缓冲区　　　　　　　　　B. 字典缓冲区

　　C. 重做日志缓冲区　　　　　　　D. 共享池

6. 在全局存储区 SGA 中，_____内存区域是循环使用的。

　　A. 数据缓冲区　　　　　　　　　B. 字典缓冲区

　　C. 共享池　　　　　　　　　　　D. 重做日志缓冲区

7. 当数据库运行在归档模式下，如果发生日志切换，为了不覆盖旧的日志信息，系统将启动以下的_____进程。

　　A. LGWR　　　　B. DBWR　　　　C. ARCH　　　　D. RECO

8. 以下的_____进程用于将修改后的数据从内存保存到磁盘数据文件中。

　　A. PMON　　　　B. SMON　　　　C. LGWR　　　　D. DBWR

9. 关于 SQL * Plus 的叙述正确的是_____。

　　A. SQL * Plus 是 Oracle 数据库的专用访问工具

　　B. SQL * Plus 是标准的 SQL 访问工具，可以访问各类关系数据库

　　C. DB 包括 DBS 和 DBMS

　　D. DBS 就是 DBMS，也就是 DB

10. SQL * Plus 显示 student 表结构的命令是_____。

　　A. LIST student　　　　　　　　B. DESC student

　　C. SHOW DESC student　　　　　D. SHOW STRUCTURE student

11. SQL * Plus 执行刚输入的一条命令用_____。

　　A. 正斜杠(/)　　　B. 反斜杠(\)　　　C. 感叹号(!)　　　D. 句号(.)

二、填空题

1. 一个表空间物理上对应一个或多个_____。

2. Oracle 数据库系统的物理存储结构主要由数据文件、_____、控制文件三类文件组成。

3. 用户对数据库的操作如果产生日志信息，则该日志信息首先存储在_____中，然后由 LGWR 进程保存到日志文件。

4. 在 Oracle 数据库进程中，进程分为用户进程、服务器进程和_____。

5. _____是 Oracle 最大的逻辑存储结构。

6. 在 SQL * Plus 工具中，可以运行 SQL 语句和_____。

7. 使用 SQL * Plus 的_____命令可以显示表结构的信息。

8. 使用 SQL * Plus 的_____命令可以将文件的内容调入缓冲区，并且不执行。

9. 使用 SQL * Plus 的_____命令可以将缓冲区的内容保存到指定文件中。

10. 启动 Oracle 数据库实例有以下 3 个步骤：启动实例、加载数据库和_____。

11. 关闭 Oracle 数据库实例有以下 3 个步骤：关闭数据库、_____和关闭实例。

三、问答题

1. 简述 Oracle 数据库的体系结构的组成。

2. Oracle 数据库的逻辑结构包括哪些内容？

3. Oracle 数据库的物理结构包括哪些文件？

4. 什么是实例？简述其组成。

5. 什么是内存结构？Oracle 有哪几种内存结构？

6. 什么是进程？Oracle 有哪些进程类型？

7. 什么是数据字典？数据字典有何作用？

8. Oracle 19c 具有哪些特征？

9. Oracle 19c 安装要求有哪些？简述 Oracle 19c 的安装步骤。

10. Oracle 19c 有哪些管理工具？各有何功能？

11. 简述 SQL Developer 下载和安装步骤。

12. 简述使用 SQL Developer 登录 Oracle 数据库的步骤。

13. 启动 SQL * Plus 有哪些方式？

14. 简述 Oracle 数据库实例的启动方式和关闭方式。

15. 简述启动和关闭 Oracle 数据库实例的步骤。

16. 简述 Oracle 19c 的卸载步骤。

四、应用题

1. 在 SQL * Plus 中，使用 CREATE 语句创建成绩表 score。

2. 在 SQL * Plus 中，使用 INSERT 语句向成绩表 score 中插入 3 条记录：('221001', '1004',94)、('221002','1004',86)、('221004','1004',90)。

3. 在 SQL * Plus 中，使用 CHANGE 命令将下列 SQL 语句中 grade 的值由 92 修改为 90 后，再执行。

```
SELECT * FROM score WHERE grade=92;
```

4. 在 SQL * Plus 中输入一条 SQL 查询语句：

```
SELECT * FROM score;
```

将当前缓冲区的语句保存为 sco.sql 文件，再将保存在磁盘上的文件 sco.sql 调入缓冲区执行。

第 3 章

Oracle 数据库

本章要点

- 删除和创建数据库
- 表空间

在 Oracle 数据库系统安装完成后,可以创建自己需要的数据库,在数据库应用和开发过程中,需要对数据库使用的表空间进行管理。

3.1 删除和创建数据库

本书在安装 Oracle 数据库时,已创建了数据库 orcl,学生信息数据 stsystem 是本书的案例数据库,在以后的例题中会多次用到,现在使用图形界面方式的数据库配置助手 (Database Configuration Assistant,DBCA)删除数据库 orcl,再重新创建数据库 stsystem。

3.1.1 删除数据库

删除数据库的举例如下。

【例 3.1】 使用 DBCA 删除数据库 orcl。

使用 DBCA 删除数据库 orcl 的操作步骤如下。

(1) 选择"开始"→Oracle-OraDB19Home1→Database Configuration Assistant 命令,如图 3.1 所示。

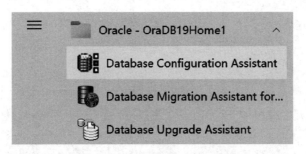

图 3.1 选择 Database Configuration Assistant 命令

(2) 在弹出的"选择数据库操作"窗口中,选中"删除数据库"单选按钮,如图 3.2 所示,然后单击"下一步"按钮。

图 3.2 “选择数据库操作”窗口

(3) 进入“选择源数据库”窗口,这里选择 ORCL 数据库,如图 3.3 所示,单击“下一步”按钮。

图 3.3 “选择源数据库”窗口

（4）进入"选择注销管理选项"窗口,单击"下一步"按钮,进入"概要"窗口,如图 3.4 所示,单击"完成"按钮,在弹出的确认删除提示框中单击"是"按钮,将会显示删除进度,直至完成删除数据库操作。

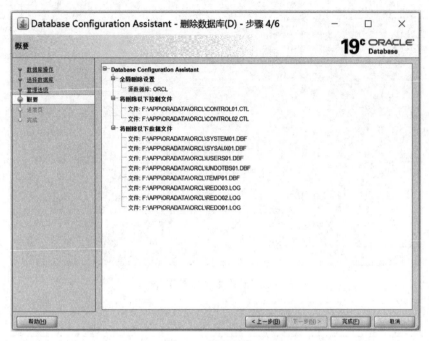

图 3.4　"概要"窗口

3.1.2　创建数据库

使用图形界面方式的数据库配置助手 DBCA 创建数据库的举例如下。

【例 3.2】　使用 DBCA 创建数据库 stsystem。

使用 DBCA 创建数据库 stsystem 的操作步骤如下。

（1）选择"开始"→Oracle-OraDB19Home1→Database Configuration Assistant 命令。

（2）在弹出的"选择数据库操作"窗口中,选中"创建数据库"单选按钮,如图 3.5 所示。

（3）单击"下一步"按钮,将弹出"选择数据库创建模式"对话框,如图 3.6 所示。

- 在"全局数据库名"文本框中输入 stsystem。
- 在"数据库字符集"下拉框中选择"ZHS16GBK-BGK16 位简体中文"。
- 在"管理口令""确认口令"和"Oracle 主目录用户口令"文本框中,分别输入 Ora123456。
- 取消选中"创建为容器数据库"复选框。

（4）单击"下一步"按钮,进入"概要"窗口,如图 3.7 所示,单击"完成"按钮,出现"进度页"提示框,直至数据库 stsystem 创建完成。

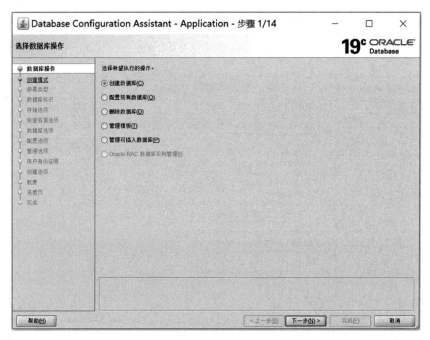

图 3.5 "选择数据库操作"窗口

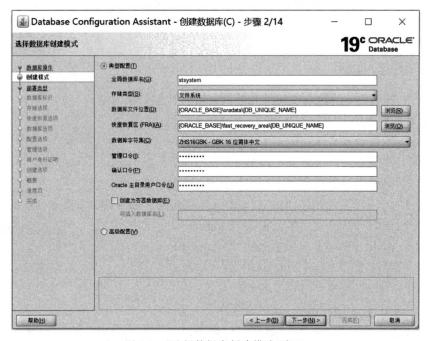

图 3.6 "选择数据库创建模式"窗口

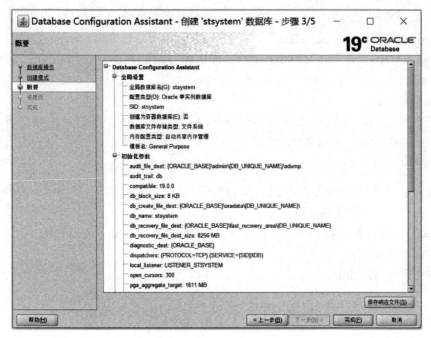

图 3.7　"概要"窗口

3.2　表　空　间

下面介绍在 SQL * Plus 中使用 PL/SQL 语句对表空间进行创建、管理和删除。

3.2.1　创建表空间

创建表空间在 SQL * Plus 中使用 CREATE TABLESPACE 语句,创建的用户必须拥有 CREATE TABLESPACE 系统权限,在创建之前必须创建包含表空间的数据库。

语法格式:

```
CREATE TABLESPACE tablespace_name
DATAFILE filename SINE size
[AUTOEXTENO[ON/OFF]]NEXT size
[MAXSIZE size]
[PERMANENT|TEMPORARY]
[EXTENT MANAGEMENT
[DICTIONARY|LOCAL]
[AUTOALLOCATE|UNIFORM.[SIZE integer[K|M]]]]]
```

说明:

- tablespace_name:创建的表空间的名称。
- DATAFILE filename SINE size:在表空间中存放数据文件的名称和大小。
- [AUTOEXTENO[ON/OFF]]NEXT size:指定数据文件的扩展方式,ON 为自动

扩展，OFF 为非自动扩展，NEXT size 指定自动扩展的大小。

* ［MAXSIZE size］：指定数据文件为自动扩展方式的最大值。
* ［PERMANENT｜TEMPORARY］：指定表空间的类型，PERMANENT 为永久性表空间，TEMPORARY 为临时性表空间。如果不指定表空间的类型，则默认为永久性表空间。
* EXTENT MANAGEMENT DICTIONARY｜LOCAL：指定表空间的管理方式，DICTIONARY 为字典管理方式，LOCAL 为本地管理方式。默认管理方式为本地管理方式。

启动 SQL * Plus，在提示符 SQL＞后，即可输入以下例题代码，按 Enter 键执行后，在 SQL * Plus 窗口中将会出现运行结果。

【例 3.3】 创建表空间 testspace1、testspace2、testspace3，各个表空间大小为 50MB，禁止自动扩展数据文件。

代码和运行结果如下：

```
SQL>CREATE TABLESPACE testspace1
  2   DATAFILE 'D:\app\testspace1_1.DBF' SIZE 50M
  3   AUTOEXTEND OFF;
表空间已创建。


SQL>CREATE TABLESPACE testspace2
  2   DATAFILE 'D:\app\testspace2_1.DBF' SIZE 50M
  3   AUTOEXTEND OFF;
表空间已创建。


SQL>CREATE TABLESPACE testspace3
  2   DATAFILE 'D:\app\testspace3_1.DBF' SIZE 50M
  3   AUTOEXTEND OFF;
表空间已创建。
```

【例 3.4】 创建表空间 testspace4、testspace5、testspace6，各个表空间大小为 50MB，允许自动扩展数据文件。

代码和运行结果如下：

```
SQL>CREATE TABLESPACE testspace4
  2   DATAFILE 'D:\app\testspace4_1.DBF' SIZE 50M
  3   AUTOEXTEND ON NEXT 5M MAXSIZE 100M
  4   EXTENT MANAGEMENT LOCAL
  5   UNIFORM SIZE 2M;
表空间已创建。


SQL>CREATE TABLESPACE testspace5
  2   DATAFILE 'D:\app\testspace5_1.DBF' SIZE 50M
  3   AUTOEXTEND ON NEXT 5M MAXSIZE 100M
  4   EXTENT MANAGEMENT LOCAL
```

```
  5   UNIFORM SIZE 2M;
```
表空间已创建。

```
SQL>CREATE TABLESPACE testspace6
  2   DATAFILE 'D:\app\testspace6_1.DBF' SIZE 50M
  3   AUTOEXTEND ON NEXT 5M MAXSIZE 100M
  4   EXTENT MANAGEMENT LOCAL
  5   UNIFORM SIZE 2M;
```
表空间已创建。

3.2.2 表空间的基本管理

表空间的基本管理包括更改表空间的名称和删除表空间。

1. 更改表空间的名称

在 SQL＊Plus 中使用 ALTER TABLESPACE 语句更改表空间的名称。

语法格式：

```
ALTER TABLESPACE oldname RENAME TO newname
```

【例 3.5】 将表空间 testspace6 更名为 newspace6。

代码和运行结果如下：

```
SQL>ALTER TABLESPACE testspace6 RENAME TO newspace6;
```
表空间已更改。

2. 删除表空间

在 SQL＊Plus 中使用 DROP TABLESPACE 语句删除已经创建的表空间。

语法格式：

```
DROP TABLESPACE <表空间名>
   [ INCLUDING CONTENTS [ {AND | KEEP} DATAFILES ]
     [ CASCADE CONSTRAINTS ]
   ];
```

【例 3.6】 删除表空间 newspace6 及其对应的数据文件。

代码和运行结果如下：

```
SQL>DROP TABLESPACE newspace6
  2        INCLUDING CONTENTS AND DATAFILES;
```
表空间已删除。

3.3 小 结

本章主要介绍了以下内容。

（1）使用图形界面方式创建和删除数据库。

（2）在 SQL＊Plus 中，使用 CREATE TABLESPACE 语句创建表空间，使用 ALTER TABLESPACE 语句更改表空间的名称，使用 DROP TABLESPACE 语句删除表空间。

习 题 3

一、选择题

1. 使用图形界面方式创建数据库的工具是_____。

    A. Oracle Net Manager   B. Database Configuration Assistant

    C. SQL＊Plus   D. Oracle SQL Developer

2. 当数据库创建时，哪个表空间会自动生成_____。

    A. SYSTEM 表空间   B. TEMP 表空间

    C. USERS 表空间   D. TOOLS 表空间

二、填空题

1. 创建表空间使用_____语句。

2. 删除表空间使用_____语句。

三、问答题

1. 简述使用图形界面创建数据库的步骤。

2. 简述使用图形界面删除数据库的步骤。

四、应用题

1. 创建表空间 tbspace，大小为 35MB，禁止自动扩展数据文件。

2. 创建表空间 tbspace1，允许自动扩展数据文件。

3. 将表空间 tbspace1 更名为 tbspace2。

4. 删除表空间 tbspace2 及其对应的数据文件。

第 4 章

Oracle 表 ◀

本章要点

- 表的基本概念
- 数据类型
- 表结构设计
- 使用图形界面方式定义表
- 使用 PL/SQL 语句定义表
- 使用 PL/SQL 语句操作表数据
- 使用图形界面方式操作表数据
- 分区表

数据库对象是构成数据库的组成元素,在 Oracle 数据库中,有多种类型的数据库对象,如表、视图、索引、存储过程、触发器等。表是数据库中最基本的数据库对象,用来存储数据库中的数据。

4.1　表的基本概念

在创建数据库的过程中,最重要的一步就是创建表,在工作和生活中,表是经常使用的一种表示数据及其关系的形式,在学生信息系统中,学生表如表 4.1 所示。

表 4.1　学生表（student）

学　号	姓　名	性　别	出生日期	专　业	总　学　分
221001	何德明	男	2001-07-16	计算机	52
221002	王丽	女	2002-09-21	计算机	50
221004	田桂芳	女	2021-12-05	计算机	52
224001	周思远	男	2001-03-18	通信	52
224002	许月琴	女	2002-06-23	通信	48
224003	孙俊松	男	2001-10-07	通信	50

Oracle 数据库中的表包含以下几个基本概念。

（1）表。表是数据库中存储数据的数据库对象,每个数据库包含了若干表,表由行和列组成。例如,表 4.1 的内容由 6 行 6 列组成。

（2）表结构。每个表具有一定的结构,表结构包含一组固定的列,列由数据类型、长度、允许 Null 值等组成。

（3）记录。每个表包含若干行数据,表中一行称为一个记录(Record)。表 4.1 中有 6 个记录。

（4）字段。表中每列称为字段(Field),每个记录由若干数据项(列)构成,构成记录的每个数据项就称为字段。表 4.1 中有 6 个字段。

（5）空值。空值(Null)通常表示未知、不可用或将在以后添加的数据。

（6）关键字。关键字用于唯一标识记录,如果表中记录的某一字段或字段组合能唯一标识记录,则该字段或字段组合称为候选关键字(Candidate Key)。如果一个表有多个候选关键字,则选定其中的一个为主关键字(Primary Key),又称为主键。表 4.1 中的主键为"学号"。

4.2 数 据 类 型

Oracle 常用的数据类型有数值型、字符型、日期型、其他数据类型等,下面分别进行介绍。

1. 数值型

常用的数值型有 number、float 两种,其格式和取值范围如表 4.2 所示。

表 4.2 数值型

数据类型	格 式	说 明
number	NUMBER[(<总位数>[,<小数点右边的位数>)]	可变长度数值列,允许值为 0、正数和负数,总位数默认为 38,小数点右边的位数默认为 0
float	FLOAT[(<数值位数>)]	浮点型数值列

2. 字符型

常用的字符型有 char、nchar、varchar2、nvarchar2、long 这 5 种,它们在数据库中以 ASCII 码的格式存储,其取值范围和作用如表 4.3 所示。

表 4.3 字符型

数据类型	格 式	说 明
char	CHAR[(<长度>[BYTE|CHAR])]	固定长度字符域,最大长度为 2000B
nchar	NCHAR[(<长度>)]	多字节字符集的固定长度字符域,最多为 2000 个字符或 2000B
varchar2	VARCHAR2[(<长度>[BYTE|CHAR])]	可变长度字符域,最大长度为 4000B
nvarchar2	NVARCHAR2[(<长度>)]	多字节字符集的可变长度字符域,最多为 4000 个字符或 4000B
long	LONG	可变长度字符域,最大长度为 2GB

3. 日期型

日期型常用的有 date 和 timestamp 两种,用来存放日期和时间,取值范围和作用如表 4.4 所示。

表 4.4　日期型

数据类型	格　　式	说　　明
date	DATE	存储全部日期和时间的固定长度字符域,长度为 7B,查询时日期默认格式为 DD-MON-RR,除非通过设置 NLS_DATE_FORMAT 参数取代默认格式
timestamp	TIMESTAMP［(＜位数＞)］	用亚秒的粒度存储一个日期和时间,参数是亚秒粒度的位数,默认为 6,范围为 0~9

4. 其他数据类型

除上述类型外,Oracle 11g 还提供存放大数据的数据类型和二进制文件的数据类型 blob、clob、bfile,如表 4.5 所示。

表 4.5　其他数据类型

数据类型	格　　式	说　　明
blob	BLOB	二进制大对象,最大为 4GB
clob	CLOB	字符大对象,最大为 4GB
bfile	BFILE	外部二进制文件,大小由操作系统决定

4.3　表结构设计

在数据库设计过程中,最重要的是表结构设计,好的表结构设计,对应着较高的效率和安全性,而差的表结构设计,对应着较低的效率和安全性。

创建表的核心是定义表结构及设置表和列的属性,创建表以前,首先要确定表名和表的属性,表所包含的列名及列的数据类型、长度、非空、是否主键等,这些属性构成表结构。

例如,学生表 student 包含 sid、sname、ssex、sbirthday、speciality、tc 等列。

- sid 列是学生的学号,例如,221001 中的 22 表示 2022 年入学,01 表示学生的序号,所以 sid 列的数据类型选字符型 char［(n)］,n 的值为 6,不允许空。
- sname 列是学生的姓名,姓名一般不超过 4 个中文字符,所以选字符型 char［(n)］,n 的值为 12,不允许空。
- ssex 列是学生的性别,选字符型 char［(n)］,n 的值为 3,不允许空。
- sbirthday 列是学生的出生日期,选 date 数据类型,不允许空。
- speciality 列是学生的专业,选字符型 char［(n)］,n 的值为 12,允许空。
- tc 列是学生的总学分,选 number 数据类型,允许空。

在 student 表中,只有 sid 列能唯一标识一个学生,所以将 sid 列设为主键。student 的表结构设计如表 4.6 所示。

表 4.6　student 的表结构

列　　　名	数据类型	非　　空	是 否 主 键	说　　　明
sid	char(6)	√	主键	学号
sname	char(12)	√		姓名
ssex	char(3)	√		性别
sbirthday	date	√		出生日期
speciality	char(12)			专业
tc	number			总学分

4.4　使用图形界面方式定义表

定义表包括创建表、修改表、删除表等内容，本节介绍使用图形界面方式创建表、修改表、删除表，4.5 节介绍使用 PL/SQL 语句创建表、修改表、删除表。

4.4.1　使用图形界面方式创建表

使用图形界面方式创建表的举例如下。

【例 4.1】　在 stsystem 数据库中创建 student 表。

创建 student 表的操作步骤如下。

（1）启动 SQL Developer，在"连接"节点下打开数据库连接 st_test，右击"表"节点，在弹出的快捷菜单中选择"新建表"命令。

（2）屏幕出现"创建表"对话框，在"名称"文本框中输入表名 STUDENT，根据已经设计好的 student 的表结构分别输入或选择 SID、SNAME、SSEX、SBIRTHDAY、SPECIALITY、TC 等列的 PK（是否主键）、列名、数据类型、长度大小、非空性等栏信息，输入完一列后单击"＋"按钮添加下一列，输入完成后的结果如图 4.1 所示。

（3）输完最后一列的信息后，选中右上角的"高级"复选框，此时会显示出更多的表的选项，如表的类型、列的默认值、约束条件和存储选项等，如图 4.2 所示。

（4）单击"确定"按钮，创建 student 表完成。

4.4.2　使用图形界面方式修改表

使用图形界面方式修改表结构（如增加列、删除列、修改已有列的属性等）的举例如下。

【例 4.2】　在 student 表中增加一列 telephone，然后删除该列。

操作步骤如下。

（1）启动 SQL Developer，在"连接"节点下打开数据库连接 st_test，展开"表"节点，选中表 student 后右击，在弹出的快捷菜单中选择"编辑"命令。

（2）进入"编辑表"对话框，单击"＋"按钮，在"列属性"栏的"名称"框中输入 TELEPHONE，在"类型"框中选择 VARCGAR2，在"大小"框中输入 11，如图 4.3 所示，单击"确定"按钮，完成插入新列 TELEPHONE 的操作。

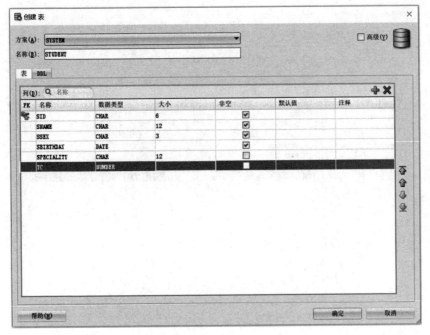

图 4.1 "创建表"对话框

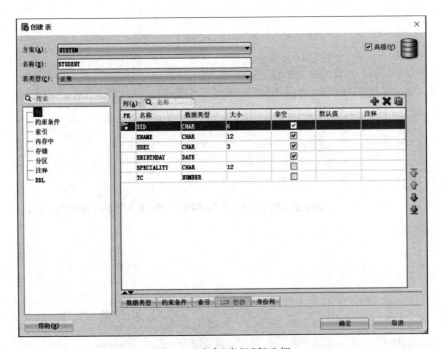

图 4.2 选中"高级"复选框

（3）选中表 student 后右击,在弹出的快捷菜单中选择"编辑"命令,进入"编辑表"对话框,在"列"栏中选中 TELEPHONE,如图 4.4 所示,单击✖按钮,TELEPHONE 列即被删

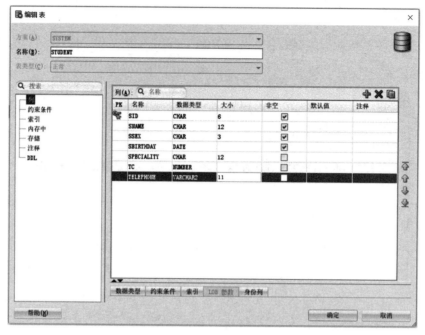

图 4.3　插入列操作

除,单击"确定"按钮,完成删除 TELEPHONE 列的操作。

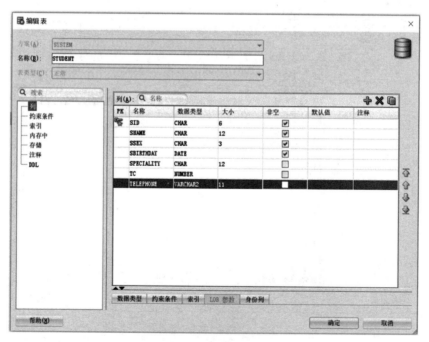

图 4.4　删除列操作

4.4.3 使用图形界面方式删除表

当表不需要的时候,可将其删除。删除表时,表的结构定义、表中的所有数据及表的索引、触发器、约束等都被删除掉。下面介绍使用图形界面方式删除表。

【例 4.3】 删除 student 表。

(1) 启动 SQL Developer,在"连接"节点下打开数据库连接 st_test,展开"表"节点,选中表 student 并右击,在弹出的快捷菜单中选择"表"→"删除"命令。

(2) 进入"删除"对话框,单击"应用"按钮,将弹出"确认"对话框,单击"确定"按钮,即可删除 student 表。

4.5 使用 PL/SQL 语句定义表

本节介绍使用 PL/SQL 语句创建表、修改表、删除表。

4.5.1 使用 PL/SQL 语句创建表

使用 CREATE TABLE 语句创建表。

语法格式:

```
CREATE TABLE [<用户方案名>.] <表名>
(
    <列名 1>   <数据类型>   [DEFAULT <默认值>]   [<列约束>]
    <列名 2>   <数据类型>   [DEFAULT <默认值>]   [<列约束>]
    [,…n]
    <表约束>[,…n]
)
    [PCTFREE <数字值>]
    [PCTUSED <数字值>]
    [INITRANS <数字值>]
    [MAXTRANS <最大并发事务数>]
    [TABLESPACE <表空间名>]
    [STORGE <参数>]
    [AS <子查询>]
```

【例 4.4】 使用 PL/SQL 语句,在 stsystem 数据库中创建 student 表。

```
CREATE TABLE student
    (
        sid char(6) NOT NULL PRIMARY KEY,
        sname char(12) NOT NULL,
        ssex char(3) NOT NULL,
        sbirthday date NOT NULL,
        speciality char(12) NULL,
        tc number NULL
```

```
);
```

启动 SQL Developer,在主界面中展开 st_test 连接,单击工具栏中的 按钮,主界面弹出"工作表"窗口,在窗口中输入上述语句,单击 按钮,在"脚本输出"窗口显示"Table STUDENT 已创建。",如图 4.5 所示。

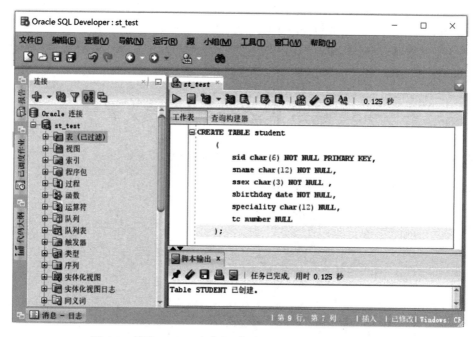

图 4.5　创建 student 表的"工作表"窗口和"脚本输出"窗口

提示:

由一条或多条 PL/SQL 语句组成一个程序,通常以.sql 为扩展名存储,称为 sql 脚本。 SQL 工作表窗口内的 PL/SQL 语句,可通过"文件"→"保存"命令命名并存入指定目录。

4.5.2　使用 PL/SQL 语句修改表

使用 ALTER TABLE 语句来修改表的结构。

语法格式:

```
ALTER TABLE [<用户方案名>.] <表名>
   [ ADD(<新列名><数据类型>[DEFAULT <默认值>][列约束],…n) ]       /＊增加新列＊/
   [ MODIFY([ <列名>[<数据类型>] [DEFAULT <默认值>][列约束],…n)] /＊修改已有列的属性＊/
   [ STORAGE <存储参数>]                                        /＊修改存储特征＊/
   [<DROP 子句>]                                               /＊删除列或约束条件＊/
```

其中,<DROP 子句>用于从表中删除列或约束。

语法格式:

<DROP 子句>::=

```
DROP
{
    COLUMN <列名>
    | PRIMARY [KEY]
    | UNIQUE (<列名>,…n)
    | CONSTRAINT <约束名>
    | [ CASCADE ]
}
```

【例 4.5】　使用 ALTER TABLE 语句修改 stsystem 数据库中的 student 表。

（1）在 student 表中增加一列 native。

```
ALTER TABLE student
    ADD native varchar(12);
```

（2）在 student 表中删除 native 列。

```
ALTER TABLE student
    DROP COLUMN native;
```

4.5.3　使用 PL/SQL 语句删除表

使用 DROP TABLE 语句删除表。

语法格式：

```
DROP TABLE table_name
```

其中，table_name 是要删除的表的名称。

【例 4.6】　删除 stsystem 数据库中的 student 表。

```
DROP TABLE student;
```

4.6　使用 PL/SQL 语句操作表数据

对表中数据进行的操作，包括数据的插入、删除和修改。本节介绍使用 PL/SQL 语句操作表数据，4.7 节介绍采用图形界面方式操作表数据。

4.6.1　使用 PL/SQL 语句插入记录

在数据库中可用 INSERT 语句向数据库的表插入一行数据，由 VALUES 给定该行各列的值。

语法格式：

```
INSERT INTO <表名>[(<列名 1>,<列名 2>,…n)]
    VALUES(<列值 1>,<列值 2>,…n)
```

其中，列值表必须与列名表一一对应，且数据类型相同。向表的所有列添加数据时，可以省略列名表,但列值表必须与列名表顺序和数据类型一致。

在输入 student 表的 sbirthday 列的数据时,数据库默认的日期格式是:DD-MON-RR,为了将日期格式改为习惯的格式:YYYY-MM-DD,需要在 SQL Developer 命令窗口中执行以下语句:

```
ALTER SESSION
    SET NLS_DATE_FORMAT="YYYY-MM-DD";
```

说明:该语句只在当前会话中起作用,下次打开 SQL Developer 窗口,还需重新执行该语句。

注意:使用 PL/SQL 语句进行数据的插入、修改和删除后,为将数据的改变保存到数据库中,应使用 COMMIT 命令进行提交,使用方法如下:

```
COMMIT;
```

本书后面的 SQL 语句都省略 COMMIT 命令,运行时请读者添加。

1. 对表的所有列插入数据

1) 省略列名表

必须为每个列都插入数据,值的顺序必须与表定义的列的顺序一一对应,且数据类型相同。

设 student 表、student1 表已创建,其表结构参见附录 B。

【例 4.7】 使用省略列名表的插入语句,对 student1 表插入一条记录('221001','何德明','男','20010716','YYYYMMDD'),'计算机',52)。

代码如下:

```
INSERT INTO student1
    VALUES('221001','何德明','男',TO_DATE('20010716','YYYYMMDD'),'计算机',52);
```

由于插入的数据包含各列的值并按表中各列的顺序列出这些值,所以省略列名表。

2) 不省略列名表

如果插入值的顺序和表定义的列的顺序不同,在插入全部列时,则不能省略列名表。

【例 4.8】 使用不省略列名表的插入语句,对 student1 表插入一条记录,姓名为"王丽",专业为"计算机",学号为"221002",性别为"女",出生日期为"20020921",总学分为 50。

代码如下:

```
INSERT INTO student1(sname, speciality, sid, ssex, sbirthday, tc)
    VALUES('王丽', '计算机','221002', '女',TO_DATE('20020921','YYYYMMDD'), 50);
```

2. 对表的指定列插入数据

在插入语句中,只给出了部分列的值,其他列的值为表定义时的默认值,或允许该列取空值。此时,不能省略列名表。

【例 4.9】 只给出部分列的值,对 student1 表插入一条记录,学号为"224004",专业为"通信",学分空值,姓名为"颜群",性别为"女",出生日期为"20020112"。

代码如下:

```
INSERT INTO student1(sid, speciality, sname, ssex, sbirthday)
    VALUES('224004','通信','颜群','女', TO_DATE('20020112','YYYYMMDD'));
```

3. 插入多条记录

【例 4.10】 向 student 表插入表 4.1 各行的数据。

向 student 表插入表 4.1 各行数据的代码如下：

```
INSERT INTO student VALUES('221001','何德明','男',TO_DATE('20010716','YYYYMMDD'),
'计算机',52);
INSERT INTO student VALUES('221002','王丽','女',TO_DATE('20020921','YYYYMMDD'),
'计算机',50);
INSERT INTO student VALUES('221004','田桂芳','女',TO_DATE('20021205','YYYYMMDD'),
'计算机',52);
INSERT INTO student VALUES('224001','周思远','男',TO_DATE('20010318','YYYYMMDD'),
'通信',52);
INSERT INTO student VALUES('224002','许月琴','女',TO_DATE('20020623','YYYYMMDD'),
'通信',48);
INSERT INTO student VALUES('224003','孙俊松','男',TO_DATE('20011007','YYYYMMDD'),
'通信',50);
```

使用 SELECT 语句查询插入的数据：

```
SELECT *
    FROM student;
```

查询结果：

```
SID       SNAME   SSEX   SBIRTHDAY      SPECIALITY      TC
--------- ------- -----  ------------   -------------   ------
221001    何德明   男     2001-07-16     计算机           52
221002    王丽     女     2002-09-21     计算机           50
221004    田桂芳   女     2002-12-05     计算机           52
224001    周思远   男     2001-03-18     通信             52
224002    许月琴   女     2002-06-23     通信             48
224003    孙俊松   男     2001-10-07     通信             50
```

4.6.2 使用 PL/SQL 语句修改记录

在数据库中可用 UPDATE 语句来修改表中指定记录的列值。

语法格式：

```
UPDATE <表名>
    SET <列名>={<新值>|<表达式>} [,…n]
    [WHERE <条件表达式>]
```

其中，在满足 WHERE 子句条件的行中，将 SET 子句指定的各列的列值设置为 SET 指定的新值，如果省略 WHERE 子句，则更新所有行的指定列值。

注意：UPDATE 语句修改的是一行或多行中的列。

1. 修改指定记录

修改指定记录需要通过 WHERE 子句指定要修改的记录满足的条件。

【例 4.11】 在 course 表中，将数据结构的学分修改为 4 分。

代码如下：

```
UPDATE course
    SET credit=4
    WHERE cname='数据结构';
```

2. 修改全部记录

修改全部记录可不指定 WHERE 子句。

【例 4.12】 在 student 表中，将所有学生的学分增加 2 分。

代码如下：

```
UPDATE student
    SET tc=tc+2;
```

4.6.3 使用 PL/SQL 语句删除记录

在数据库中删除记录，可以使用 DELETE 语句或 TRANCATE 语句。

1. 使用 DELETE 语句删除记录

在进行删除操作时，DELETE 语句用于删除表中的一行或多行记录。

语法格式：

```
DELETE FROM <表名>
    [WHERE <条件表达式>]
```

该语句的功能为从指定的表中删除满足 WHERE 子句的条件行，若省略 WHERE 子句，则删除所有行。

注意：DELETE 语句删除的是一行或多行。如果删除所有行，表结构仍然存在，即存在一个空表。

【例 4.13】 在 student1 表中，删除学号为 224004 的行。

代码如下：

```
DELETE FROM student1
    WHERE sid='224004';
```

【例 4.14】 在 student1 表中，删除全部记录。

代码如下：

```
DELETE FROM student1;
```

2. 使用 TRUNCATE 语句删除全部记录

当需要删除一个表里的全部记录时，使用 TRUNCATE TABLE 语句，它可以释放表的存储空间，但此操作不可回退。

语法格式：

```
TRUNCATE TABLE <表名>
```

【**例 4.15**】　使用 TRUNCATE 语句，删除 student 表全部记录。

代码如下：

```
TRUNCATE TABLE student;
```

4.7　使用图形界面方式操作表数据

本节介绍采用图形界面方式插入记录、修改记录和删除记录。

4.7.1　使用图形界面方式插入记录

使用图形界面方式插入记录的举例如下。

【**例 4.16**】　向 stsystem 数据库中的 student 表中插入有关记录。

该例的操作步骤如下。

（1）启动 SQL Developer，在"连接"节点下打开数据库连接 st_test，展开"表"节点，单击表 student，在右边窗口中选择"数据"选项卡。

（2）在此窗口中，单击"插入行"按钮，表中将增加一个新行，如图 4.6 所示，可在各个字段输入或编辑有关数据。

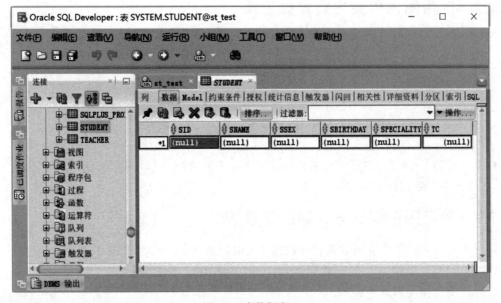

图 4.6　表数据窗口

输入完一行后，单击"提交"按钮，将数据保存到数据库中，如果保存成功，会在下面的

"Data Editor-日志"窗口显示提交成功的信息,如果保存错误,则会在该窗口显示错误信息。提交完毕,再单击"插入行"按钮,输入下一行,直至 student 表的 6 个记录输入和保存完毕,如图 4.7 所示。

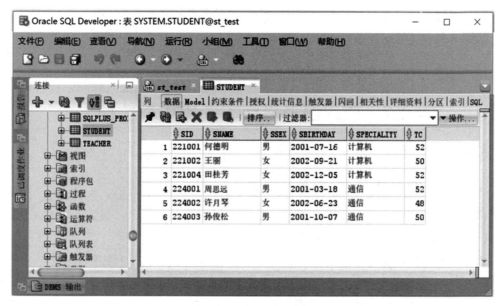

图 4.7 student 表的记录

注意:输入 student 表样本数据可以参看附录 B。

4.7.2 使用图形界面方式修改记录

修改记录也可以采用图形界面方式,举例如下。

【例 4.17】 修改 stsystem 数据库中 student 表的有关记录。

该例的操作步骤如下。

(1)启动 SQL Developer,在"连接"节点下打开数据库连接 st_test,展开"表"节点,单击表 student,在右边窗口中选择"数据"选项卡。

(2)在 student 表中,找到要修改的行,这里对第 4 行 tc 列进行修改,选择第 4 行 tc 列,将数据修改为 50,此时,在第 4 行的行号前出现一个星号(*),如图 4.8 所示,单击"提交"按钮,将修改后的数据保存到数据库中。

4.7.3 使用图形界面方式删除记录

下面介绍采用图形界面方式删除数据库中的记录。

【例 4.18】 删除 stsystem 数据库中 student 表的第 5 条记录。

该例的操作步骤如下。

(1)启动 SQL Developer,在"连接"节点下打开数据库连接 st_test,展开"表"节点,单击表 student,在右边窗口中选择"数据"选项卡。

(2)在 student 表中,找到要删除的行,这里对第 5 行进行删除,选择第 5 行,单击"删

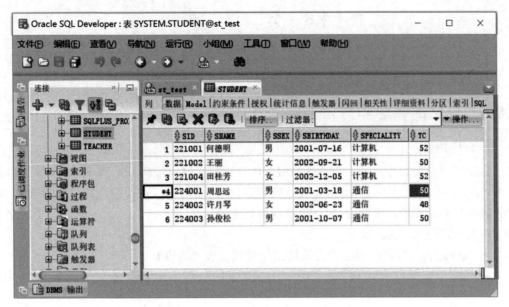

图 4.8 修改记录

除"按钮,此时,在第 5 行的行号前出现一个减号(一),如图 4.9 所示,删除后单击"提交"按钮进行保存。

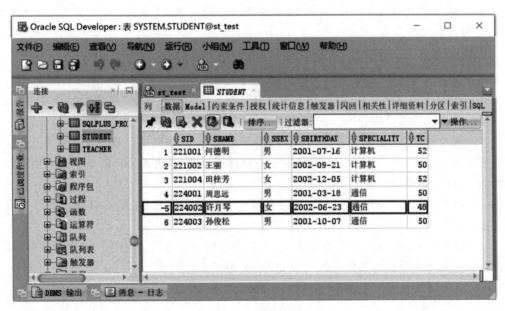

图 4.9 删除记录

注意:如果需要撤销之前对表中数据所做的操作,在单击"提交"按钮之前,可单击"撤销"按钮撤销所做的操作。

4.8 分　区　表

Oracle 19c 改进了分区功能,分区技术能够增强数据库的可管理性和可用性,提高应用程序的性能,它是数据库管理的一项关键技术。

4.8.1　分区的概念和方法

1. 分区概念

分区是将一个表分成若干个独立的组成部分进行存储和管理,每一个相对小的、可以独立管理的部分,称为原来表的分区。表分区后,可以对表的分区进行独立地存取和控制,每个分区都具有相同的逻辑属性,但物理属性可以不同。

对表进行分区的优点如下。

- 减少维护工作量。独立管理分区比管理整张表更为容易。
- 增强数据库的可用性、安全性。一个分区的损坏不影响其他分区中数据的正常使用。
- 提高查询速度。对表的查询、增加、删除等操作可以分解到分区并行执行,从而提高查询速度,特别是对大表更为有用。
- 简化数据的管理。可以将某些分区设置为不可用状态,某些分区设置为可用状态,某些分区设置为只读状态,某些分区设置为读写状态。
- 分区对用户透明性。最终用户感觉不到分区的存在,对表进行分区并不影响对数据进行操作的 SQL 语句。

2. 分区方法

有多种分区方法,下面列举常用的分区方法。

(1) 范围分区:依据分区列值的范围对表进行分区,范围分区是最常用的分区方法,特别适合依据日期进行分区。

(2) 散列分区:采用基于分区列值的 HASH 算法,将数据均匀分布到指定的分区中,散列分区又名 HASH 分区。一个记录到底分布到哪个分区,由系统自动根据当前列值计算出的 HASH 函数值决定。

(3) 列表分区:当分区列的取值是一个包含少数值的集合,可以采用对表进行列表分区的方法。

(4) 组合分区:结合两种基本分区方法,首先采用一个分区方法对表或索引进行分区,然后再采用另一个分区方法将分区再分成若干个子分区。

(5) 时间间隔分区:它是范围分区功能的增强,随着数据的增加会自动创建新的分区。

4.8.2　范围分区

在数据库管理中,可以使用带 PARTITION BY RANGE 子句的 CREATE TABLE 语句创建范围分区表。

语法格式：

```
CREATE TABLE table(…)
PARTITION BY RANGE(column1[,column2,…])
    (
        PARTITION partition1 VALUES LESS THAN
          (literal|MAXVALUE) [TABLESPACE tablespace]
        [,PARTITION partition2 VALUES LESS THAN
          (literal|MAXVALUE) [TABLESPACE tablespace],…]
    )
…
```

说明：

- PARTITION BY RANGE：采用范围分区方法。
- column：分区列，可以是单列分区，也可以是多列分区。
- PARTITION partition1：设置分区名称。
- VALUES LESS THAN：设置分区列值的上界。
- TABLESPACE：设置分区对应的表空间。

启动 SQL * Plus，在提示符 SQL＞后，即可输入以下例题代码，按 Enter 键执行后，在 SQL * Plus 窗口中，将会出现运行结果。

【**例 4.19**】　创建一个范围分区表，将学生表按照其出生日期进行分区，将 2002 年 1 月 1 日前出生的学生记录保存在 testspace1 表空间中，将 2002 年 1 月 1 日到 2003 年 1 月 1 日出生的学生记录保存在 testspace2 表空间中，将其他学生记录保存在 testspace3 表空间中。

该例的代码和运行结果如下：

```
SQL>CREATE TABLE student_range
  2     (
  3          sid char(6) NOT NULL PRIMARY KEY,
  4          sname char(12) NOT NULL,
  5          ssex char(3) NOT NULL,
  6          sbirthday date NOT NULL,
  7          speciality char(12) NULL,
  8          tc number NULL
  9     )
 10   PARTITION BY RANGE(sbirthday)
 11     (
 12          PARTITION pr1 VALUES LESS THAN(TO_DATE('2002-1-1', 'YYYY-MM-DD'))
TABLESPACE testspace1,
 13          PARTITION pr2 VALUES LESS THAN(TO_DATE('2003-1-1', 'YYYY-MM-DD'))
TABLESPACE testspace2,
 14          PARTITION pr3 VALUES LESS THAN(MAXVALUE) TABLESPACE testspace3
 15     );
表已创建。
```

【**例 4.20**】　向表 student_range 中插入 2 条记录。

代码和运行结果如下:

```
SQL>INSERT INTO student_range VALUES('221001','何德明','男',TO_DATE('20010716',
'YYYYMMDD'),'计算机',52);
已创建 1 行。

SQL>INSERT INTO student_range VALUES('224002','许月琴','女',TO_DATE('20020623',
'YYYYMMDD'),'通信',48);
已创建 1 行。
```

【例 4.21】 查询表 student_range 的分区 pr1 和 pr2 中的记录。

(1) 查询分区 pr1 中的记录。

代码和运行结果如下:

```
SQL>SELECT * FROM student_range PARTITION(pr1);
SID        SNAME    SSEX    SBIRTHDAY       SPECIALITY        TC
---------  -------  -----   ------------    -------------   ------
221001     何德明    男      2001-07-16      计算机            52
```

(2) 查询分区 pr2 中的记录。

代码和运行结果如下:

```
SQL>SELECT * FROM student_range PARTITION(pr2);
SID        SNAME    SSEX    SBIRTHDAY       SPECIALITY        TC
---------  -------  -----   ------------    -------------   ------
224002     许月琴    女      2002-06-23      通信              48
```

4.8.3 散列分区

在数据库管理中,可以使用带 PARTITION BY HASH 子句的 CREATE TABLE 语句创建散列分区表。

语法格式:

```
CREATE TABLE table(…)
PARTITION BY HASH(column1[,column2,…])
    [(PARTITION partition [TABLESPACE tablespace][,…])]|
    [PARTITIONS hash_partition_quantity STORE IN (tablespace1[,…])]
```

【例 4.22】 创建一个散列分区表,按照学号将学生信息均匀分布到 testspace1 和 testspace2 两个表空间中。

代码和运行结果如下:

```
SQL>CREATE TABLE student_hash
  2    (
  3        sid char(6) NOT NULL PRIMARY KEY,
  4        sname char(12) NOT NULL,
  5        ssex char(3) NOT NULL,
```

```
 6          sbirthday date NOT NULL,
 7          speciality char(12) NULL,
 8          tc number NULL
 9      )
10   PARTITION BY HASH(sid)
11      (
12          PARTITION ph1 TABLESPACE testspace1,
13          PARTITION ph2 TABLESPACE testspace2
14      );
```
表已创建。

【例 4.23】　向表 student_hash 中插入 4 条记录。

代码和运行结果如下：

```
SQL>INSERT INTO student_hash VALUES('221001','何德明','男',TO_DATE('20010716',
'YYYYMMDD'),'计算机',52);
```
已创建 1 行。

```
SQL>INSERT INTO student_hash VALUES('221002','王丽','女',TO_DATE('20020921',
'YYYYMMDD'),'计算机',50);
```
已创建 1 行。

```
SQL>INSERT INTO student_hash VALUES('224002','许月琴','女',TO_DATE('20020623',
'YYYYMMDD'),'通信',48);
```
已创建 1 行。

```
SQL>INSERT INTO student_hash VALUES('224003','孙俊松','男',TO_DATE('20011007',
'YYYYMMDD'),'通信',50);
```
已创建 1 行。

【例 4.24】　查询表 student_hash 的分区 ph1 和 ph2 中的记录。

（1）查询分区 ph1 中的记录。

代码和运行结果如下：

```
SQL>SELECT * FROM student_hash PARTITION(ph1);
SID       SNAME   SSEX  SBIRTHDAY    SPECIALITY      TC
--------- ------- ----- ------------ -------------- ------
221002    王丽     女    2002-09-21   计算机           50
224002    许月琴   女    2002-06-23   通信             48
```

（2）查询分区 ph2 中的记录。

代码和运行结果如下：

```
SQL>SELECT * FROM student_hash PARTITION(ph2);
SID       SNAME   SSEX  SBIRTHDAY    SPECIALITY      TC
--------- ------- ----- ------------ -------------- ------
221001    何德明   男    2001-07-16   计算机           52
224003    孙俊松   男    2001-10-07   通信             50
```

4.8.4 列表分区

在数据库管理中,可以使用带 PARTITION BY LIST 子句的 CREATE TABLE 语句创建列表分区表。

语法格式:

```
CREATE TABLE table(…)
PARTITION BY LIST(column)
    (
        PARTITION partition1 VALUES([literal|NULL]|[DEFAULT])
            [TABLESPACE   tablespace]
        [,PARTITION partition2VALUES([literal|NULL]|[DEFAULT])
            [TABLESPACE tablespace],…]
    )
…
```

【例 4.25】 创建一个列表分区表,将学生信息按性别不同进行分区,男学生信息保存在表空间 TESTSPACE1 中,而女学生信息保存在 TESTSPACE2 中。

代码和运行结果如下:

```
SQL>CREATE TABLE student_list
  2    (
  3        sid char(6) NOT NULL PRIMARY KEY,
  4        sname char(12) NOT NULL,
  5        ssex char(3) NOT NULL CHECK(ssex IN ('男', '女')),
  6        sbirthday date NOT NULL,
  7        speciality char(12) NULL,
  8        tc number NULL
  9    )
 10  PARTITION BY LIST(ssex)
 11    (
 12        PARTITION pl1 VALUES('男') TABLESPACE testspace1,
 13        PARTITION pl2 VALUES('女') TABLESPACE testspace2
 14    );
表已创建。
```

【例 4.26】 向表 student_list 中插入 2 条记录。

代码和运行结果如下:

```
SQL>INSERT INTO student_list VALUES('221004','田桂芳','女',TO_DATE('20021205',
'YYYYMMDD'),'计算机',52);
已创建 1 行。


SQL>INSERT INTO student_list VALUES('224001','周思远','男',TO_DATE('20010318',
'YYYYMMDD'),'通信',52);
已创建 1 行。
```

【例 4.27】　查询表 student_range 的分区 pl1 和 pl2 中的记录。

（1）查询分区 pl1 中的记录，代码和运行结果如下。

```
SQL>SELECT * FROM student_list PARTITION(pl1);
SID        SNAME    SSEX   SBIRTHDAY      SPECIALITY          TC
---------  -------  -----  -------------  --------------  ------
224001     周思远    男     2001-03-18     通信                52
```

（2）查询分区 pl2 中的记录，代码和运行结果如下。

```
SQL>SELECT * FROM student_list PARTITION(pl2);
SID        SNAME    SSEX   SBIRTHDAY      SPECIALITY          TC
---------  -------  -----  -------------  --------------  ------
221004     田桂芳    女     2002-12-05     计算机              52
```

4.8.5　组合分区

组合分区主要包括以下几种：范围-列表组合分区、范围-散列组合分区、范围-范围组合分区、列表-范围组合分区、列表-散列组合分区、列表-列表组合分区等。创建组合分区时需要指定分区方法（PARTITION BY RANGE）、分区列、子分区方法（SUBPARTITION BY HASH，SUBPARTITION BY LIST）、子分区列、每个分区中子分区数量或子分区的描述等。

【例 4.28】　创建一个范围-列表组合分区表，将 2002 年 1 月 1 日前出生的计算机专业和通信专业的学生信息分别保存在 TESTSPACE1 和 TESTSPACE2 表空间中，2002 年 1 月 1 日到 2003 年 1 月 1 日出生的计算机专业和通信专业的学生信息分别保存在 TESTSPACE3 和 TESTSPACE4 表空间中，其他学生信息保存在 TESTSPACE5 表空间中。

代码和运行结果如下：

```
SQL>CREATE TABLE student_range_list
  2    (
  3        sid char(6) NOT NULL PRIMARY KEY,
  4        sname char(12) NOT NULL,
  5        ssex char(3) NOT NULL,
  6        sbirthday date NOT NULL,
  7        speciality char(12) NULL CHECK(speciality IN ('计算机','通信')),
  8        tc number NULL
  9    )
 10  PARTITION BY RANGE(sbirthday)
 11  SUBPARTITION BY LIST(speciality)
 12    (
 13        PARTITION pr1 VALUES LESS THAN(TO_DATE('2002-1-1', 'YYYY-MM-DD'))
 14            (SUBPARTITION pr1l1 VALUES('计算机') TABLESPACE testspace1,
 15             SUBPARTITION pr1l2 VALUES('通信') TABLESPACE testspace2),
 16        PARTITION pr2 VALUES LESS THAN(TO_DATE('2003-1-1', 'YYYY-MM-DD'))
 17            (SUBPARTITION pr2l1 VALUES('计算机') TABLESPACE testspace3,
 18             SUBPARTITION pr2l2 VALUES('通信') TABLESPACE testspace4),
 19        PARTITION pr3 VALUES LESS THAN(MAXVALUE) TABLESPACE testspace5
```

```
 20     );
```
表已创建。

4.8.6　时间间隔分区

在数据库管理中,可以使用带 INTERVAL 子句的 CREATE TABLE 语句创建时间间隔分区表。

语法格式:

```
CREATE TABLE table(…)
PARTITION BY RANGE(column)
INTERVAL expr [STORE IN (tablespace1[,tablesapce2,…])]
    (
        PARTITION partition1 VALUES LESS THAN(literal|MAXVALUE)
            [TABLESPACE tablespace]
        [,PARTITION partition2 VALUES LESS THAN(literal|MAXVALUE)
            [TABLESPACE tablespace]…])
```

【例 4.29】 创建一个间隔分区表,其中 2001 年、2002 年出生的学生分别写入 pi1 和 pi2 分区中,2002 年以后的数据以一年为间隔,分别写入不同的分区中。

代码和运行结果如下:

```
SQL>CREATE TABLE student_interval
  2     (
  3         sid char(6) NOT NULL PRIMARY KEY,
  4         sname char(12) NOT NULL,
  5         ssex char(3) NOT NULL,
  6         sbirthday date NOT NULL,
  7         speciality char(12) NULL,
  8         tc number NULL
  9     )
 10  PARTITION BY RANGE(sbirthday)
 11  INTERVAL(NUMTOYMINTERVAL(1, 'YEAR')) STORE IN(testspace1,testspace2,testspace3)
 12     (
 13         PARTITION pi1 VALUES LESS THAN(TO_DATE('2002-1-1', 'YYYY-MM-DD')),
 14         PARTITION pi2 VALUES LESS THAN(TO_DATE('2003-1-1', 'YYYY-MM-DD'))
 15     );
```
表已创建。

4.9　小　　结

本章主要介绍了以下内容。

(1) 在 Oracle 数据库中,有多种类型的数据库对象,如表、视图、索引、存储过程、触发器等。表是数据库中最基本的数据库对象,用来存储数据库中的数据。每个数据库包含了若干个表,表由行和列组成。

（2）Oracle 常用的数据类型有数值型、字符型、日期型、其他数据类型等。

（3）创建表的核心是定义表结构及设置表和列的属性,创建表以前,首先要确定表名和表的属性,表所包含的列名、列的数据类型、长度、是否为空、是否主键等,这些属性构成表结构。

（4）使用图形界面方式创建表、修改表和删除表。

（5）使用 PL/SQL 语句中的 CREATE TABLE、ALTER TABLE 和 DROP TABLE 等语句创建表、修改表和删除表。

（6）使用 PL/SQL 语句中的 INSERT、UPDATE 和 DELETE 等语句对表中的记录进行增加、修改和删除。

（7）使用图形界面方式对表中的记录进行增加、修改和删除。

（8）分区的概念和优点,常用的分区方法包括范围分区、散列分区、列表分区、组合分区、时间间隔分区。

习　题　4

一、选择题

1. 在学生表中某一条记录的总学分字段暂时不具有任何值,其中将保存为_____。

　　A. 空格　　　　　　　　　　　　　B. NULL

　　C. 0　　　　　　　　　　　　　　　D. 不确定的值,由字段类型决定

2. 在成绩表中的学号字段,在另一个学生表中是主键,该字段应建立_____约束。

　　A. 主键　　　　　B. 检查约束条件　　C. 唯一约束条件　　D. 外键

3. 出生日期字段不宜选择_____。

　　A. float　　　　　B. varchar2　　　　C. char　　　　　D. date

4. 性别字段不宜选择_____。

　　A. char　　　　　B. number　　　　　C. date　　　　　D. varchar2

5. _____字段可以采用默认值。

　　A. 出生日期　　　B. 姓名　　　　　　C. 专业　　　　　D. 学号

6. 表数据操作的基本语句不包括_____。

　　A. INSERT　　　　B. DELETE　　　　C. UPDATE　　　　D. DROP

7. 删除表的全部记录采用_____。

　　A. DROP　　　　　B. ALTER　　　　　C. TRANCATE　　　D. INSERT

8. 修改记录内容不能采用_____。

　　A. UPDATE　　　　　　　　　　　　B. ALTER

　　C. DELETE 和 INSERT　　　　　　　D. 图形界面方式

二、填空题

1. 关键字用于唯一_____记录。

2. 空值通常表示_____、不可用或将在以后添加的数据。

3. 常用的数值型有_____、float 两种。

4. 常用的字符型有_____、nchar、varchar2、nvarchar2、long 这 5 种。

5. 使用 PL/SQL 语句中的操作表数据的语句有 INSERT、_____和 DELETE。

6. 当插入的数据包含各列的值并按表中各列的_____列出这些值，可以省略列名表。

7. 在 UPDATE 语句中，如果不使用 WHERE 子句，则更新_____的指定列值。

8. 在 DELETE 语句中，若省略 WHERE 子句，则删除_____。

三、问答题

1. 什么是表？简述表的组成。

2. 什么是关键字？什么是主键？

3. 简述 Oracle 常用的数据类型。

4. 什么是表结构设计？简述表结构的组成。

5. 分别写出 student、course、score 的表结构。

6. 简述 PL/SQL 语句中创建表、修改表和删除表的语句。

7. 简述 PL/SQL 语句中插入记录、修改记录和删除记录的语句。

8. 简述使用图形界面方式创建 student 表的步骤。

9. 简述使用图形界面方式插入 student 表的记录的步骤。

10. 什么是分区？对表进行分区有何优点？

11. 简述常用的分区方法。

四、应用题

1. 使用 PL/SQL 语句分别创建 student 表、course 表、score 表、teacher 表和 lecture 表，表结构参见附录 B。

2. 使用 PL/SQL 语句分别插入 student 表、course 表、score 表、teacher 表和 lecture 表的样本数据，样本数据参见附录 B。

3. 以图形界面方式分别创建 student1 表、course1 表、score1 表、teacher1 表和 lecture1 表，表结构参见附录 B。

4. 以图形界面方式分别插入 student1 表、course1 表、score1 表、teacher1 表和 lecture1 表的样本数据，样本数据参见附录 B。

第 5 章

数据查询

本章要点

- 数据查询概述
- 简单查询
- 连接查询
- 集合查询
- 子查询
- 排名函数的使用
- 使用正则表达式查询

由于数据库查询是数据库的核心操作,本章重点讲述使用 PL/SQL 的 SELECT 查询语句对数据库进行各种查询的方法。

5.1 数据查询概述

PL/SQL 中最重要的部分是它的查询功能,PL/SQL 的 SELECT 语句具有灵活的使用方式和强大的功能,能够实现选择、投影和连接等操作。

语法格式:

```
SELECT <列>                              /* SELECT 子句,指定列 */
    FROM  <表或视图>                       /* FROM 子句,指定表或视图 */
    [ WHERE  <条件表达式>]                  /* WHERE 子句,指定行 */
    [ GROUP BY <分组表达式>]                /* GROUP BY 子句,指定分组表达式 */
    [ HAVING <分组条件表达式>]              /* HAVING 子句,指定分组统计条件 */
    [ ORDER BY <排序表达式>[ ASC | DESC ]] /* ORDER 子句,指定排序表达式和顺序 */
```

SQL(Structured Query Language)是目前主流的关系型数据库执行数据操作、数据检索及数据库维护所需要的标准语言,是用户与数据库之间进行交流的接口,许多关系型数据库管理系统都支持 SQL,但不同的数据库管理系统之间的 SQL 不能完全通用,Oracle 数据库使用的 SQL 是 Procedural Language/SQL(简称 PL/SQL)。

5.2　简 单 查 询

5.2.1　投影查询

投影查询用于选择列,投影查询通过 SELECT 语句的 SELECT 子句来表示。

语法格式:

```
SELECT [ ALL | DISTINCT ] <列名列表>
```

其中,<列名列表>指出了查询结果的形式,其格式为:

```
{ *                               /* 选择当前表或视图的所有列 */
 |<表名>|<视图>|.*                 /* 选择指定的表或视图的所有列 */
 |{|<列名>|<表达式>}
     [[AS] <列别名>]              /* 选择指定的列,为列指定别名 */
 | <列标题>=<列名表达式>           /* 选择指定的列并更改列标题,为列指定别名 */
}[,… n ]
```

1. 投影指定的列

使用 SELECT 语句可选择表中的一个列或多个列,如果是多个列,各列名中间要用逗号分开。

语法格式:

```
SELECT <列名 1>[ , <列名 2>[,…n] ]
    FROM <表名>
    [WHERE <条件表达式>]
```

该语句的功能为在 FROM 子句指定表中检索符合条件的列。

【例 5.1】　查询 student 表中所有学生的学号、姓名和出生日期。

代码如下:

```
SELECT sid, sname, sbirthday
FROM student;
```

查询结果:

```
SID        SNAME   SBIRTHDAY
---------  -------  -----------
221001     何德明   2001-07-16
221002     王丽     2002-09-21
221004     田桂芳   2002-12-05
224001     周思远   2001-03-18
224002     许月琴   2002-06-23
224003     孙俊松   2001-10-07
```

2. 投影全部列

在 SELECT 子句指定列的位置上使用 * 号时,则为查询表中所有列。

【例 5.2】 查询 student 表中所有列。

代码如下:

```
SELECT *
FROM student;
```

该语句与下面语句等价:

```
SELECT sid, sname, ssex, sbirthday, speciality, tc
FROM student;
```

查询结果:

SID	SNAME	SSEX	SBIRTHDAY	SPECIALITY	TC
221001	何德明	男	2001-07-16	计算机	52
221002	王丽	女	2002-09-21	计算机	50
221004	田桂芳	女	2002-12-05	计算机	52
224001	周思远	男	2001-03-18	通信	52
224002	许月琴	女	2002-06-23	通信	48
224003	孙俊松	男	2001-10-07	通信	50

3. 修改查询结果的列标题

为了改变查询结果中显示的列标题,可以在列名后使用 AS <列别名>。

【例 5.3】 查询 student 表中所有学生的 sid、sname、speciality,并将结果中各列的标题分别修改为学号、姓名、专业。

代码如下:

```
SELECT sid AS 学号, sname AS 姓名, speciality AS 专业
FROM student;
```

查询结果:

学号	姓名	专业
221001	何德明	计算机
221002	王丽	计算机
221004	田桂芳	计算机
224001	周思远	通信
224002	许月琴	通信
224003	孙俊松	通信

4. 计算列值

使用 SELECT 子句对列进行查询时,可以对数字类型的列进行计算,可以使用加(＋)、减(－)、乘(＊)、除(/)等算术运算符,SELECT 子句可使用表达式。

语法格式：

```
SELECT <表达式>[, <表达式>]
```

5. 去掉重复行

如果要去掉结果集中的重复行，可使用 DISTINCT 关键字。

语法格式：

```
SELECT DISTINCT<列名>[, <列名>…]
```

【例 5.4】 查询 student 表中 speciality 列，消除结果中的重复行。

```
SELECT DISTINCT speciality
FROM student;
```

查询结果：

```
SPECIALITY
-------------
计算机
通信
```

5.2.2 选择查询

投影查询用于选择行，选择查询通过 WHERE 子句实现，WHERE 子句通过条件表达式给出查询条件，该子句必须紧跟 FROM 子句之后。

语法格式：

```
WHERE<条件表达式>
```

其中，<u><条件表达式></u>为查询条件，格式为：

```
<条件表达式>::=
    { [ NOT ] <判定运算>| (<条件表达式>) }
    [ { AND | OR } [ NOT ] { <判定运算>| (<条件表达式>) } ]
    [ ,…n ]
```

其中，<u><判定运算></u>的结果为 TRUE、FALSE 或 UNKNOWN，其格式为：

```
<判定运算>::=
{   <表达式 1>{ = | < | <= | > | >= | <> | !=} <表达式 2>            /* 比较运算 */
    |<字符串表达式 1>[ NOT ] LIKE <字符串表达式 2>[ ESCAPE '<转义字符>' ]
                                                           /* 字符串模式匹配 */
    |<表达式>[ NOT ] BETWEEN <表达式 1>AND <表达式 2>          /* 指定范围 */
    |<表达式>IS [ NOT ] NULL                                /* 是否空值判断 */
    |<表达式>[ NOT ] IN ( <子查询>| <表达式>[,…n])            /* IN 子句 */
    | EXISTS(<子查询>)                                      /* EXISTS 子查询 */
}
```

说明:

(1) 判定运算包括比较运算、模式匹配、指定范围、空值判断、子查询等,判定运算的结果为 TRUE、FALSE 或 UNKNOWN。

(2) 逻辑运算符包括 AND(与)、OR(或)、NOT(非),NOT、AND 和 OR 的使用是有优先级的,三者之中,NOT 优先级最高,AND 次之,OR 优先级最低。

(3) 条件表达式可以使用多个判定运算通过逻辑运算符构成复杂的查询条件。

(4) 字符串和日期必须用单引号括起来。

注意: 在 SQL 中,返回逻辑值的运算符或关键字都称为谓词。

1. 表达式比较

比较运算符用于比较两个表达式值,共有 7 个运算符: =(等于)、<(小于)、<=(小于或等于)、>(大于)、>=(大于或等于)、<>(不等于)、!=(不等于)。

语法格式:

<表达式 1>{ = | < | <= | > | >= | <> | != } <表达式 2>

【例 5.5】 查询 student 表中专业为计算机或性别为女的学生。

代码如下:

```
SELECT *
FROM student
WHERE speciality='计算机' OR ssex='女';
```

查询结果:

SID	SNAME	SSEX	SBIRTHDAY	SPECIALITY	TC
221001	何德明	男	2001-07-16	计算机	52
221002	王丽	女	2002-09-21	计算机	50
221004	田桂芳	女	2002-12-05	计算机	52
224002	许月琴	女	2002-06-23	通信	48

2. 指定范围

BETWEEN、NOT BETWEEN、IN 是用于指定范围的 3 个关键字,用于查找字段值在(或不在)指定范围的行。

当要查询的条件是某个值的范围时,可以使用 BETWEEN 关键字。BETWEEN 关键字用于指出查询范围。

语法格式:

<表达式>[NOT] BETWEEN <表达式 1>AND <表达式 2>

【例 5.6】 查询 score 表成绩为 85、92、94 的记录。

代码如下:

```
SELECT *
```

```
FROM score
WHERE grade IN (85,92,94);
```

查询结果：

```
SID        CID     GRADE
---------  -----   -----------
221001     1004          94
221004     1201          92
224001     4002          92
221004     8001          85
```

3. 模式匹配

模式匹配使用 LIKE 谓词，LIKE 谓词用于指出一个字符串是否与指定的字符串相匹配，其运算对象可以是 char、varchar2 和 date 类型的数据，返回逻辑值 TRUE 或 FALSE。

语法格式：

<字符串表达式 1>[NOT] LIKE <字符串表达式 2>[ESCAPE '<转义字符>']

在使用 LIKE 谓词时，<字符串表达式 2>可以含有通配符，通配符有以下两种。

- %：代表 0 或多个字符。
- _：代表 1 个字符。

LIKE 匹配中使用通配符的查询也称模糊查询。

【例 5.7】 查询 student 表中姓孙的学生情况。

代码如下：

```
SELECT *
FROM student
WHERE sname LIKE '孙%';
```

查询结果：

```
SID        SNAME   SSEX   SBIRTHDAY     SPECIALITY        TC
---------  ------- -----  ------------  -------------   ------
224003     孙俊松   男     2001-10-07    通信                50
```

4. 空值判断

判定一个表达式的值是否为空值时，可以使用 IS NULL 关键字。

语法格式：

<表达式>IS [NOT] NULL

【例 5.8】 查询已选课但未参加考试的学生情况。
代码如下：

```
SELECT *
FROM score
```

```
WHERE grade IS NULL;
```

查询结果:

```
SID       CID    GRADE
--------- ----- -----------
224002    8001
```

5.2.3　分组查询和统计计算

查询数据常常需要进行统计计算,本节介绍使用聚合函数、GROUP BY 子句、HAVING 子句进行统计计算的方法。

1. 聚合函数

聚合函数可以实现数据的统计计算,用于计算表中的数据,返回单个计算结果。聚合函数包括 COUNT、SUM、AVG、MAX、MIN 等函数,下面分别介绍。

1) COUNT 函数

COUNT 函数用于计算组中满足条件的行数或总行数。

语法格式:

```
COUNT( { [ ALL | DISTINCT ] <表达式>} | * )
```

其中,ALL 表示对所有值进行计算,ALL 为默认值,DISTINCT 指去掉重复值;选择 * 时将统计总行数。COUNT 函数用于计算时忽略 NULL 值。

【例 5.9】 求学生的总人数。

代码如下:

```
SELECT COUNT(*) AS 总人数
FROM student;
```

该语句采用 COUNT 函数计算总行数,总人数与总行数一致。

查询结果:

```
  总人数
-----------
      6
```

2) SUM 和 AVG 函数

SUM 函数用于求出一组数据的总和,AVG 函数用于求出一组数据的平均值,这两个函数只能针对数值类型的数据。

语法格式:

```
SUM / AVG([ ALL | DISTINCT ] <表达式>)
```

其中,ALL 表示对所有值进行计算,为默认值,DISTINCT 指去掉重复值,SUM/AVG 函数用于计算时可忽略 NULL 值。

【例 5.10】 查询 1201 课程总分。

代码如下：

```
SELECT SUM(grade) AS 课程 1201 总分
FROM score
WHERE cid='1201';
```

该语句采用 SUM()计算课程总分,并用 WHERE 子句指定的条件进行限定为 1201
课程。

查询结果：

```
课程 1201 总分
---------------
          509
```

3）MAX 和 MIN 函数

MAX 函数用于求出一组数据的最大值,MIN 函数用于求出一组数据的最小值,这两个
函数都可以适用于任意类型数据。

语法格式：

```
MAX / MIN([ ALL | DISTINCT ] <表达式>)
```

其中,ALL 表示对所有值进行计算,ALL 为默认值,DISTINCT 指去掉重复值,MAX /
MIN 函数用于计算时可忽略 NULL 值。

2. GROUP BY 子句

GROUP BY 子句用于指定需要分组的列。

语法格式：

```
GROUP BY [ ALL ] <分组表达式>[,…n]
```

其中,分组表达式通常包含字段名,ALL 显示所有分组。

注意：如果 SELECT 子句的列名表包含聚合函数,则该列名表只能包含聚合函数指定
的列名和 GROUP BY 子句指定的列名。聚合函数常与 GROUP BY 子句一起使用。

【例 5.11】 查询各门课程的最高分、最低分、平均成绩。

代码如下：

```
SELECT cid AS 课程号, MAX(grade) AS 最高分, MIN(grade) AS 最低分, AVG(grade) AS 平均
成绩
FROM score
WHERE NOT grade IS NULL
GROUP BY cid;
```

该语句采用 MAX、MIN、AVG 等聚合函数,并用 GROUP BY 子句对 cid(课程号)进行
分组。

查询结果：

扬帆起航

书山智慧

清华大学出版社
TSINGHUA UNIVERSITY PRESS

如果知识是通向未来的大门,
我们愿意为你打造一把打开这扇门的钥匙!

https://www.shuimushuhui.com/

乘风破浪

前程似锦

清华大学出版社
TSINGHUA UNIVERSITY PRESS

May all your wishes
come true

课程号	最高分	最低分	平均成绩
8001	93	85	88.8
1201	93	75	84.8333333
1004	94	86	90
4002	92	78	86.3333333

3. HAVING 子句

HAVING 子句用于对分组按指定条件进一步进行筛选,过滤出满足指定条件的分组。

语法格式:

[HAVING <条件表达式>]

其中,条件表达式为筛选条件,可以使用聚合函数。

注意:HAVING 子句可以使用聚合函数,WHERE 子句不可以使用聚合函数。

当 WHERE 子句、GROUP BY 子句、HAVING 子句、ORDER BY 子句在一个 SELECT 语句中时,执行顺序如下。

(1) 执行 WHERE 子句,在表中选择行。

(2) 执行 GROUP BY 子句,对选取行进行分组。

(3) 执行聚合函数。

(4) 执行 HAVING 子句,筛选满足条件的分组。

(5) 执行 ORDER BY 子句,进行排序。

注意:HAVING 子句要放在 GROUP BY 子句的后面,ORDER BY 子句放在 HAVING 子句后面。

【例 5.12】 查询至少有 5 名学生选修且以 8 开头的课程号和平均分数。

代码如下:

```
SELECT cid AS 课程号, AVG(grade) AS 平均分数
FROM score
WHERE cid LIKE '8%'
GROUP BY cid
HAVING COUNT( * )>5;
```

该语句采用 AVG 聚合函数、WHERE 子句、GROUP BY 子句、HAVING 子句。

查询结果:

课程号	平均分数
8001	88.8

5.2.4 排序查询

在 Oracle 数据库中,ORDER BY 子句用于对查询结果进行排序。

语法格式：

[ORDER BY { <排序表达式>[ASC | DESC] } [,…n]

其中,排序表达式可以是列名、表达式或一个正整数,ASC 表示升序排列,它是系统默认排序方式,DESC 表示降序排列。

提示

排序操作可对数值、日期、字符 3 种数据类型使用,ORDER BY 子句只能出现在整个 SELECT 语句的最后。

【例 5.13】 将通信专业的学生按出生日期降序排序。

代码如下：

```
SELECT *
FROM student
WHERE speciality='通信'
ORDER BY sbirthday DESC;
```

该语句采用 ORDER BY 子句进行排序。

查询结果：

```
SID        SNAME   SSEX  SBIRTHDAY      SPECIALITY      TC
---------  ------- ----- -------------- -------------- ------
224002     许月琴   女    2002-06-23     通信             48
224003     孙俊松   男    2001-10-07     通信             50
224001     周思远   男    2001-03-18     通信             52
```

5.3 连 接 查 询

在关系数据库管理系统中,经常把一个实体的信息存储在一个表里,当查询相关数据时,通过连接运算就可以查询存放在多个表中不同实体的信息,把多个表按照一定的关系连接起来,在用户看来好像是查询一个表一样。连接是关系数据库模型的主要特征,也是区别于其他类型数据库管理系统的一个标志。

在 PL/SQL 中,连接查询有两大类表示形式：一类是使用连接谓词指定的连接,另一类是使用 JOIN 关键字指定的连接。

5.3.1 使用连接谓词指定的连接

在连接谓词表示形式中,连接条件由比较运算符在 WHERE 子句中给出,将这种表示形式称为连接谓词表示形式,连接谓词又称为连接条件。

语法格式：

[<表名 1.>] <列名 1><比较运算符>[<表名 2.>] <列名 2>

说明：

在连接谓词表示形式中，FROM 子句指定需要连接的多个表的表名，WHERE 子句指定连接条件，比较运算符有<、<=、=、>、>=、!=、<>、!<、!>。

由于连接多个表存在公共列，为了区分是哪个表中的列，引入表名前缀指定连接列。例如，student.sno 表示 student 表的 sno 列，score.sno 表示 score 表的 sno 列。为了简化输入，SQL 允许在查询中使用表的别名，可在 FROM 子句中为表定义别名，然后在查询中引用。

经常用到的连接有等值连接、自然连接和自连接等，下面分别介绍。

1. 等值连接

表之间通过比较运算符"="连接起来，称为等值连接，举例如下。

【例 5.14】 查询学生的情况和选修课程的情况。

代码如下：

```
SELECT student.*, score.*
FROM student, score
WHERE student.sid=score.sid;
```

该语句采用等值连接。

查询结果：

SID	SNAME	SSEX	SBIRTHDAY	SPECIALITY	TC	SID	CID	GRADE
221001	何德明	男	2001-07-16	计算机	52	221001	1004	94
221002	王丽	女	2002-09-21	计算机	50	221002	1004	86
221004	田桂芳	女	2002-12-05	计算机	52	221004	1004	90
221001	何德明	男	2001-07-16	计算机	52	221001	1201	93
221002	王丽	女	2002-09-21	计算机	50	221002	1201	76
221004	田桂芳	女	2002-12-05	计算机	52	221004	1201	92
224001	周思远	男	2001-03-18	通信	52	224001	1201	82
224002	许月琴	女	2002-06-23	通信	48	224002	1201	75
224003	孙俊松	男	2001-10-07	通信	50	224003	1201	91
224001	周思远	男	2001-03-18	通信	52	224001	4002	92
224002	许月琴	女	2002-06-23	通信	48	224002	4002	78
224003	孙俊松	男	2001-10-07	通信	50	224003	4002	89
221001	何德明	男	2001-07-16	计算机	52	221001	8001	91
221002	王丽	女	2002-09-21	计算机	50	221002	8001	87
221004	田桂芳	女	2002-12-05	计算机	52	221004	8001	85
224001	周思远	男	2001-03-18	通信	52	224001	8001	86
224002	许月琴	女	2002-06-23	通信	48	224002	8001	
224003	孙俊松	男	2001-10-07	通信	50	224003	8001	93

2. 自然连接

如果在目标列中去除相同的字段名，称为自然连接，以下例题为自然连接。

【例 5.15】 对上例进行自然连接查询。

代码如下：

```
SELECT student.*, score.cid, score.grade
FROM student, score
WHERE student.sid=score.sid;
```

该语句采用自然连接。

查询结果：

SID	SNAME	SSEX	SBIRTHDAY	SPECIALITY	TC	CID	GRADE
221001	何德明	男	2001-07-16	计算机	52	1004	94
221002	王丽	女	2002-09-21	计算机	50	1004	86
221004	田桂芳	女	2002-12-05	计算机	52	1004	90
221001	何德明	男	2001-07-16	计算机	52	1201	93
221002	王丽	女	2002-09-21	计算机	50	1201	76
221004	田桂芳	女	2002-12-05	计算机	52	1201	92
224001	周思远	男	2001-03-18	通信	52	1201	82
224002	许月琴	女	2002-06-23	通信	48	1201	75
224003	孙俊松	男	2001-10-07	通信	50	1201	91
224001	周思远	男	2001-03-18	通信	52	4002	92
224002	许月琴	女	2002-06-23	通信	48	4002	78
224003	孙俊松	男	2001-10-07	通信	50	4002	89
221001	何德明	男	2001-07-16	计算机	52	8001	91
221002	王丽	女	2002-09-21	计算机	50	8001	87
221004	田桂芳	女	2002-12-05	计算机	52	8001	85
224001	周思远	男	2001-03-18	通信	52	8001	86
224002	许月琴	女	2002-06-23	通信	48	8001	
224003	孙俊松	男	2001-10-07	通信	50	8001	93

【例 5.16】 查询选修了"数据库系统"课程且成绩在 90 分以上的学生学号、姓名、课程名和成绩。

代码如下：

```
SELECT a.sid, a.sname, b.cname, c.grade
FROM student a, course b, score c
WHERE a.sid=c.sid AND b.cid=c.cid AND b.cname='数据库系统' AND c.grade>=90;
```

该语句实现了多表连接，并采用别名以缩写表名。

查询结果：

SID	SNAME	CNAME	GRADE
221001	何德明	数据库系统	94
221004	田桂芳	数据库系统	90

注意：连接谓词可用于多个表的连接，本例用于 3 个表的连接，其中为 student 表指定

的别名是 a，为 course 表指定的别名是 b，为 score 表指定的别名是 c。

3. 自连接

将同一个表进行连接，称为自连接，举例如下。

【例 5.17】 查询选修了"1201"课程的成绩高于学号为"224001"的成绩的学生姓名。

代码如下：

```
SELECT a.cid, a.sid, a.grade
FROM score a, score b
WHERE a.cid='1201' AND a.grade>b.grade AND b.sid='224001' AND b.cid='1201'
ORDER BY a.grade DESC;
```

该语句实现了自连接，使用自连接需要为一个表指定两个别名。

查询结果：

```
CID     SID          GRADE
------  ---------    ----------
1201    221001            93
1201    221004            92
1201    224003            91
```

5.3.2 使用 JOIN 关键字指定的连接

表连接除了连接谓词表示形式外，PL/SQL 扩展了以 JOIN 关键字指定连接的表示方式，增强了表的连接运算能力。

语法格式：

```
<表名><连接类型><表名>ON <条件表达式>
| <表名>CROSS JOIN <表名>
| <连接表>
```

其中，<连接类型>的格式为：

```
<连接类型>::=
        [ INNER | { LEFT | RIGHT | FULL } [ OUTER ] CROSS JOIN
```

说明：

在以 JOIN 关键字指定连接的表示方式中，在 FROM 子句中用 JOIN 关键字指定连接的多个表的表名，用 ON 子句指定连接条件。

在连接类型中，INNER 表示内连接，OUTER 表示外连接，CROSS 表示交叉连接，这是 JOIN 关键字指定的连接的 3 种类型。

1. 内连接

内连接按照 ON 所指定的连接条件合并两个表，返回满足条件的行。内连接是系统默认的，可省略 INNER 关键字。

【例 5.18】 将例 5.16 改为 JOIN 关键字的连接。

代码如下：

```
SELECT a.sid, a.sname, c.cname, b.grade
FROM student a JOIN score b ON a.sid=b.sid JOIN course c ON b.cid=c.cid
WHERE c.cname='数据库系统' AND b.grade>=90;
```

该语句采用内连接，省略 INNER 关键字，使用了 WHERE 子句。

查询结果：

```
SID      SNAME    CNAME          GRADE
-------  -------- -------------- -----------
221001   何德明    数据库系统          94
221004   田桂芳    数据库系统          90
```

注意：内连接可用于多个表的连接，本例用于 3 个表的连接，注意 FROM 子句中 JOIN 关键字与多个表连接的写法。

2. 外连接

在内连接的结果表中，只有满足连接条件的行才能作为结果输出。外连接的结果表不但包含满足连接条件的行，还包括相应表中的所有行。外连接有以下 3 种。

- 左外连接(LEFT OUTER JOIN)：结果表中除了包括满足连接条件的行外，还包括左表的所有行。
- 右外连接(RIGHT OUTER JOIN)：结果表中除了包括满足连接条件的行外，还包括右表的所有行。
- 完全外连接(FULL OUTER JOIN)：结果表中除了包括满足连接条件的行外，还包括两个表的所有行。

【例 5.19】 教师表和讲课表左外连接。

代码如下：

```
SELECT tname, cid
FROM teacher LEFT JOIN lecture ON teacher.tid=lecture.tid;
```

查询结果：

```
TNAME    CID
-------  ------
汤俊才    1004
罗晓伟    1201
郭莉君    4002
姚万祥    8001
梁倩
```

【例 5.20】 讲课表和课程表右外连接。

代码如下：

```
SELECT tid, cname
FROM lecture RIGHT JOIN course ON lecture.cid=course.cid;
```

查询结果：

```
TID        CNAME
-------    --------------------
100006     数据库系统
120026     英语
400009     数字电路
800017     高等数学
           数据结构
```

【例 5.21】　教师表和讲课表全外连接。

代码如下：

```
SELECT tname, cid
FROM teacher FULL JOIN lecture ON teacher.tid=lecture.tid;
```

查询结果：

```
TNAME      CID
-------    -------
汤俊才     1004
梁倩
罗晓伟     1201
郭莉君     4002
姚万祥     8001
```

注意：外连接只能对两个表进行操作。

3. 交叉连接

交叉连接返回被连接的两个表中所有数据行的笛卡儿积。

【例 5.22】　采用交叉连接查询教师和上课地点所有可能组合。

代码如下：

```
SELECT tname, location
FROM teacher CROSS JOIN lecture;
```

5.4　集　合　查　询

　　集合查询将两个或多个 SQL 语句的查询结果集合并起来，利用集合进行查询处理以完成特定的任务。使用 4 个集合操作符 UNION 和 UNION ALL、INTERSECT、MINUS，分别进行并、差、交操作，将两个或多个 SQL 查询语句结合成一个单独 SQL 查询语句。

　　集合查询中集合操作符的功能如表 5.1 所示。

表 5.1　集合操作符的功能

操　作　符	说　　明
UNION	并运算,返回两个结果集的所有行,不包括重复行
UNION ALL	并运算,返回两个结果集的所有行,包括重复行
INTERSECT	交运算,返回两个结果集中都有的行
MINUS	差运算,返回第一个结果集中有而在第二个结果集中没有的行

语法格式:

```
<SELECT 查询语句 1>
{UNION | UNION A LL | INTERSECT | MINUS}
<SELECT 查询语句 2>
```

说明:

在集合查询中,需要遵循的规则如下:

- 在构成复合查询的各个单独的查询中,列数和列的顺序必须匹配,数据类型必须兼容;
- 用户不许在复合查询所包含的任何单独的查询中使用 ORDER BY 子句;
- 用户不许在 BLOB、LONG 等大数据对象上使用集合操作符;
- 用户不许在集合操作符 SELECT 列表中使用嵌套表或者数组集合。

5.4.1　使用 UNION 操作符

使用 UNION 操作符可进行并操作,将两个查询的结果合并成一个结果集,将第一个查询中的所有行与第二个查询的所有行相加,消除重复行并且返回结果。

【**例 5.23**】　查询性别为女及选修了课程号为 1004 的学生。

该例采用 UNION 将两个查询的结果合并成一个结果集,消除重复行,代码如下:

```
SELECT sid, sname, ssex
FROM student
WHERE ssex='女'
UNION
SELECT a.sid, a.sname, a.ssex
FROM student a, score b
WHERE a.sid=b.sid AND b.cid='1004';
```

查询结果:

```
SID       SNAME   SSEX
--------- ------- -----
221001    何德明   男
221002    王丽     女
221004    田桂芳   女
224002    许月琴   女
```

5.4.2　使用 INTERSECT 操作符

使用 INTERSECT 操作符可进行交操作,返回同时存在于两个结果集中的行,只由第一个查询或者第二个查询返回的那些行不包含在结果集中。

【例 5.24】　查询既选修了课程号为 8001 又选修了课程号为 1004 的学生的学号、姓名、性别。

该例采用 INTERSECT 返回同时存在于两个结果集中的行,代码如下:

```
SELECT a.sid AS 学号, a.sname AS 姓名, a.ssex AS 性别
FROM student a, score b
WHERE a.sid=b.sid AND b.cid='8001'
INTERSECT
SELECT a.sid AS 学号, a.sname AS 姓名, a.ssex AS 性别
FROM student a, score b
WHERE a.sid=b.sid AND b.cid='1004';
```

查询结果:

```
学号         姓名       性别
---------  -------  -----
221001     何德明     男
221002     王丽       女
221004     田桂芳     女
```

5.4.3　使用 MINUS 操作符

使用 MINUS 操作符可进行差操作,返回所有在第一个查询中有但是第二个查询中没有的那些行。

【例 5.25】　查询既选修了课程号为 8001 又未选修课程号为 1004 的学生的学号、姓名、性别。

该例采用 MINUS 返回在第一个查询中有而在第二个查询中没有的那些行,代码如下:

```
SELECT a.sid AS 学号, a.sname AS 姓名, a.ssex AS 性别
FROM student a, score b
WHERE a.sid=b.sid AND b.cid='8001'
MINUS
SELECT a.sid AS 学号, a.sname AS 姓名, a.ssex AS 性别
FROM student a, score b
WHERE a.sid=b.sid AND b.cid='1004';
```

查询结果:

```
学号         姓名       性别
---------  -------  -----
224001     周思远     男
224002     许月琴     女
224003     孙俊松     男
```

5.5　子　查　询

子查询(又称嵌套查询)可以用一系列简单的查询构成复杂的查询,从而增强 SQL 语句的功能。

在 SQL 语言中,一个 SELECT-FROM-WHERE 语句称为一个查询块。在 WHERE 子句或 HAVING 子句所指定的条件中,可以使用另一个查询块查询的结果作为条件的一部分,这种将一个查询块嵌套在另一个查询块的子句指定条件中的查询称为嵌套查询。例如:

```
SELECT *                    --父查询或外层查询
FROM student
WHERE sid IN
    (SELECT sid             --子查询或内层查询
    FROM score
    WHERE cid='8001'
    );
```

在本例中,下层查询块"SELECT sid FROM score WHERE cid＝'8001'"的查询结果,作为上层查询块"SELECT ＊ FROM student WHERE sid IN"的查询条件,上层查询块称为父查询或外层查询,下层查询块称为子查询(Subquery)或内层查询。

PL/SQL 允许 SELECT 多层嵌套使用,即一个子查询可以嵌套其他子查询,以增强查询能力。

子查询通常与 IN、EXISTS 谓词和比较运算符结合使用。

嵌套查询的处理过程有两种情况:一是由内向外,即由子查询到父查询,如 IN 子查询,子查询的结果作为父查询的查询条件;另一种是由外向内,即由父查询到子查询,如 EXISTS 子查询。

5.5.1　IN 子查询

在 IN 子查询中,使用 IN 谓词实现子查询和父查询的连接。

语法格式:

<表达式> [NOT] IN (<子查询>)

说明:

在 IN 子查询中,首先执行括号内的子查询,再执行父查询,子查询的结果作为父查询的查询条件。

当表达式与子查询的结果集中的某个值相等时,IN 谓词返回 TRUE,否则返回 FALSE;若使用了 NOT,则返回的值相反。

【例 5.26】　查询选修了课程号为 8001 的课程的学生情况。

代码如下:

```
SELECT *                          --(b)
FROM student
WHERE sid IN
    (SELECT sid                   --(a)
     FROM score
     WHERE cid='8001'
    );
```

程序分析：

（a）首先执行子查询，在 score 表中，得出选修了 8001 课程的学号集合（221001，221002，221004，224001，224002，224003）。

（b）然后执行父查询，在 student 表中，以得出的学号为查询条件，查询出学生情况。

查询结果：

```
SID        SNAME   SSEX   SBIRTHDAY     SPECIALITY      TC
--------   ------  -----  ------------  -------------   ------
221001     何德明    男     2001-07-16    计算机            52
221002     王丽      女     2002-09-21    计算机            50
221004     田桂芳    女     2002-12-05    计算机            52
224001     周思远    男     2001-03-18    通信             52
224002     许月琴    女     2002-06-23    通信             48
224003     孙俊松    男     2001-10-07    通信             50
```

注意：在使用 IN 子查询时，子查询返回的结果和父查询引用列的值在逻辑上应具有可比较性。

5.5.2　比较子查询

比较子查询是指父查询与子查询之间用比较运算符进行关联。

语法格式：

<表达式>{ < | <= | = | > | >= | != | <> } { ALL | SOME | ANY } (<子查询>)

说明：

关键字 ALL、SOME 和 ANY 用于对比较运算的限制。ALL 指定表达式要与子查询结果集中的每个值都进行比较，当表达式与子查询结果集中每个值都满足比较关系时，才返回 TRUE，否则返回 FALSE；SOME 和 ANY 指定表达式只要与子查询结果集中某个值满足比较关系时，就返回 TRUE，否则返回 FALSE。

【例 5.27】 查询比所有通信专业学生年龄都小的学生。

代码如下：

```
SELECT *                   --(b)
FROM student
WHERE sbirthday >ALL
    (SELECT sbirthday      --(a)
```

```
        FROM student
        WHERE speciality='通信'
    );
```

程序分析：

（a）首先处理子查询，在 student 表中，得到选修了通信专业学生的出生日期集合（2001-03-18,2002-06-23,2001-10-07）。

（b）然后处理父查询，在 student 表中，比所有通信专业学生年龄都小的学生，即出生日期大于所有通信专业学生的出生日期，得出出生日期为 2002-09-21 或 2002-12-05 的学生。

查询结果：

```
SID        SNAME    SSEX   SBIRTHDAY     SPECIALITY          TC
---------  -------  -----  ------------  --------------     ------
221002     王丽     女     2002-09-21    计算机              50
221004     田桂芳   女     2002-12-05    计算机              52
```

5.5.3　EXISTS 子查询

在 EXISTS 子查询中，EXISTS 谓词只用于测试子查询是否返回行，若子查询返回一个或多个行，则 EXISTS 返回 TRUE，否则返回 FALSE，如果为 NOT EXISTS，其返回值与 EXISTS 相反。

语法格式：

```
[ NOT ] EXISTS ( <子查询> )
```

说明：

在 EXISTS 子查询中，父查询的 SELECT 语句返回的每一行数据都要由子查询来评价，如果 EXISTS 谓词指定条件为 TRUE，查询结果就包含该行，否则该行被丢弃。

【例 5.28】 查询选修 4002 课程的学生姓名。

代码如下：

```
SELECT sname AS 姓名                      --(a)
FROM student
WHERE EXISTS
    (SELECT *                            --(b)
     FROM score
     WHERE score.sid=student.sid AND cid='4002'
    );
```

程序分析：

首先取父查询（a）中 student 表的第一条记录，根据它与子查询（b）相关的列值（sid 值）处理子查询，如果子查询结果非空，则父查询的 WHERE 子句返回真值，并取父查询中该记录的 sname 值放入结果表。然后再取父查询（a）中 student 表的下一条记录，重复此过程，直至 student 表全部记录查找完毕。

查询结果：

```
姓名
-----------
周思远
许月琴
孙俊松
```

注意： 由于 EXISTS 谓词的返回值取决于子查询是否返回行，不取决于返回行的内容，因此子查询输出列表无关紧要，可以使用 * 来代替。

提示

子查询和连接往往都要涉及两个表或多个表，其区别是连接可以合并两个表或多个表的数据，而带子查询的 SELECT 语句的结果只能来自一个表。

5.6　排名函数的使用

在 Oracle 数据库中，可对查询结果集进行排序，排名函数提供一种按升序输出的结果集，常用的 4 种排名函数有 ROW_NUMBER 函数、RANK 函数、DENSE_RANK 函数和 NTILE 函数。

5.6.1　ROW_NUMBER 函数

ROW_NUMBER 函数返回结果集分区内行的递增序号，即使存在相同的值时也递增序号。

语法格式：

```
ROW_NUMBER()  OVER ( [ PARTITION BY 子句 ] <ORDER BY 子句 >)
```

说明：

- PARTITION BY 子句：将 FROM 子句生成的结果集进行分区。
- ORDER BY 子句：将 ROW_NUMBER 的值分配给分区内行的顺序。

【例 5.29】 使用 ROW_NUMBER 函数，查询 student 表中总学分排名。

代码如下：

```
SELECT ROW_NUMBER() OVER(ORDER BY tc DESC) AS ROW_NUMBER, sid AS 学号, sname AS 姓
名, speciality AS 专业, tc AS 总学分
FROM student;
```

查询结果：

总学分排名	学号	姓名	专业	总学分
1	221001	何德明	计算机	52
2	221004	田桂芳	计算机	52
3	224001	周思远	通信	52

4	224003	孙俊松	通信	50
5	221002	王丽	计算机	50
6	224002	许月琴	通信	48

5.6.2   RANK 函数

RANK 函数返回结果集分区内行的排名，行的排名是相关行之前的排名数加 1，不一定具有连续的排名。

语法格式：

```
RANK() OVER ( [ PARTITION BY 子句 ] <ORDER BY 子句 >)
```

说明：

- PARTITION BY 子句：将 FROM 子句生成的结果集划分为 RANK 函数适用的分区。
- ORDER BY 子句：将 RANK 的值应用于分区内行的顺序，如果两个或多个行与一个排名关联，则每个关联行将得到相同的排名，使用 RANK 函数并不总返回连续整数。

【例 5.30】 使用 RANK 函数，查询 student 表各个专业总学分的排名。

代码如下：

```
SELECT RANK() OVER(PARTITION BY speciality ORDER BY tc DESC) AS RANK, sid AS 学号,
sname AS 姓名, speciality AS 专业, tc AS 总学分
FROM student
ORDER BY speciality;
```

查询结果：

RANK	学号	姓名	专业	总学分
1	221001	何德明	计算机	52
1	221004	田桂芳	计算机	52
3	221002	王丽	计算机	50
1	224001	周思远	通信	52
2	224003	孙俊松	通信	50
3	224002	许月琴	通信	48

5.6.3   DENSE_RANK 函数

DENSE_RANK 函数返回结果集分区内行的排名，行的排名是指对该行之前的所有排名数加 1，并且始终具有连续的排名。

语法格式：

```
DENSE_RANK() OVER( [ PARTITION BY 子句 ] <ORDER BY 子句 >)
```

说明：

- PARTITION BY 子句：将 FROM 子句生成的结果集划分为 DENSE_RANK 函数适用的分区。
- ORDER BY 子句：将 DENSE_RANK 的值应用于分区内行的顺序，如果两个或多个行与一个排名关联，则每个关联行将得到相同的排名，DENSE_RANK 函数返回的值没有间断，并且排名始终是连续的。

【例 5.31】 使用 DENSE_RANK 函数，查询 student 表各个专业总学分的排名。

代码如下：

```
SELECT DENSE_RANK() OVER(PARTITION BY speciality ORDER BY tc DESC) AS DENSE_RANK,
sid AS 学号, sname AS 姓名, speciality AS 专业, tc AS 总学分
FROM student
ORDER BY speciality;
```

查询结果：

DENSE_RANK	学号	姓名	专业	总学分
1	221001	何德明	计算机	52
1	221004	田桂芳	计算机	52
2	221002	王丽	计算机	50
1	224001	周思远	通信	52
2	224003	孙俊松	通信	50
3	224002	许月琴	通信	48

5.6.4 NTILE 函数

NTILE 函数将有序分区中的行分发到指定数目的组中，并为每个组编号。

语法格式：

```
NTILE (integer_expression)  OVER ( [ PARTITION BY 子句 ] <ORDER BY 子句 >)
```

说明：

- integer_expression：正整数常量表达式，用于指定每个分区必须被划分的组数。
- PARTITION BY 子句：将 FROM 子句生成的结果集划分为 NTILE 函数适用的分区。如果总行数可被组数整除，则各组行数相同。如果总行数不能被组数整除，将出现两种大小不同的组，较大的组排在较小的组的前面。
- ORDER BY 子句：将 NTILE 的值应用于分区内行的顺序。

【例 5.32】 使用 NTILE 函数，查询 student 表总学分分为两组的排名。

代码如下：

```
SELECT NTILE(2) OVER(ORDER BY tc DESC) AS NTILE, sid AS 学号, sname AS 姓名,
speciality AS 专业, tc AS 总学分
FROM student;
```

查询结果：

```
NTILE  学号     姓名   专业      总学分
------ ------- ------ ------- -------
     1 221001 何德明  计算机       52
     1 221004 田桂芳  计算机       52
     1 224001 周思远  通信        52
     2 224003 孙俊松  通信        50
     2 221002 王丽   计算机       50
     2 224002 许月琴  通信        48
```

5.7　使用正则表达式查询

正则表达式(Regular Expression)是一种文本模式，包括普通字符(如 a～z 的字母)和特殊字符(通常称为"元字符")。

正则表达式通常用来检索或替换符合某个模式的文本内容，根据指定的匹配模式匹配文本中符合要求的特殊字符串。例如，从一个文本文件中提取电话号码，查找一篇文章中重复的单词等。正则表达式的查询能力比通配字符的查询能力更强大、更灵活，可以应用于非常复杂的查询。

在 Oracle 数据库中，使用 REGEXP_LIKE()函数指定正则表达式的字符匹配模式，REGEXP_LIKE()函数放在 SELECT 语句的 WHERE 子句中，常用的字符匹配选项如表 5.2 所示。

表 5.2　正则表达式中常用的字符匹配选项

选　项	说　明	例子	匹配值示例
^	匹配文本的开始字符	'^b	bed, bridge
$	匹配文本的结束字符	'er$'	worker, teacher
.	匹配任何单个字符	'b.t'	bit, better
*	匹配 0 个或多个 * 前面的字符	'f*n'	fn, fan
+	匹配＋前面的字符 1 次或多次	'ba+'	bay, bare, battle
[字符集合]	匹配[]中的任何一个字符	'[ab]'	bay, big, app
[^]	匹配不在[]中的任何一个字符	'[^abc]'	desk, six
<字符串>	匹配包含指定的字符串的文本	'fa'	fan, afa, faad
字符串{n}	匹配前面的字符串至少 n 次	'b{2}'	bb, bbb, bbbbb
字符串{n,m}	匹配前面的字符串至少 n 次，至多 m 次，如果 n 为 0，此参数为可选参数	'b{2,4}'	bb, bbb, bbbb

【例 5.33】 查询姓"田"或"孙"的学生姓名。

代码如下：

```
SELECT *
FROM student
WHERE REGEXP_LIKE(sname, '[田孙]');
```

查询结果：

SID	SNAME	SSEX	SBIRTHDAY	SPECIALITY	TC
221004	田桂芳	女	2002-12-05	计算机	52
224003	孙俊松	男	2001-10-07	通信	50

【例 5.34】　查询含有"数据"或"电路"的所有课程名称。

代码如下：

```
SELECT *
FROM course
WHERE REGEXP_LIKE(cname, '数据|电路');
```

查询结果：

CID	CNAME	CREDIT
1004	数据库系统	4
1015	数据结构	3
4002	数字电路	3

5.8　综合应用

1. 综合应用要求

本章介绍数据查询，多个表的连接查询、集合查询以及子查询等，内容较为复杂，下面结合学生信息数据库 stsystem 介绍数据查询的综合应用。

（1）查询平均成绩在 90 分以上的学生的学号和平均成绩。

（2）查询选修数据库系统课程的学生的姓名、性别、课程名和成绩。

（3）查询既选修了英语又选修了数据库系统的学生的学号、姓名、出生日期和专业；查询选修了英语但未选修数据库系统的学生的学号、姓名、出生日期和专业。

（4）查询选修某课程的学生人数多于 4 人的教师姓名。

（5）使用 DENSE_RANK 函数，查询 course 表学分的排名。

2. 根据要求，进行语句编写

（1）查询平均成绩在 90 分以上的学生的学号和平均成绩。

```
SELECT sid AS 学号, AVG(grade) AS 平均成绩
FROM score
GROUP BY sid
HAVING AVG(grade)>90;
```

该语句采用 GROUP BY 子句和 HAVING 子句进行查询。

查询结果：

```
学号       平均成绩
-------   ------------
221001   92.6666667
224003           91
```

（2）查询选修数据库系统课程的学生的姓名、性别、课程名和成绩。

```
SELECT sname AS 姓名, cname AS 课程名, grade AS 成绩
FROM student a JOIN score b ON a.sid=b.sid JOIN course c ON b.cid=c.cid
WHERE cname='数据库系统'
ORDER BY grade DESC;
```

该语句采用 JOIN 连接和 ORDER BY 子句进行查询。

查询结果：

```
姓名      课程名            成绩
-------  --------  ------------
何德明   数据库系统          94
田桂芳   数据库系统          90
王丽      数据库系统          86
```

（3）查询既选修了英语又选修了数据库系统的学生的学号、姓名、出生日期和专业；查询选修了英语但未选修数据库系统的学生的学号、姓名、出生日期和专业。

① 查询既选修了英语又选修了数据库系统的学生的学号、姓名、出生日期和专业。

```
SELECT a.sid AS 学号, a.sname AS 姓名, a.sbirthday AS 出生日期, a.speciality AS 专业
FROM student a, course b, score c
WHERE a.sid=c.sid AND b.cid=c.cid AND b.cname='英语'
INTERSECT
SELECT a.sid AS 学号, a.sname AS 姓名, a.sbirthday AS 出生日期, a.speciality AS 专业
FROM student a, course b, score c
WHERE a.sid=c.sid AND b.cid=c.cid AND b.cname='数据库系统';
```

该语句进行并操作，采用 INTERSECT 操作符进行查询。

查询结果：

```
学号       姓名      出生日期           专业
-------  -------  ------------  --------
221001   何德明   2001-07-16   计算机
221002   王丽      2002-09-21   计算机
221004   田桂芳   2002-12-05   计算机
```

② 查询选修了英语但未选修数据库系统的学生的学号、姓名、出生日期和专业。

```
SELECT a.sid AS 学号, a.sname AS 姓名, a.sbirthday AS 出生日期, a.speciality AS 专业
```

```
FROM student a, course b, score c
WHERE a.sid=c.sid AND b.cid=c.cid AND b.cname='英语'
MINUS
SELECT a.sid AS 学号, a.sname AS 姓名, a.sbirthday AS 出生日期, a.speciality AS 专业
FROM student a, course b, score c
WHERE a.sid=c.sid AND b.cid=c.cid AND b.cname='数据库系统';
```

该语句进行差操作,采用 MINUS 操作符进行查询。

查询结果:

学号	姓名	出生日期	专业
224001	周思远	2001-03-18	通信
224002	许月琴	2002-06-23	通信
224003	孙俊松	2001-10-07	通信

(4) 查询选修某课程的学生人数多于 4 人的教师姓名。

```
SELECT tname AS 教师姓名
FROM teacher
WHERE tid IN
    (SELECT tid
        FROM lecture
        WHERE cid IN
        (SELECT a.cid
            FROM course a, score b
            WHERE a.cid=b.cid
            GROUP BY a.cid
            HAVING COUNT(a.cid)>4
        )
    );
```

该语句在子查询中,由课程名查出课程号,在外查询中,由课程号和学号查出成绩。

查询结果:

```
教师姓名
--------------
罗晓伟
姚万祥
```

(5) 使用 DENSE_RANK 函数,查询 course 表学分的排名。

```
SELECT DENSE_RANK() OVER(ORDER BY credit DESC) AS DENSE_RANK,cid AS 课程号, cname
AS 课程名, credit AS 学分
FROM course;
```

该语句使用 DENSE_RANK 函数排名,排名连续,有两个行与一个排名关联。

查询结果：

DENSE_RANK	课程号	课程名	学分
1	1201	英语	5
1	8001	高等数学	5
2	1004	数据库系统	4
3	4002	数字电路	3
3	1015	数据结构	3

5.9 小 结

本章主要介绍了以下内容。

（1）PL/SQL 中最重要的部分是它的查询功能，PL/SQL 的查询语言具有灵活的使用方式和强大的功能，能够实现选择、投影和连接等操作，查询语言使用 SELECT 语句，它包含 SELECT 子句、FROM 子句、WHERE 子句、GROUP BY 子句、HAVING 子句、ORDER BY 子句等。

（2）简单查询包含投影查询、选择查询、分组查询和排序查询等，分别通过 SELECT 子句、WHERE 子句、GROUP BY 子句、HAVING 子句和 ORDER BY 子句来实现。

（3）连接查询有两大类表示形式：一类是使用连接谓词指定的连接，另一类是使用 JOIN 关键字指定的连接。

在使用连接谓词指定的连接中，连接条件由比较运算符在 WHERE 子句中给出。在使用 JOIN 关键字指定的连接中，在 FROM 子句中用 JOIN 关键字指定连接的多个表的表名，用 ON 子句指定连接条件。JOIN 关键字指定的连接类型有 3 种：INNER JOIN 表示内连接，OUTER JOIN 表示外连接，CROSS JOIN 表示交叉连接。外连接有以下 3 种：左外连接（LEFT OUTER JOIN），右外连接（RIGHT OUTER JOIN），完全外连接（FULL OUTER JOIN）。

（4）集合查询将两个或多个 SQL 语句的查询结果集合并起来，利用集合进行查询处理以完成特定的任务，使用 4 个集合操作符 UNION 和 UNION ALL、INTERSECT、MINUS，分别进行并、差、交操作，将两个或多个 SQL 查询语句结合成一个单独 SQL 查询语句。

（5）子查询（又称嵌套查询）的上层查询块称为父查询或外层查询，下层查询块称为子查询或内层查询。子查询通常包括 IN 子查询、比较子查询和 EXISTS 子查询。

（6）排名函数对查询结果集进行排序，提供一种按升序输出的结果集，常用的 4 种排名函数有 ROW_NUMBER 函数、RANK 函数、DENSE_RANK 函数和 NTILE 函数。

（7）正则表达式是一种文本模式，通常用来检索或替换符合某个模式的文本内容，根据指定的匹配模式匹配文本中符合要求的特殊字符串。正则表达式的查询能力比通配字符的查询能力更强大、更灵活，可以应用于非常复杂的查询。

习　题　5

一、选择题

1. 以下语句执行出错的原因是_____。

SELECT sno AS 学号, AVG(grade) AS 平均分 FROM score GROUP BY 学号;

  A. 不能对 grade(学分)计算平均值　　　B. 不能在 GROUP BY 子句中使用别名

  C. GROUP BY 子句必须有分组内容　　　D. score 表没有 sno 列

2. 统计表中记录数,应使用_____聚合函数。

  A. SUM　　　　　B. AVG　　　　　C. COUNT　　　　D. MAX

3. 在 SELECT 语句中应使用_____关键字去掉结果集中的重复行。

  A. ALL　　　　　B. MERGE　　　　C. UPDATE　　　D. DISTINCT

4. 查询 course 表的记录数,可以使用_____语句。

  A. SELECT COUNT(cno) FROM course

  B. SELECT COUNT(tno) FROM course

  C. SELECT MAX(credit) FROM course

  D. SELECT AVG(credit) FROM course

5. 想要将 student 表所有行连接 score 表所有行,应创建_____。

  A. 内连接　　　　B. 外连接　　　　C. 交叉连接　　　D. 自然连接

6. 下面_____运算符可以用于多行运算。

  A. =　　　　　　B. IN　　　　　　C. <>　　　　　D. LIKE

7. 使用_____关键字进行子查询时,只注重子查询是否返回行,如果子查询返回一个或多个行,则返回真,否则为假。

  A. EXISTS　　　B. ANY　　　　　C. ALL　　　　　D. IN

8. 使用交叉连接查询两个表,一个表有 6 条记录,另一个表有 9 条记录,如果未使用子句,查询结果有_____条记录。

  A. 15　　　　　　B. 3　　　　　　　C. 9　　　　　　D. 54

二、填空题

1. SELECT 语句有 SELECT、FROM、_____、GROUP BY、HAVING、ORDER BY 六个子句。

2. SELECT 语句的 WHERE 子句可以使用子查询,_____的结果作为父查询的条件。

3. JOIN 关键字指定的连接类型有 INNER JOIN、OUTER JOIN、CROSS JOIN 三种,外连接有 LEFT OUTER JOIN、RIGHT OUTER JOIN、_____三种。

4. 集合运算符 UNION 实现了集合的并运算,集合运算符_____实现了集合的交运算、集合运算符 MINUS 实现了集合的差运算。

5. 排名函数对查询结果集进行排序,提供一种按_____的结果集。

6. 正则表达式是一种文本模式,通常用来检索或替换符合某个模式的_____。

三、问答题

1. SELECT 语句包含哪几个子句？简述各个子句的功能。

2. 什么是 LIKE 谓词？通配符有哪几种？各有何功能？

3. 什么是聚合函数？简述聚合函数的函数名称和功能。

4. 在一个 SELECT 语句中，当 WHERE 子句、GROUP BY 子句和 HAVING 子句同时出现在一个查询中时，SQL 的执行顺序如何？

5. 什么是连接谓词？其连接条件怎样给出？

6. 在使用 JOIN 关键字指定的连接中，怎样指定连接的多个表的表名？怎样指定连接条件？

7. 内连接、外连接有什么区别？左外连接、右外连接和全外连接有什么区别？

8. 什么是集合查询？简述其使用的集合操作符及其功能。

9. 什么是子查询？IN 子查询、比较子查询、EXISTS 子查询各有何功能？

10. 常用的排名函数有哪几种？各种排名函数的功能有何不同？

11. 试比较正则表达式的查询能力和通配符的查询能力。

四、应用题

1. 查询 score 表中学号为 221001，课程号为 1201 的学生成绩。

2. 查询 student 表中不在 2002 年出生的学生情况。

3. 查询 student 表中姓许的学生情况。

4. 查询计算机专业学生的人数。

5. 查询通信专业的最高学分的学生的情况。

6. 查询 1004 课程的最高分、最低分、平均成绩。

7. 查询至少有 3 名学生选修且以 4 开头的课程号和平均分数。

8. 将通信专业的学生按出生日期升序排列。

9. 查询各门课程最高分的课程号和分数，并按分数降序排列。

10. 查询选修课程 3 门以上且成绩在 85 分以上的学生的情况。

11. 查找选修了"高等数学"的学生姓名及成绩。

12. 查询选修了"英语"且成绩在 80 分以上的学生情况。

13. 查询选修某课程的平均成绩高于 85 分的教师姓名。

14. 查询既选修过 1201 号课程，又选修过 1004 号课程的学生姓名、性别、总学分；查询既选修过 1201 号课程，又未选修 1004 号课程的学生姓名、性别、总学分。

15. 查询每个专业最高分的课程名和分数。

16. 查询计算机专业的最高分。

17. 查询数字电路课程的任课教师。

18. 查询成绩高于平均分的成绩记录。

19. 使用 RANK 函数，查询 course 表学分的排名。

20. 使用 NTILE 函数，查询 course 表学分分为两组的排名。

21. 查询姓姚的教师的情况。

第6章

视图、索引、序列和同义词

本章要点

- 视图概述
- 创建视图和查询视图
- 更新视图
- 修改视图和删除视图
- 索引概述
- 创建索引、修改索引和删除索引
- 序列概述
- 创建序列、使用序列、修改序列和删除序列
- 同义词概述
- 创建同义词、使用同义词和删除同义词

视图通过 SELECT 查询语句定义,方便用户的查询和处理,增加安全性,并能便于数据共享。索引是与表关联的存储在磁盘上的单独结构,用于快速访问数据。序列是一种数据库对象,用来自动产生一组唯一的序号。同义词是表、索引、视图或者其他数据库对象的一个别名,用于简化数据库对象的访问,并为数据库对象提供一定的安全性保证。

6.1 视图概述

本节内容为视图概述、创建视图、查询视图、更新视图、修改视图和删除视图等内容,下面分别介绍。

视图(View)通过 SELECT 查询语句定义,它是从一个或多个表(或视图)导出的,用来导出视图的表称为基表(Base Table),导出的视图称为虚表。在数据库中,只存储视图的定义,不存放视图对应的数据,这些数据仍然存放在原来的基表中。

视图可以由一个基表中选取的某些行和列组成,也可以由多个表中满足一定条件的数据组成,视图就像是基表的窗口,它反映了一个或多个基表的局部数据。

例如,学生成绩视图来源于基表:学生表、成绩表、课程表,如图 6.1 所示。

视图有以下优点:

- 方便用户的查询和处理,简化数据操作;
- 简化用户的权限管理,增加安全性;

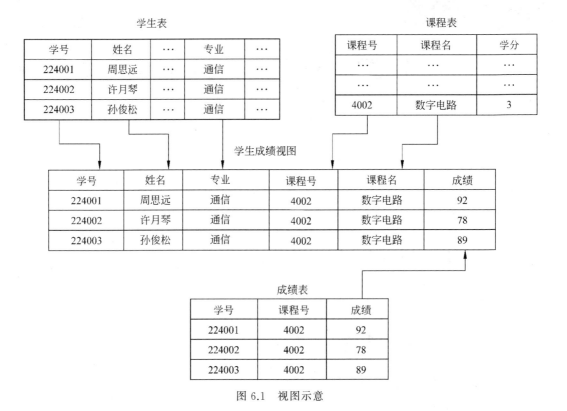

图 6.1 视图示意

- 便于数据共享；
- 屏蔽数据库的复杂性；
- 可以重新组织数据。

6.2 创建视图、查询视图、更新视图、修改视图和删除视图

6.2.1 创建视图

使用视图前，必须首先创建视图，本节介绍使用 PL/SQL 语句创建视图。
PL/SQL 语句创建视图的语句是 CREATE VIEW 语句。

语法格式：

```
CREATE [OR REPLACE] VIEW<view_name>
    [alias[,alias]···)]inline_constraint(s)][out_of_line_constraint (s)]
AS
subquery
[WITH CHECKOPTION[CONSTRAINT constraint]];
[WITH READ ONLY]
```

说明：

- CREATE：创建新视图。
- OR REPLACE：在创建视图时，如果存在同名视图，则要重新创建。
- ［NO］FORCE：是否强制创建视图。
- ［schema.］：用户方案名，默认为当前账号。
- view_name：创建视图的名称。
- alias：用于指定视图列的别名。
- subquery：用于指定视图对应的子的查询语句。
- WITH CHECK OPTION：使用该选项表示对视图增加或修改数据时，必须满足查询子句的条件。
- WITH READ ONLY：视图为只读。

【例 6.1】　使用 CREATE VIEW 语句，在 student、score、course 三个表上创建学生成绩视图 V_StudentScore，包括学号、姓名、专业、课程号、课程名、成绩，且专业为通信。

代码如下：

```
CREATE VIEW V_StudentScore
AS
SELECT a.sid, sname, speciality, c.cid, cname, grade
FROM student a, score b, course c
WHERE a.sid=b.sid AND c.cid=b.cid AND speciality='通信'
WITH CHECK OPTION;
```

6.2.2　查询视图

使用 SELECT 语句对视图进行查询与使用 SELECT 语句对表进行查询类似，但可简化用户的程序设计，方便用户使用，通过指定列限制用户访问，提高安全性。

【例 6.2】　查询 V_StudentScore 视图。

代码如下：

```
SELECT *
FROM V_StudentScore;
```

查询结果：

```
SID      SNAME    SPECIALITY   CID   CNAME      GRADE
-------  -------  -----------  ----  ---------  ----------
224001   周思远    通信          1201  英语        82
224002   许月琴    通信          1201  英语        75
224003   孙俊松    通信          1201  英语        91
224001   周思远    通信          4002  数字电路     92
224002   许月琴    通信          4002  数字电路     78
224003   孙俊松    通信          4002  数字电路     89
224001   周思远    通信          8001  高等数学     86
224002   许月琴    通信          8001  高等数学
```

224003	孙俊松	通信	8001	高等数学	93

【例 6.3】 查询通信专业学生的学号、姓名、课程名和成绩。

查询计算机专业学生的学号、姓名、课程名、成绩，如果不使用视图而直接使用 SELECT 语句，则需要连接 student、score、course 三个表，较为复杂，此处使用视图则十分简洁方便。

```
SELECT sid, sname, cname, grade
FROM V_StudentScore;
```

该语句对 V_StudentScore 视图进行查询。

查询结果：

```
SID      SNAME    CNAME       GRADE
-------  -------  ----------  --------
224001   周思远    英语          82
224002   许月琴    英语          75
224003   孙俊松    英语          91
224001   周思远    数字电路       92
224002   许月琴    数字电路       78
224003   孙俊松    数字电路       89
224001   周思远    高等数学       86
224002   许月琴    高等数学
224003   孙俊松    高等数学       93
```

6.2.3 更新视图

更新视图指通过视图进行插入、删除、修改数据，由于视图是不存储数据的虚表，对视图的更新最终会转化为对基表的更新。

1. 可更新视图

通过更新视图数据可更新基表数据，但只有满足可更新条件的视图才能更新。

可更新视图满足以下条件：

- 创建视图没有包含只读属性；
- 没有使用连接函数、集合运算函数和组函数；
- 创建视图的 SELECT 语句中没有聚合函数且没有 GROUP BY、CONNECT BY、START WITH 子句及 DISTINCT 关键字；
- 创建视图的 SELECT 语句中不包含从基表列通过计算所得的列。

【例 6.4】 以 student 为基表，创建专业为计算机的可更新视图 V_ComputerSpecialityStudent。代码如下：

```
CREATE VIEW V_ComputerSpecialityStudent
AS
SELECT *
FROM student
WHERE speciality='计算机';
```

使用 SELECT 语句查询 V_ComputerSpecialityStudent 视图：

```
SELECT *
FROM V_ComputerSpecialityStudent;
```

查询结果：

SID	SNAME	SSEX	SBIRTHDAY	SPECIALITY	TC
221001	何德明	男	2001-07-16	计算机	52
221002	王丽	女	2002-09-21	计算机	50
221004	田桂芳	女	2002-12-05	计算机	52

2. 插入数据

使用 INSERT 语句通过视图向基表插入数据，有关 INSERT 语句的介绍可参见第 4 章。

【例 6.5】 向 V_ComputerSpecialityStudent 视图中插入一条记录：('221005','柳建','男','2002-08-09','计算机',50)。

代码如下：

```
INSERT INTO V_ComputerSpecialityStudent VALUES('221005','柳建','男','2002-08-09',
'计算机',50);
```

使用 SELECT 语句查询 V_ComputerSpecialityStudent 视图的基表 student：

```
SELECT *
FROM student;
```

上述语句对基表 student 进行查询，该表已添加记录('221005','柳建','男','2002-08-09','计算机',50)。

查询结果：

SID	SNAME	SSEX	SBIRTHDAY	SPECIALITY	TC
221001	何德明	男	2001-07-16	计算机	52
221002	王丽	女	2002-09-21	计算机	50
221004	田桂芳	女	2002-12-05	计算机	52
224001	周思远	男	2001-03-18	通信	52
224002	许月琴	女	2002-06-23	通信	48
224003	孙俊松	男	2001-10-07	通信	50
221005	柳建	男	2002-08-09	计算机	50

注意：当视图依赖的基表有多个表时，不能向该视图插入数据。

3. 修改数据

使用 UPDATE 语句通过视图修改基表数据，有关 UPDATE 语句的介绍可参见第 4 章。

【**例 6.6**】 将 V_ComputerSpecialityStudent 视图中学号为 221005 的学生的总学分增加 2 分。

代码如下：

```
UPDATE V_ComputerSpecialityStudent SET tc=tc+2
WHERE sid='221005';
```

使用 SELECT 语句查询 V_ComputerSpecialityStudent 视图的基表 student：

```
SELECT *
FROM student;
```

上述语句对基表 student 进行查询，该表已将学号为 221005 的学生的总学分增加了 2 分。

查询结果：

```
SID        SNAME    SSEX   SBIRTHDAY      SPECIALITY       TC
---------  -------  -----  ------------  -------------  ------
221001     何德明    男     2001-07-16    计算机            52
221002     王丽      女     2002-09-21    计算机            50
221004     田桂芳    女     2002-12-05    计算机            52
224001     周思远    男     2001-03-18    通信              52
224002     许月琴    女     2002-06-23    通信              48
224003     孙俊松    男     2001-10-07    通信              50
221005     柳建      男     2002-08-09    计算机            50
```

注意：当视图依赖的基表有多个表时，一次修改视图只能修改一个基表的数据。

4. 删除数据

使用 DELETE 语句通过视图向基表删除数据，有关 DELETE 语句的介绍可参见第 4 章。

【**例 6.7**】 删除 V_ComputerSpecialityStudent 视图中学号为 221005 的记录。

代码如下：

```
DELETE FROM V_ComputerSpecialityStudent
WHERE sid='221005';
```

使用 SELECT 语句查询 V_ComputerSpecialityStudent 视图的基表 student：

```
SELECT *
FROM student;
```

上述语句对基表 student 进行查询，该表已删除记录('221005','柳建','男','2002-08-09', '计算机',52)。

查询结果：

```
SID        SNAME    SSEX   SBIRTHDAY      SPECIALITY       TC
---------  -------  -----  ------------  -------------  ------
```

221001	何德明	男	2001-07-16	计算机	52
221002	王丽	女	2002-09-21	计算机	50
221004	田桂芳	女	2002-12-05	计算机	52
224001	周思远	男	2001-03-18	通信	52
224002	许月琴	女	2002-06-23	通信	48
224003	孙俊松	男	2001-10-07	通信	50

注意：当视图依赖的基表有多个表时，不能向该视图删除数据。

6.2.4　修改视图定义

PL/SQL 修改视图定义的语句与创建视图的语句非常相似，可以采用 CREATE OR REPLACE VIEW 语句修改视图定义。

【**例 6.8**】　将例 6.1 定义的视图 V_StudentScore 视图进行修改，取消专业为通信的要求。

代码如下：

```
CREATE OR REPLACE VIEW V_StudentScore
AS
SELECT a.sid, sname, speciality, c.cid, cname, grade
FROM student a, score b, course c
WHERE a.sid=b.sid AND c.cid=b.cid
WITH CHECK OPTION;
```

使用 SELECT 语句对修改后的 V_StudentScore 视图进行查询，可看出修改后的 V_StudentScore 视图已取消专业为通信的要求。

```
SELECT *
FROM V_StudentScore;
```

查询结果：

SID	SNAME	SPECIALITY	CID	CNAME	GRADE
221001	何德明	计算机	1004	数据库系统	94
221001	何德明	计算机	1201	英语	93
221001	何德明	计算机	8001	高等数学	91
221002	王丽	计算机	1004	数据库系统	86
221002	王丽	计算机	1201	英语	76
221002	王丽	计算机	8001	高等数学	87
221004	田桂芳	计算机	1004	数据库系统	90
221004	田桂芳	计算机	1201	英语	92
221004	田桂芳	计算机	8001	高等数学	85
224001	周思远	通信	1201	英语	82
224001	周思远	通信	4002	数字电路	92
224001	周思远	通信	8001	高等数学	86
224002	许月琴	通信	1201	英语	75

224002	许月琴	通信	4002	数字电路	78
224002	许月琴	通信	8001	高等数学	
224003	孙俊松	通信	1201	英语	91
224003	孙俊松	通信	4002	数字电路	89
224003	孙俊松	通信	8001	高等数学	93

6.2.5 删除视图

如果不再需要视图,可以进行删除,删除视图对创建该视图的基表没有任何影响,删除视图可使用 PL/SQL 的 DROP VIEW 语句。

语法格式:

```
DROP VIEW <视图名>
```

【例 6.9】 将视图 V_StudentScore 删除。

代码如下:

```
DROP VIEW V_StudentScore;
```

注意:删除视图时,应将由该视图导出的其他视图删去。删除基表时,应将由该表导出的其他视图也删去。

6.3 索 引 概 述

一本书有很多页,读者查看某一本书的特定内容时,不是从第一页开始依次顺序查找下去,而是首先查看书的目录,依据书的目录,快速定位到特定内容,从而加快查找速度,节省时间。

在数据库中存储了大量数据,为了快速找到所需的数据,采用了类似书籍目录的索引技术。Oracle 在数据库中创建了一个类似于目录的索引,通过搜索索引快速找到所需数据。

书中的目录是一个章节标题和对应页码的列表,数据库中的索引是按照数据表中一列或多个列进行索引排序,并为其建立指向数据表记录所在位置的指针,如图 6.2 所示。索引

索引   数据表

sid	指针
221001	
221002	
221004	
224001	
224002	
224003	

sid	sname	ssex	tsbirthday	speciality	tc
221004	田桂芳	女	2002-12-05	计算机	52
224003	孙俊松	男	2001-10-07	通信	50
221001	何德明	男	2001-07-16	计算机	52
224002	许月琴	女	2002-06-23	通信	48
224001	周思远	男	2001-03-18	通信	52
221002	王丽	女	2002-09-21	计算机	50

图 6.2 索引示意

表中的列称为索引字段或索引项,该列的各个值称为索引值(键值)。索引访问首先搜索索引值,再通过指针直接找到数据表中对应的记录。

在 Oracle 中,索引(Index)是对数据库表中一个或多个列的值进行排序的数据库结构,用于快速查找该表的一行数据。索引包含索引条目,每一个索引条目都有一个键值和一个 RowID,键值由表中的一列或多列生成,RowID 有对应记录行的物理地址。

1. 索引的分类

在 Oracle 中,常见的索引可以分为以下几类。

1) 单列索引和组合索引

- 单列索引:一个索引只包含单个列,一个表可以有多个单列索引。
- 组合索引:在表的多个字段组合上创建的索引,使用组合索引时遵循最左前缀集合。

2) 唯一索引和普通索引

- 唯一索引:索引列的值必须唯一,但允许有空值。如果是组合索引,则列值的组合必须唯一。主键索引是一种特殊的唯一索引,不允许有空值。
- 普通索引:允许在定义索引的列中插入重复值和空值,它是 Oracle 中的基本索引类型。

2. 建立索引的原则

1) 索引的作用和代价

(1) 建立索引的作用如下。

- 提高查询速度。
- 保证列值的唯一性。
- 查询优化依靠索引起作用。
- 提高 ORDER BY、GROUP BY 执行速度。

(2) 使用索引可以提高系统的性能,加快数据检索的速度,但是使用索引是要付出一定的代价的。

- 索引需要占用数据表以外的物理存储空间。例如,建立一个聚集索引需要大约 1.2 倍于数据大小的空间。
- 创建和维护索引要花费一定的时间。
- 当对表进行更新操作时,索引需要被重建,这样就降低了数据的维护速度。

2) 建立索引的一般原则

(1) 根据列的特征合理创建索引。主键列和唯一键列自动建立索引,外键列可以建立索引,在经常查询的字段上最好建立索引,至于那些在查询中很少涉及的列或重复值比较多的列,不用建立索引。

(2) 根据表的大小来创建索引。如果经常需要查询的数据不超过 10%,此时建立索引的开销可能要比性能的改善大得多,那就没有必要建立索引。

(3) 限制表中索引的数量。通常来说,表的索引越多,其查询的速度也就越快,但表的更新速度则会降低。这主要是因为在更新记录的同时需要更新相关的索引信息。为此,在表中创建多少索引合适,就需要在这个更新速度与查询速度之间取得一个均衡点。

(4) 在表中插入数据后创建索引。

6.4 创建索引、修改索引和删除索引

6.4.1 创建索引

通过 PL/SQL 语句创建索引的语句是 CREATE INDEX 语句。使用 PL/SQL 语句创建索引时,必须满足以下条件之一。

- 索引的表或簇必须在自己的方案中。
- 在要索引的表上必须具有 INDEX 权限。
- 必须具有 CREATE ANY INDEX 权限。

语法格式:

```
CREATE [UNIQUE ｜ FULLTEXT | SPATIAL] INDEX index_name
ON table_name (col_name [(length)] [ASC ｜ DESC])
```

说明:

- UNIQUE:可选参数,表示唯一索引,默认索引是非唯一的。
- FULLTEXT:可选参数,表示全文索引。
- SPATIAL:可选参数,表示空间索引。
- index_name:创建的索引名称。
- ON:在指定表的列中创建索引。
- table_name:指定表的名称。
- col_name:指定表的列名。
- length:可选参数,指定索引的长度,只有字符串类型的列才能指定索引长度。
- ASC ｜ DESC:可选参数,ASC 指定升序排序,DESC 指定降序排序。

【例 6.10】 在 score 表的 grade 列上,创建一个普通索引 I_Grade。
代码如下:

```
CREATE INDEX I_Grade ON score(grade);
```

【例 6.11】 在 student 表的 sname 列和 tc 列上,创建一个组合索引 I_SnameTc。
代码如下:

```
CREATE INDEX I_SnameTc ON student(sname,tc);
```

【例 6.12】 在 course 表的 cname 列上,创建一个唯一索引 I_Cname。
代码如下:

```
CREATE UNIQUE INDEX I_Cname ON course(cname);
```

6.4.2 修改索引

使用 PL/SQL 语句中的 ALTER INDEX 语句修改索引的举例如下。

【例 6.13】　修改例 6.10 创建的索引 I_Grade 为 I_GradeScore。

代码如下：

```
ALTER INDEX I_Grade
RENAME TO I_GradeScore;
```

6.4.3　删除索引

使用 PL/SQL 语句中的 DROP INDEX 语句可删除索引。

语法格式：

```
DROP INDEX
{ index_name ON table_or_view_name [ ,…n ]
  | table_or_view_name.index_name [ ,…n ]
}
```

【例 6.14】　删除已创建的索引 I_SnameTc。

代码如下：

```
DROP INDEX I_SnameTc;
```

6.5　序　列　概　述

序列（sequence）是一种数据库对象，定义在数据字典中，用来自动产生一组唯一的序号。序列是一种共享式的对象，多个用户可以共同使用序列中的序号。

一般序列所生成的整数通常可以用来填充数字类型的主键列，这样当向表中插入数据时，主键列就使用了序列中的序号，从而保证主键的列值不会重复。用这种方法替代在应用程序中产生主键值的方法，可以获得更可靠的主键值。

序列的类型可分为以下两种。

（1）升序。序列值由初始值向最大值递增，此为创建序列的默认设置。

（2）降序。序列值由初始值向最小值递减。

6.6　创建、使用、修改和删除序列

在 Oracle 数据库中，序列的创建、使用、修改和删除的介绍如下。

6.6.1　创建序列

在进行数据库管理时，可以使用 CREATE SEQUENCE 语句创建序列。

语法格式：

```
CREATE SEQUENCE [用户方案名.] <序列名>        /* 将要创建的序列名称 */
[INCREMENT BY <数字值>]                      /* 递增或递减值 */
[START WITH <数字值>]                        /* 初始值 */
```

```
[MAXVALUE <数字值> | NOMAXVALUE]        /* 最大值 */
[MINVALUE <数字值> | NOMINVALUE]        /* 最小值 */
[CYCLE | NOCYCLE]                       /* 是否循环 */
[CACHE <数字值> | NOCACHE]              /* 高速缓冲区设置 */
[ORDER | NOORDER]                       /* 序列号是否按照顺序生成 */
```

说明：

- INCREMENT BY：指定该序列每次增加的整数增量。指定为正值则创建升序序列，指定为负值则创建降序序列。
- START WITH：序列的起始值。如果不指定该值，对升序序列使用该序列默认的最小值，对降序序列使用该序列默认的最大值。
- MAXVALUE：序列可允许的最大值。如果指定为 NOMAXVALUE，则对升序序列使用默认值 1.0E27，对降序序列使用默认值 −1。
- MINVALUE：序列可允许的最小值。如果指定为 NOMINVALUE，则对升序序列使用默认值 1，对降序序列使用默认值 −1.0E26。
- CYCLE：指定该序列即使已经达到最大值或最小值也继续生成整数。当升序序列达到最大值时，下一个生成的值是最小值。当降序序列达到最小值时，下一个生成的值是最大值。如果指定为 NOCYCLE，则序列在达到最大值或最小值之后停止生成任何值。
- CACHE：指定要保留在内存中整数的个数。默认要缓存的整数为 20 个，可以缓存的整数最少为 2 个。

【例 6.15】 创建一个升序序列 Seq_id。

代码如下：

```
CREATE SEQUENCE Seq_id
    INCREMENT BY 1
    START WITH 100001
    MAXVALUE 999999
    NOCYCLE
    NOCACHE
    ORDER;
```

6.6.2 使用序列

在使用序列前，先介绍序列中的两个伪列 nextval 和 currval。

（1）nextval：用于获取序列的下一个序号值。

语法格式：

```
<sequence_name>.nextval
```

在使用序列为表中的字段自动生成序列号时，可使用此伪列。

（2）currval：用于获取序列的当前序号值。

语法格式:

```
<sequence_name>.currval
```

在使用一次 nextval 之后才能使用此伪列。

【例 6.16】 向 customer 表中添加记录时,使用创建的序列 Seq_id 为表中的主键 custid 自动赋值。

创建 customer 表的代码如下:

```
CREATE TABLE customer
    (
        custid number(6) NOT NULL PRIMARY KEY,
        cname char(8) NOT NULL,
        address char(40) NULL
    );
```

向 customer 表插入 2 条记录,添加记录时使用序列 Seq_id 为表中的主键 custid 自动赋值。

```
IINSERT INTO customer
    VALUES(Seq_id.nextval,'李星宇','上海');
INSERT INTO customer
    VALUES(Seq_id.nextval,'徐培杰','四川');
```

查询该表添加的记录。

```
SELECT * FROM customer;
```

查询结果:

```
CUSTID    CNAME    ADDRESS
--------  -------  ------------
100001    李星宇    上海
100002    徐培杰    四川
```

6.6.3　修改序列

在管理数据库中的序列时,可以使用 ALTER SEQUENCE 语句修改序列。

语法格式:

```
ALTER SEQUENCE [用户方案名.] <序列名>
    [INCREMENT BY <数字值>]              /* 递增或递减值 */
    [MAXVALUE <数字值> | NOMAXVALUE]     /* 最大值 */
    [MINVALUE <数字值> | NOMINVALUE]     /* 最小值 */
    [CYCLE | NOCYCLE]                    /* 是否循环 */
    [CACHE <数字值> | NOCACHE]           /* 高速缓冲区设置 */
    [ORDER | NOORDER]                    /* 序列号是否按照顺序生成 */
```

各个选项的含义参见 CREATE SEQUENCE 语句。

【例 6.17】 修改序列 Seq_id。

代码如下：

```
ALTER SEQUENCE Seq_id
    INCREMENT BY 2;
```

6.6.4　删除序列

在管理数据库的序列时，删除序列可使用 DROP SEQUENCE 语句。

语法格式：

```
DROP SEQUENCE <序列名>
```

【例 6.18】 删除序列 Seq_id。

代码如下：

```
DROP SEQUENCE Seq_id;
```

6.7　同义词概述

同义词（synonym）是表、索引、视图或者其他数据库对象的一个别名。使用同义词，一方面是简化数据库对象的访问，另一方面也为数据库对象提供一定的安全性保证。另外，当数据库对象改变时，只需修改同义词而不需修改应用程序。Oracle 只在数据字典中保存同义词的定义描述，因此同义词并不占用任何实际的存储空间。

例如，对于 system 用户拥有的 student 表，scott 用户引用该表就必须使用语法：system.student，这就需要另外的用户知道 student 表的拥有者，为了避免这种情况的发生，可以创建一个公共同义词 Syn_student 指向 system.student，无论何时引用同义词 Syn_student，它都指向 system.student。

在 Oracle 中可以创建两种类型的同义词。

（1）公用同义词。

公用同义词（public synonym）是由 PUBLIC 用户组所拥有，数据库中所有的用户都可以使用公用同义词。

（2）私有同义词。

私有同义词（private synonym）是由创建它的用户（或方案）所拥有，用户可以控制其他用户是否有权使用属于自己的方案同义词。

6.8　创建、使用和删除同义词

在 Oracle 数据库中，创建、使用和删除同义词的介绍如下。

6.8.1　创建同义词

在管理数据库的同义词时，创建同义词可以使用 CREATE SYNONYM 语句。

语法格式：

```
CREATE [PUBLIC] SYNONYM [用户方案名.]<同义词名>
    FOR [用户方案名.]对象名 [@ <远程数据库同义词>]
```

说明：

- PUBLIC：指定创建的同义词是公用还是私有同义词。如果不使用此选项，则默认为创建私有同义词。
- 同义词名：创建的同义词名称，命名规则与表名和字段名的命名规则相同。

启动 SQL＊Plus，使用 system 用户连接数据库，在提示符 SQL＞后，即可输入以下例题代码，按 Enter 键执行代码后，在 SQL＊Plus 窗口中，将会出现运行结果。

【例 6.19】 为 system 用户拥有的 course 表创建公用同义词 Syn_course。

代码如下：

```
SQL>CREATE PUBLIC SYNONYM Syn_course
    2      FOR system.course;
同义词已创建。
```

6.8.2 使用同义词

在管理数据库的同义词时，使用同义词举例如下。

【例 6.20】 scott 用户使用公用同义词查询 system 用户的 student 表。

（1）使用 system 用户连接数据库，创建 scott 用户，并授予用户 scott 连接数据库的权限和查询 student 表的权限。

```
SQL>CREATE USER scott
    2      IDENTIFIED BY tiger
    3      DEFAULT TABLESPACE USERS
    4      TEMPORARY TABLESPACE TEMP;
用户已创建。

SQL>GRANT CREATE SESSION TO scott;
授权成功。

SQL>GRANT SELECT ON student TO scott;
授权成功。
```

（2）未创建同义词时，scott 用户查询 student 表出错，此时，scott 用户查询 student 表需要指定其所有者 system。

```
SQL>CONNECT scott/tiger
已连接。

SQL>ALTER SESSION SET NLS_DATE_FORMAT="YYYY-MM-DD";
会话已更改。
```

```
SQL>SELECT * FROM student;
SELECT * FROM student
               *
第 1 行出现错误:
ORA-00942: 表或视图不存在


SQL>SELECT * FROM system.student;
SID        SNAME   SSEX  SBIRTHDAY     SPECIALITY       TC
---------  ------- ----- ------------  -------------   ------
221001     何德明   男    2001-07-16    计算机            52
221002     王丽     女    2002-09-21    计算机            50
221004     田桂芳   女    2002-12-05    计算机            52
224001     周思远   男    2001-03-18    通信              52
224002     许月琴   女    2002-06-23    通信              48
224003     孙俊松   男    2001-10-07    通信              50
已选择 6 行。
```

（3）system 用户创建公用同义词 Syn_student，scott 用户使用公用同义词查询 student 表，无须指定其所有者。

```
SQL>CONNECT system/Ora123456
已连接。


SQL>CREATE PUBLIC SYNONYM Syn_student FOR system.student;
同义词已创建。


SQL>CONNECT scott/tiger
已连接。


SQL>ALTER SESSION SET NLS_DATE_FORMAT="YYYY-MM-DD";
会话已更改。


SQL>SELECT * FROM Syn_student;
SID        SNAME   SSEX  SBIRTHDAY     SPECIALITY       TC
---------  ------- ----- ------------  -------------   ------
221001     何德明   男    2001-07-16    计算机            52
221002     王丽     女    2002-09-21    计算机            50
221004     田桂芳   女    2002-12-05    计算机            52
224001     周思远   男    2001-03-18    通信              52
224002     许月琴   女    2002-06-23    通信              48
224003     孙俊松   男    2001-10-07    通信              50
已选择 6 行。
```

6.8.3   删除同义词

在管理数据库的同义词时，可以使用 DROP SYNONYM 语句删除同义词。

语法格式：

```
DROP [PUBLIC] SYNONYM [用户名.]<同义词名>
```

【**例 6.21**】　删除公用同义词 Syn_student。

代码和运行结果如下：

```
SQL>CONNECT system/Ora123456
已连接。

SQL>DROP PUBLIC SYNONYM Syn_student;
同义词已删除。
```

6.9　小　　结

本章主要介绍了以下内容。

(1) 视图是从一个或多个表(或视图)导出的,用来导出视图的表称为基表,导出的视图称为虚表。在数据库中,只存储视图的定义,不存放视图对应的数据,这些数据仍然存放在原来的基表中。视图的优点是：方便用户操作,增加安全性,便于数据共享,屏蔽数据库的复杂性,可以重新组织数据。

(2) 创建视图使用 CREATE VIEW 语句,修改视图使用 CREATE OR REPLACE VIEW 语句,删除视图使用 DROP VIEW 语句,查询视图使用 SELECT 语句。

更新视图指通过视图进行插入、删除、修改数据,由于视图是不存储数据的虚表,对视图的更新最终转化为对基表的更新,只有满足可更新条件的视图才能更新。

(3) 在 Oracle 中,索引是对数据库表中一个或多个列的值进行排序的数据库结构。建立索引的作用是：提高查询速度、保证列值的唯一性、查询优化依靠索引起作用、提高 ORDER BY、GROUP BY 执行速度。

(4) 创建索引使用 CREATE INDEX 语句,修改索引使用 ALTER INDEX 语句,删除索引使用 DROP INDEX 语句。

(5) 序列是一种数据库对象,定义在数据字典中,用来自动产生一组唯一的序号。序列是一种共享式的对象,多个用户可以共同使用序列中的序号。一般序列所生成的整数通常可以用来填充数字类型的主键列,这样当向表中插入数据时,主键列就使用了序列中的序号,从而保证主键的列值不会重复。

(6) 创建序列使用 CREATE SEQUENCE 语句,修改序列使用 ALTER SEQUENCE 语句,删除序列使用 DROP SEQUENCE 语句。

(7) 同义词是表、索引、视图或者其他数据库对象的一个别名。使用同义词,一方面是简化数据库对象的访问,另一方面也为数据库对象提供一定的安全性保证。另外,当数据库对象改变时,只需修改同义词而不需修改应用程序。Oracle 只在数据字典中保存同义词的定义描述,因此同义词并不占用任何实际的存储空间。

(8) 创建同义词使用 CREATE SYNONYM 语句,删除同义词使用 DROP SYNONYM 语句。

习　题　6

一、选择题

1. 下面语句中的_____用于创建视图。
   A. ALTER VIEW　　　　　　　　B. DROP VIEW
   C. CREAT TABLE　　　　　　　 D. CREATE VIEW

2. 视图存放在_____。
   A. 数据库的表中　　　　　　　　B. FROM 列表的第一个表中
   C. 数据字典中　　　　　　　　　D. FROM 列表的第二个表中

3. 以下关于视图的描述中，_____是错误的。
   A. 视图中保存有数据
   B. 视图通过 SELECT 查询语句定义
   C. 可以通过视图操作数据库中表的数据
   D. 通过视图操作的数据仍然保存在表中

4. 以下选项中，_____是不正确的。
   A. 视图的基表可以是表或视图
   B. 视图占用实际的存储空间
   C. 创建视图必须通过 SELECT 查询语句
   D. 利用视图可以将数据永久地保存

5. 下列选项中，_____不是 RowID 的作用。
   A. 标识各条记录　　　　　　　　B. 保持记录的物理地址
   C. 保持记录的头信息　　　　　　D. 快速查询指定的记录

6. 关于同义词的描述中，以下选项中，_____是不正确的。
   A. 同义词是数据库对象的一个别名
   B. 同义词分为公用同义词和私有同义词
   C. 公用同义词在数据库中所有的用户都可以使用，私有同义词由创建它的用户所拥有
   D. 在创建同义词时，所替代的模式对象必须存在

7. 要为 teacher 表的 tid 列（主键列）生成唯一连续的整数，应选以下选项中的_____。
   A. 序列　　　　B. 视图　　　　C. 索引　　　　D. 同义词

二、填空题

1. 视图的优点是方便用户操作、_____。
2. 视图的数据存放在_____中。
3. 可更新视图指_____的视图。
4. 视图存放在_____中。
5. 索引用于_____。
6. 序列用来自动产生一组唯一的_____。

7. _____是表、索引、视图等数据库对象的一个别名。

三、问答题

1. 什么是视图？简述视图的优点。

2. 简述表与视图的区别和联系。

3. 什么是可更新视图？可更新视图需要满足哪些条件？

4. 什么是索引？简述索引的作用和使用代价。

5. 什么是序列？序列有何作用？

6. 什么是同义词？简述同义词的分类。

四、应用题

1. 创建一个视图 V_CourseScore，包含学生学号、课程名、成绩等列，然后查询该视图的所有记录。

2. 创建一个视图 V_StudentCourseScore，包含学号、姓名、性别、课程名、成绩等列，专业为计算机，并查询视图的所有记录。

3. 创建一个视图 V_AvgGrade，包含学生学号、姓名、平均分等列，按平均分降序排列，再查询该视图的所有记录。

4. 写出在 student 表上 sbirthday 列建立单列索引的语句。

5. 写出在 course 表上 cname 列和 credit 列建立组合索引的语句。

6. 写出在 teacher 表上 tname 列建立唯一索引的语句。

第7章

数据完整性

本章要点
- 数据完整性概述
- 实体完整性
- 参照完整性
- 域完整性

数据完整性是指数据库中的数据具有正确性、一致性和有效性,数据完整性是衡量数据库质量的标准之一。本章介绍数据完整性的分类、实体完整性、参照完整性、域完整性等内容。

7.1 数据完整性概述

数据完整性规则通过约束来实现,约束是在表上强制执行的一些数据校验规则,在插入、修改或者删除数据时必须符合在相关字段上设置的这些规则,否则会报错。

Oracle 使用完整性约束机制以防止无效的数据进入数据库的基表,如果一个数据操纵语句执行结果破坏完整性约束,就会回滚语句并返回一个错误。通过完整性约束实现数据完整性规则有以下优点。

- 完整性规则定义在表上,存储在数据字典中,应用程序的任何数据都必须遵守表的完整性约束。
- 当定义或修改完整性约束时,不需要额外编程。
- 用户可指定完整性约束是启用或禁用。
- 当由完整性约束所实施的事务规则改变时,只需改变完整性约束的定义,所有应用自动地遵守所修改的约束。

数据完整性一般包括实体完整性、参照完整性、域完整性。

1. 实体完整性

实体完整性要求表中有一个主键,其值不能为空且能唯一地标识对应的记录,又称为行完整性,通过 PRIMARY KEY 约束、UNIQUE 约束等实现数据的实体完整性。

例如,对于 student 表,sid 列作为主键,每一个学生的 sid 列能唯一地标识该学生对应的行记录信息,通过 sid 列建立主键约束实现 student 表的实体完整性。

2. 参照完整性

参照完整性保证主表中的数据与从表中数据的一致性,又称为引用完整性,参照完整性确保键值在所有表中一致,通过定义主键与外键之间的对应关系实现参照完整性。

主键:表中能唯一标识每个数据行的一个或多个列。

外键:一个表中的一个或多个列的组合是另一个表的主键。

3. 域完整性

域完整性指列数据输入的有效性,又称列完整性,通过 CHECK 约束、NOT NULL 约束、DEFALUT 约束等实现域完整性。

CHECK 约束通过显示输入列中的值来实现域完整性,例如,对于 score 表,grade 规定为 0~100 分,可用 CHECK 约束表示。

总括起来,Oracle 数据库中的数据完整性包括实体完整性、参照完整性、域完整性,以及实现上述完整性的约束。

- PRIMARY KEY 约束,主键约束,用于实现实体完整性。
- UNIQUE KEY 约束,唯一性约束,用于实现实体完整性。
- FOREIGN KEY 约束,外键约束,用于实现参照完整性。
- CHECK 约束,检查约束,用于实现域完整性。
- NOT NULL 约束,非空约束,用于实现域完整性。

7.2　实体完整性

实体完整性通过 PRIMARY KEY 约束、UNIQUE 约束等实现。

通过 PRIMARY KEY 约束定义主键,一个表只能有一个 PRIMARY KEY 约束,且 PRIMARY KEY 约束不能取空值,Oracle 为主键自动创建唯一性索引,实现数据的唯一性。

7.2.1　PRIMARY KEY 约束

通过 PRIMARY KEY 约束定义主键,一个表只能有一个 PRIMARY KEY 约束,且 PRIMARY KEY 约束不能取空值。如果一个表的主键由单列组成,则该主键约束可定义为该列的列级约束或表级约束。如果主键由两个以上的列组成,则该主键约束必须定义为表级约束。

创建 PRIMARY KEY 约束可以使用 CREATE TABLE 语句或 ALTER TABLE 语句。

1. 在创建表时创建 PRIMARY KEY 约束

创建表时创建 PRIMARY KEY 约束使用 CREATE TABLE 语句,其方式可为列级完整性约束(在一列后面)或表级完整性约束(在所有列后面),可对主键约束命名。

(1) 定义列级主键约束的语法格式如下。

语法格式:

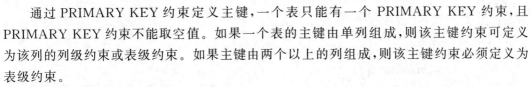

```
[CONSTRAINT constraint_name] PRIMARY KEY
```

（2）定义表级主键约束的语法格式如下。

语法格式：

```
[CONSTRAINT constraint_name] PRIMARY KEY{ (column_name [,…n ]) }
```

说明：

- PRIMARY KEY：定义主键约束的关键字。
- constraint_name：指定约束的名称。如果不指定，则系统会自动生成约束的名称。

【例 7.1】 创建 student1 表，以列级完整性约束方式定义主键。

代码如下：

```
CREATE TABLE student1
    (
        sid char(6) NOT NULL PRIMARY KEY,        /* 在列级定义主键约束，未指定约束名称 */
        sname char(12) NOT NULL,
        ssex char(3) NOT NULL,
        sbirthday date NOT NULL,
        speciality char(12) NULL,
        tc number NULL
    );
```

该例在 sid 列定义的后面加上关键字 PRIMARY KEY，通过列级定义主键约束，未指定约束名称，系统自动创建约束名称。

【例 7.2】 创建 student2 表，以表级完整性约束方式定义主键。

代码如下：

```
CREATE TABLE student2
    (
        sid char(6) NOT NULL,
        sname char(12) NOT NULL,
        ssex char(3) NOT NULL,
        sbirthday date NOT NULL,
        speciality char(12) NULL,
        tc number NULL,
        PRIMARY KEY(sid)                          /* 在表级定义主键约束，未指定约束名称 */
    );
```

该例在表中所有列定义的后面加上一条 PRIMARY KEY(sid)子句，通过表级定义主键约束，未指定约束名字，系统自动创建约束名字。如果主键由表中一列构成，则主键约束采用列级定义或表级定义均可。如果主键由表中多列构成，则主键约束必须用表级定义。

【例 7.3】 创建 student3 表，以表级完整性约束方式定义主键，并指定主键约束名称。

代码如下：

```
CREATE TABLE student3
    (
```

```
sid char(6) NOT NULL,
sname char(12) NOT NULL,
ssex char(3) NOT NULL,
sbirthday date NOT NULL,
speciality char(12) NULL,
tc number NULL,
CONSTRAINT PK_student3 PRIMARY KEY(sid, sname)
/* 在表级定义主键约束,指定约束名称为 PK_student3 */
);
```

该例在表级定义主键约束,指定约束名字为 PK_student3。指定约束名字,在需要对完整性约束进行修改或删除时,引用更为方便。本例主键由两列构成,必须用表级定义。

2. 删除 PRIMARY KEY 约束

删除 PRIMARY KEY 约束可使用 ALTER TABLE 语句的 DROP 子句。

语法格式:

```
ALTER TABLE table_name
DROP CONSTRAINT constraint_name [,…n]
```

【例 7.4】　删除例 7.3 中创建的在 student3 表上的主键约束。

代码如下:

```
ALTER TABLE student3
DROP CONSTRAINT PK_student3;
```

3. 在修改表时创建 PRIMARY KEY 约束

修改表时创建 PRIMARY KEY 约束,可使用 ALTER TABLE 语句的 ADD 子句。

语法格式:

```
ALTER TABLE table_name
ADD[ CONSTRAINT constraint_name ] PRIMARY KEY( column [ ,…n ] )
```

【例 7.5】　重新在 student3 表上定义主键约束。

代码如下:

```
ALTER TABLE student3
ADD CONSTRAINT PK_student3 PRIMARY KEY(sid, sname);
```

7.2.2　UNIQUE 约束

通过 UNIQUE 约束定义唯一性约束,为了保证一个表的非主键列不输入重复值,应在该列定义 UNIQUE 约束。

PRIMARY KEY 约束与 UNIQUE 约束主要区别如下:

- 一个表只能创建一个 PRIMARY KEY 约束,但可创建多个 UNIQUE 约束。
- PRIMARY KEY 约束的列值不允许为 NULL,UNIQUE 约束的列值可取 NULL。

PRIMARY KEY 约束与 UNIQUE 约束都不允许对应列存在重复值。

创建 UNIQUE 约束可以使用 CREATE TABLE 语句或 ALTER TABLE 语句。

1. 在创建表时创建 UNIQUE 约束

创建表时创建 UNIQUE 约束可使用 CREATE TABLE 语句,其方式可为列级完整性约束(在一列后面)或表级完整性约束(在所有列后面),可对唯一性约束命名。

（1）定义列级唯一性约束。

语法格式:

```
[CONSTRAINT constraint_name] UNIQUE
```

（2）定义表级唯一性约束。

语法格式:

```
[CONSTRAINT constraint_name] UNIQUE (column_name [,…n ])
```

说明:

- UNIQUE:定义唯一键约束的关键字。
- constraint_name:指定约束的名称。如果不指定,系统会自动生成约束的名称。

【例 7.6】 创建 student4 表,以列级完整性约束方式定义唯一性约束。

代码如下:

```
CREATE TABLE student4
    (
        sid char(6) NOT NULL PRIMARY KEY,
        sname char(12) NOT NULL UNIQUE,
        ssex char(3) NOT NULL,
        sbirthday date NOT NULL,
        speciality char(12) NULL,
        tc number NULL
    );
```

该例在 sname 列定义的后面加上关键字 UNIQUE,以列级定义唯一性约束,未指定约束名字,系统自动创建约束名字。

【例 7.7】 创建 student5 表,以表级完整性约束方式定义唯一性约束。

代码如下:

```
CREATE TABLE student5
    (
        sid char(6) NOT NULL PRIMARY KEY,
        sname char(12) NOT NULL,
        ssex char(3) NOT NULL,
        sbirthday date NOT NULL,
        speciality char(12) NULL,
        tc number NULL,
```

```
    CONSTRAINT UN_student5 UNIQUE(sname)
);
```

该例在表中所有列定义的后面加上一条 CONSTRAINT 子句,通过表级定义主键约束,指定约束名字为 UN_student5。

2. 删除 UNIQUE 约束

删除 UNIQUE 约束可使用 ALTER TABLE 语句的 DROP 子句。

语法格式:

```
ALTER TABLE table_name
DROP CONSTRAINT constraint_name [,…n]
```

【例 7.8】 删除例 7.7 在 student5 表创建的唯一性约束。

代码如下:

```
ALTER TABLE student5
DROP CONSTRAINT UN_student5;
```

3. 在修改表时创建 UNIQUE 约束

修改表时创建 UNIQUE 约束可以使用 ALTER TABLE 语句的 ADD 子句。

语法格式:

```
ALTER TABLE table_name
ADD[ CONSTRAINT constraint_name ] UNIQUE ( column [ ,…n ] )
```

【例 7.9】 重新在 student5 表上定义唯一性约束。

代码如下:

```
ALTER TABLE student5
ADD CONSTRAINT UN_student5 UNIQUE(sname);
```

7.3 参照完整性

表的一列或几列的组合的值在表中唯一地指定一行记录,选择这样的一列或多列的组合作为主键可实现表的实体完整性,通过定义 PRIMARY KEY 约束来创建主键。

外键约束定义了表与表之间的关系。将一个表中的一列或多列添加到另一个表中,即可创建两个表之间的连接,这个列也就成为第二个表的外键,可以通过定义 FOREIGN KEY 约束来创建外键。

- 主键:表中能唯一标识每个数据行的一个或多个列。
- 外键:一个表中的一个或多个列的组合是另一个表的主键。
- 被参照表:对于两个具有关联关系的表,相关联字段中主键所在的表称为被参照表,又称为主表。
- 参照表:对于两个具有关联关系的表,相关联字段中外键所在的表称为参照表,又称为从表。

7.3.1 定义参照完整性的步骤

定义表间参照关系的步骤如下。

（1）首先定义主键表的主键（或唯一键）。

（2）再定义外键表的外键。

使用 PRIMARY KEY 约束或 UNIQUE 约束来定义主表主键或唯一键，使用 FOREIGN KEY 约束来定义从表外键，可实现主表与从表之间的参照完整性。

例如，student 表和 score 表是两个具有关联关系的表，将 student 表作为被参照表，表中的 sid 列作为主键，score 表作为参照表，表中的 sid 列作为外键，从而建立被参照表与参照表之间的联系实现参照完整性，如图 7.1 所示。

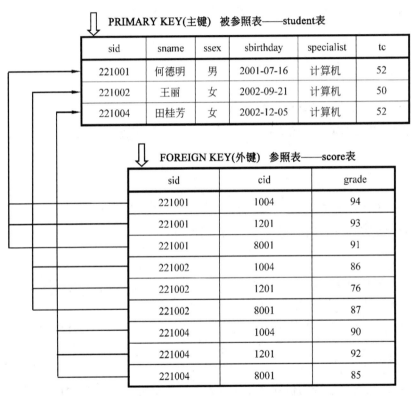

图 7.1 参照表与被参照表之间的联系的对应关系

如果定义了两个表之间的参照完整性，则有以下几点要求。

- 从表不能引用不存在的键值。
- 如果主表中的键值更改了，那么在整个数据库中，对从表中该键值的所有引用要进行一致的更改。
- 如果要删除主表中的某一记录，应先删除从表中与该记录匹配的相关记录。

7.3.2 FOREIGN KEY 约束

创建 FOREIGN KEY 约束可以使用 CREATE TABLE 语句或 ALTER TABLE 语句。

1. 在创建表时创建 FOREIGN KEY 约束

创建表时创建 FOREIGN KEY 约束可以使用 CREATE TABLE 语句,其方式可为列级完整性约束(在一列后面)或表级完整性约束(在所有列后面),可对外键约束命名。

(1)定义列级外键约束。

语法格式:

```
[CONSTRAINT constraint_name]
[FOREIGN KEY] REFERENCES ref_table
```

(2)定义表级外键约束。

语法格式:

```
[CONSTRAINT constraint_name]
FOREIGN KEY(column_name [,…n ]) REFERENCES ref_table [(ref_column [,…n] )]
[ ON DELETE { CASCADE | SET NULL } ]
```

说明:

- FOREIGN KEY:定义外键约束的关键字。
- constraint_name:指定约束的名称。如果不指定,系统会自动生成约束的名称。
- ON DELETE { CASCADE| SET NULL }:指定参照动作采用 DELETE 语句进行删除操作,删除动作如下。
  - ◆ CASCADE:定义级联删除,从主表删除数据时自动删除从表中匹配的行。
  - ◆ SET NULL:从主表删除数据时设置从表中对应外键键列为 NULL。

如果未指定动作,当删除主表数据时,如果违反外键约束,操作会被禁止。

【例 7.10】 创建 score1 表,在 sid 列以列级完整性约束方式定义外键。

代码如下:

```
CREATE TABLE score1
    (
        sid char(6) NOT NULL REFERENCES student1(sid),
        cid char(4) NOT NULL,
        grade number NULL,
        PRIMARY KEY(sid,cid)
    );
```

由于已在 student1 表的 sid 列定义主键,故可在 score1 表的 sid 列定义外键,其值参照被参照表 student1 的 sid 列。该例以列级定义外键约束,未指定约束名字,系统自动创建约束名字。

【例 7.11】 创建 score2 表,在 sid 列以表级完整性约束方式定义外键,并定义相应的参照动作。

代码如下:

```
CREATE TABLE score2
    (
```

```
    sid char(6) NOT NULL,
    cid char(4) NOT NULL,
    grade number NULL,
    PRIMARY KEY(sid,cid),
    CONSTRAINT FK_score2 FOREIGN KEY(sid) REFERENCES student2(sid)
    ON DELETE CASCADE
);
```

该例在表级定义外键约束，指定约束名字为 FK_score2。这里定义了 1 个参照动作，ON DELETE CASCADE 表示当删除学生表中某个学号的记录时，如果成绩表中有该学号的成绩记录，则级联删除该成绩记录。

注意：外键只能引用主键或唯一性约束。

2. 删除 FOREIGN KEY 约束

使用 ALTER TABLE 语句的 ADD 子句也可删除 FOREIGN KEY 约束。

语法格式：

```
ALTER TABLE table_name
DROP CONSTRAINT constraint_name [,…n]
```

【例 7.12】 删除例 7.11 在 score2 表上定义的外键约束。

代码如下：

```
ALTER TABLE score2
DROP CONSTRAINT FK_score2;
```

3. 在修改表时创建 FOREIGN KEY 约束

使用 ALTER TABLE 语句的 ADD 子句也可定义 FOREIGN KEY 约束。

语法格式：

```
ALTER TABLE table_name
ADD[ CONSTRAINT constraint_name ] FOREIGN KEY(column [ ,…n ])
```

【例 7.13】 重新在 score2 表上定义外键约束。

代码如下：

```
ALTER TABLE score2
ADD CONSTRAINT FK_score2 FOREIGN KEY(sid) REFERENCES student2(sid);
```

7.4　域　完　整　性

域完整性通过 CHECK 约束、NOT NULL 约束、DEFAULT 约束来实现，下面分别介绍这几种约束。

7.4.1　CHECK 约束

CHECK 约束对输入列或整个表中的值设置检查条件,以限制输入值,保证数据库的数据完整性。

1. 在创建表时创建 CHECK 约束

在创建表时创建 CHECK 约束可使用 CREATE TABLE 语句。

语法格式:

```
[CONSTRAINT constraint_name] CHECK(logical_expression)
```

说明:

(1) CONSTRAINT constraint_name:指定约束名。

(2) logical_expression:指定检查约束的逻辑表达式。

【例 7.14】　创建表 score3,在 grade 列以列级完整性约束方式定义检查约束。

代码如下:

```
CREATE TABLE score3
    (
        sid char(6) NOT NULL,
        cid char(4) NOT NULL,
        grade number NULL CHECK(grade>=0 AND grade<=100),
        PRIMARY KEY(sid,cid)
    );
```

该例在 grade 列定义的后面加上关键字 CHECK,约束表达式为 grade>=0 AND grade<=100,以列级定义唯一性约束,未指定约束名字,系统自动创建约束名字。

【例 7.15】　创建表 score4,在 grade 列以表级完整性约束方式定义检查约束。

代码如下:

```
CREATE TABLE score4
    (
        sid char(6) NOT NULL,
        cid char(4) NOT NULL,
        grade number NULL,
        PRIMARY KEY(sid,cid),
        CONSTRAINT CK_score4 CHECK(grade>=0 AND grade<=100)
    );
```

该例在表中所有列定义的后面加上一条 CONSTRAINT 子句,以表级定义检查约束,指定约束名字为 CK_score5。

2. 删除 CHECK 约束

使用 ALTER TABLE 语句的 DROP 子句可删除 CHECK 约束。

语法格式:

```
ALTER TABLE table_name
DROP CONSTRAINT check_name
```

【例 7.16】 删除例 7.15 在 score4 表上定义的检查约束。

代码如下：

```
ALTER TABLE score4
DROP CONSTRAINT CK_score4;
```

3. 在修改表时创建 CHECK 约束

使用 ALTER TABLE 的 ADD 子句在修改表时可创建 CHECK 约束。

语法格式：

```
ALTER TABLE table_name
ADD [<column_definition>] [CONSTRAINT constraint_name] CHECK (logical_expression)
```

【例 7.17】 重新在 score4 表上定义检查约束。

代码如下：

```
ALTER TABLE score4
ADD CONSTRAINT CK_score4 CHECK(grade>=0 AND grade<=100);
```

7.4.2　NOT NULL 约束

NOT NULL 约束即非空约束，用于实现用户定义的完整性。

非空约束指字段值不能为空值，空值指"不知道"、"不存在"或"无意义"的值。

1. 在创建表时创建 NOT NULL 约束

在创建表时创建非空约束，只需要在列后添加 NOT NULL。

语法格式：

```
CREATE TABLE table_name
(
    COLUMN_NAME1 DATATYPE NOT NULL,
    COLUMN_NAME2 DATATYPE NOT NULL,
    COLUMN_NAME3 DATATYPE
    ...
);
```

2. 在修改表时创建 NOT NULL 约束

在修改表时，也可以创建 NOT NULL 约束。

语法格式：

```
ALTER TABLE table_name
MODIFY col_name NOT NULL;
```

说明：

- table_name：表名。
- col_name：列名，要为其添加非空约束的列名。
- NOT NULL：非空约束的关键字。

3. 删除 NOT NULL 约束

在表中如果想删除 NOT NULL 语句，其语法格式如下。

语法格式：

```
ALTER TABLE table_name
MODIFY col_name NULL;
```

【例 7.18】 重新在 score4 表的 grade 列定义 NOT NULL 约束，然后删除这个 NOT NULL 约束。

在 score4 表的 grade 列定义 NOT NULL 约束，代码如下：

```
ALTER TABLE score4
MODIFY grade NOT NULL;
```

在 score4 表的 grade 列删除 NOT NULL 约束，代码如下：

```
ALTER TABLE score4
MODIFY grade NULL;
```

7.4.3 DEFAULT 约束

DEFAULT 约束通过定义列的默认值或使用数据库的默认值对象绑定表的列，当没有为某列指定数据时，将自动指定列的值。

在创建表时，可以创建 DEFAULT 约束作为表定义的一部分。如果某个表已经存在，则可以为其添加 DEFAULT 约束，表中的每一列都可以包含一个 DEFAULT 约束。

DEFAULT 约束默认值可以是常量，也可以是表达式，还可以为 NULL 值。

在创建表时创建 DEFAULT 约束，其语法格式如下。

语法格式：

```
CREATE TABLE table_name
    (
        COLUMN_NAME1 DATATYPE DEFAULT constant_expression,
        COLUMN_NAME2 DATATYPE,
        COLUMN_NAME3 DATATYPE
        ……
    );
```

说明：

- DEFAULT：默认值约束的关键字，通常放在列的数据类型的后面。
- constant_expression：常量表达式，可以是一个具体的值，也可以是通过表达式得到的一个值,这个值必须与该列的数据类型相匹配。

【例 7.19】 创建 student6 表时建立 DEFAULT 约束。

代码如下:

```
CREATE TABLE student6
    (
        sid char(6) NOT NULL PRIMARY KEY,
        sname char(12) NOT NULL,
        ssex char(3) DEFAULT '男' NOT NULL ,   /*定义 ssex 列 DEFAULT 约束值为'男' */
        sbirthday date NOT NULL,
        speciality char(12) DEFAULT '计算机' NULL ,
        /*定义 speciality 列 DEFAULT 约束值为'计算机' */
        tc number NULL
    );
```

该语句执行后,为验证 DEFAULT 约束的作用,向 student6 表插入一条记录('221006', '杜翔','2001-04-15',52),未指定 ssex(性别)列、speciality 列。

```
INSERT INTO student6(sid,sname,sbirthday,tc)
VALUES('221006','杜翔','2001-04-15',52);
```

通过以下 SELECT 语句进行查询。

```
SELECT *
FROM student6;
```

查询结果:

```
SID      SNAME   SSEX  SBIRTHDAY     SPECIALITY      TC
-------- ------- ----- ------------ ------------- ------
221006   杜翔     男    2001-04-15    计算机           52
```

由于已创建 ssex 列的 DEFAULT 约束值为'男', speciality 列的 DEFAULT 约束值为 '计算机',虽然在插入记录中未指定 ssex 列、speciality 列,Oracle 自动为上述两列分别插入 字符值'男'和'计算机'。

7.5 综 合 应 用

1. 综合应用要求

(1) 在 stsystem 数据库中创建 3 个表:学生表 stu、课程表 cou、成绩表 sco。

(2) 将 stu 表中的 sno 列设为 NOT NUL, sex 列的默认值设为'男'。

(3) 将 cou 表中的 cno 列设为 NOT NUL。

(4) 将 stu 表中的 sno 列设置为主键。

(5) 将 cou 表中的 cno 列设置为主键, cname 列设置为唯一性约束。

(6) 将 sco 表中的 sno 列设置为引用 sco 表中 sno 列的外键。

（7）将 sco 表中的 cno 列设置为引用 cou 表中 cno 列的外键。

（8）将 stu 表中的 age 列的值设置为 16～25。

（9）删除第 4 题至第 8 题的设置。

2. 实现的程序代码

根据题目要求，编写代码如下：

（1）在 stsystem 数据库中创建 3 个表：学生表 stu、课程表 cou、成绩表 sco。

```
CREATE TABLE stu              /* 学生表 */
    (
        sno char(6),          /* 学号 */
        sname char(12),       /* 姓名 */
        age number,           /* 年龄 */
        sex char(3)           /* 性别 */
    );


CREATE TABLE cou              /* 课程表 */
    (
        cno char(4),          /* 课程号 */
        cname char(18),       /* 课程名 */
        credit number         /* 学分 */
    );


CREATE TABLE sco              /* 成绩表 */
    (
        sno char(6),          /* 学号 */
        cno char(4),          /* 课程号 */
        degree number         /* 分数 */
    );
```

（2）将 stu 表中的 sno 列设为 NOT NUL，sex 列的默认值设为'男'。

```
ALTER TABLE stu
MODIFY sno NOT NULL;


ALTER TABLE stu
MODIFY sex DEFAULT '男';
```

（3）将 cou 表中的 cno 列设为 NOT NUL。

```
ALTER TABLE cou
MODIFY cno NOT NULL;
```

（4）将 stu 表中的 sno 列设置为主键。

```
ALTER TABLE stu
ADD CONSTRAINT sno_pk PRIMARY KEY(sno);
```

（5）将 cou 表中的 cno 列设置为主键，cname 列设置为唯一性约束。

```
ALTER TABLE cou
ADD CONSTRAINT cno_pk PRIMARY KEY(cno);
```

```
ALTER TABLE cou
ADD CONSTRAINT cname_un UNIQUE(cname);
```

（6）将 sco 表中的 sno 列设置为引用 sco 表中 sno 列的外键。

```
ALTER TABLE sco
ADD CONSTRAINT sno_fk FOREIGN KEY(sno) REFERENCES stu(sno);
```

（7）将 sco 表中的 cno 列设置为引用 cou 表中 cno 列的外键。

```
ALTER TABLE sco
ADD CONSTRAINT cno_fk FOREIGN KEY(cno) REFERENCES cou(cno);
```

（8）将 stu 表中的 age 列的值设置为 16～25。

```
ALTER TABLE stu
ADD CONSTRAINT age_ck CHECK(age>=16 AND age<=25);
```

（9）删除第 4 题至第 8 题的设置。

```
ALTER TABLE sco
DROP CONSTRAINT sno_fk;
```

```
ALTER TABLE stu
DROP CONSTRAINT sno_pk;
```

```
ALTER TABLE sco
DROP CONSTRAINT cno_fk;
```

```
ALTER TABLE cou
DROP CONSTRAINT cno_pk;
```

```
ALTER TABLE cou
DROP CONSTRAINT cname_un;
```

```
ALTER TABLE stu
DROP CONSTRAINT age_ck;
```

7.6 小　　结

本章主要介绍了以下内容。

（1）数据完整性指数据库中的数据的正确性、一致性和有效性，数据完整性是衡量数据库质量的标准之一。数据完整性规则通过约束来实现，约束是在表上强制执行的一些数据校验规则，在插入、修改或者删除数据时必须符合在相关字段上设置的这些规则，否则报错。

Oracle 数据库中的数据完整性包括实体完整性、参照完整性、域完整性,以及实现上述完整性的约束。

- PRIMARY KEY 约束:主键约束,用于实现实体完整性。
- UNIQUE 约束:唯一性约束,用于实现实体完整性。
- FOREIGN KEY 约束:外键约束,用于实现参照完整性。
- CHECK 约束:检查约束,用于实现域完整性。
- NOT NULL 约束:非空约束,用于实现域完整性。

(2) 实体完整性要求表中有一个主键,其值不能为空且能唯一地标识对应的记录,又称为行完整性。

实体完整性可通过 PRIMARY KEY 约束、UNIQUE 约束等来实现。可以使用 CREATE TABLE 语句分别创建 PRIMARY KEY 约束、UNIQUE 约束,使用 ALTER TABLE 语句分别创建或删除 PRIMARY KEY 约束、UNIQUE 约束。

(3) 参照完整性保证主表中的数据与从表中数据的一致性,又称为引用完整性,参照完整性确保键值在所有表中一致。

参照完整性通过定义主键与外键之间的对应关系来实现,可以使用 CREATE TABLE 语句分别创建 FOREIGN KEY 约束,使用 ALTER TABLE 语句分别创建或删除 FOREIGN KEY 约束。

(4) 域完整性指列数据输入的有效性,又称列完整性。

域完整性可通过 CHECK 约束、NOT NULL 约束、DEFAULT 约束等实现,可以使用 CREATE TABLE 语句分别创建 CHECK 约束、DEFAULT 约束,使用 ALTER TABLE 语句分别创建或删除 CHECK 约束。

习　题　7

一、选择题

1. 唯一性约束与主键约束的区别是_____。
   - A. 唯一性约束的字段可以为空值
   - B. 唯一性约束的字段不可以为空值
   - C. 唯一性约束的字段的值可以不是唯一的
   - D. 唯一性约束的字段的值不可以有重复值

2. 使字段不接受空值的约束是_____。
   - A. IS EMPTY　　　B. IS NULL　　　C. NULL　　　D. NOT NULL

3. 使字段的输入值小于 100 的约束是_____。
   - A. CHECK　　　　　　　　　　B. PRIMARY KEY
   - C. UNIQUE KEY　　　　　　　D. FOREIGN KEY

4. 保证一个表的非主键列不输入重复值的约束是_____。
   - A. CHECK　　　　　　　　　　B. PRIMARY KEY
   - C. UNIQUE　　　　　　　　　D. FOREIGN KEY

二、填空题

1. 数据完整性一般包括域完整性、实体完整性、_____。

2. 完整性约束有_____约束、NOT NULL 约束、PRIMARY KEY 约束、UNIQUE 约束、FOREIGN KEY 约束。

3. 实体完整性可通过 PRIMARY KEY、_____来实现。

4. 参照完整性通过 PRIMARY KEY 和_____之间的对应关系来实现。

三、问答题

1. 什么是数据完整性？Oracle 有哪几种数据完整性类型？

2. 什么是主键约束？什么是唯一性约束？两者有什么区别？

3. 每个表都要有一个主键吗？

4. 什么是外键约束？

5. 怎样定义 CHECK 约束和 DEFAULT 约束。

四、应用题

1. 在 score 表的 grade 列添加 CHECK 约束，限制 grade 列的值在 0 到 100 之间。

2. 删除 student 表的 sid 列的 PRIMARY KEY 约束，然后在该列添加 PRIMARY KEY 约束。

3. 在 score 表的 sid 列添加外键约束，与 student 表中主键列创建表间参照关系。

4. 在 score 表中 cid 列添加外键约束，与 course 表中主键列创建表间参照关系。

5. 删除外键约束 FK_sid、FK_cid。

第8章

PL/SQL 程序设计

本章要点
- PL/SQL 语言和结构
- PL/SQL 编程规范
- 标识符、常量、变量
- 运算符和表达式
- PL/SQL 控制语句
- 系统内置函数
- 游标

PL/SQL(Procedural Language/SQL)将 SQL 的数据操纵功能与过程化语言数据处理功能结合起来,成为一种高级程序设计语言,支持高级语言的变量和分支、循环等程序控制结构,与数据库核心的数据类型集成,提高了程序设计效率。系统内置函数增强了 SQL 语言的运算和判定功能,游标用于处理结果集的每一条记录。

8.1　PL/SQL 概述

本节介绍 PL/SQL 语言、PL/SQL 结构和 PL/SQL 编程规范。

8.1.1　PL/SQL 语言

PL/SQL 是 Oracle 对标准 SQL 的扩展,是一种过程化语言和 SQL 语言的结合,既具有查询功能,也允许将 DML 语言、DDL 语言和查询语句包含在块结构和代码过程语言中,从而使 PL/SQL 成为一种功能强大的事务处理语言。

PL/SQL 具有以下优点。
- 模块化:能够使一组 SQL 语句的功能更具模块化,便于维护。
- 可移植性:PL/SQL 块可以被命名和存储在 ORACLE 服务器中,能被其他的 PL/SQL 程序或 SQL 命令调用,具有很好的可移植性。
- 安全性:可以使用 ORACLE 数据工具来管理存储在服务器中的 PL/SQL 程序的安全性,可以对程序中的错误进行自动处理。
- 便利性:集成在数据库中,调用更加方便快捷。
- 高性能:PL/SQL 是一种高性能的基于事务处理的语言,能运行在 ORACLE 环境中,支持所有的数据处理命令,不占用额外的传输资源,降低了网络拥挤。

8.1.2 PL/SQL 结构

PL/SQL 是一种结构化程序设计语言,PL/SQL 程序的基本单位是块(Block),PL/SQL 程序块是程序中最基本的结构。一个 PL/SQL 程序块由 3 部分组成:声明部分、执行部分和异常处理部分。

(1)声明部分:声明部分由 DECLARE 关键字开始,主要声明在可执行部分中调用的所有变量、常量、游标和用户自定义的异常处理。

(2)执行部分:由关键字 BEGIN 开始的执行部分,主要包括对数据库进行操作的 SQL 语句,以及对块进行组织、控制的 PL/SQL 语句,这部分是必需的。

(3)异常处理部分:异常处理部分由 EXCEPTION 关键字开始,主要包括在执行过程中出错或出现非正常现象时所做的相应处理。

执行部分是必需的,其他两部分是可选的,程序块最终由关键字 END 结束。

语法格式:

```
[ DECLARE ]
--声明部分
BEGIN
--执行部分
[EXCEPTION]
--异常处理部分
END
```

1. 简单的 PL/SQL 程序

简单的 PL/SQL 程序举例如下。

【例 8.1】 计算 8 和 9 的乘积。

代码如下:

```
SET SERVEROUTPUT ON;
DECLARE
    m NUMBER:=8;
BEGIN
    m:=m * 9;
    DBMS_OUTPUT.PUT_LINE('乘积为: '||TO_CHAR(m));
END;
```

该语句采用 PL/SQL 程序块计算 8 和 9 的乘积。

运行结果:

乘积为: 72

语句 SET SERVEROUTPUT ON 的功能是打开 Oracle 自带的输出方法 DBMS_OUTPUT,ON 为打开,OFF 为关闭。打开 SET SERVEROUTPUT ON 后,可用 DBMS_OUTPUT 方法输出信息。

也可采用图形界面方式打开输出缓冲,在 SQL Developer 中选择"DBMS 输出"选项卡,单击"启用 DBMS 输出"按钮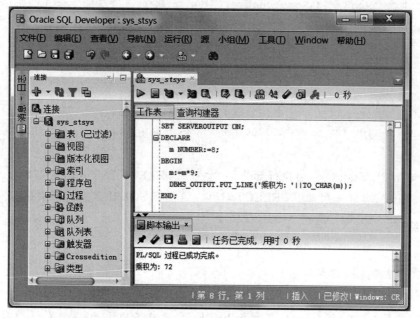打开输出缓冲,选中语句后单击"执行语句"按钮▷执行 PL/SQL 语句,在"DBMS 输出"选项卡窗口查看输出结果,如图 8.1 所示。

图 8.1　执行 PL/SQL 语句

注意:DBMS_OUTPUT.PUT_LINE 方法,表示输出一个字符串并换行。如果不换行,可以使用 DBMS_OUTPUT.PUT 方法。

2. 将 SQL 语言查询结果存入变量

PL/SQL 不是普通的程序语言,而是面向过程语言和 SQL 语言的结合,可使用 SELECT-INTO 语句将 SQL 语言查询结果存入变量。

语法格式:

```
SELECT <列名列表>INTO <变量列表>
   FROM <表名>
   WHERE <条件表达式>;
```

注意:在 SELECT-INTO 语句中,对于简单变量,该语句运行结果必须只能返回一行,如果返回多行或没有返回任何结果,则报错。

下面举例说明使用 SELECT-INTO 语句将 SQL 语言查询结果存入变量。

【例 8.2】　将学生数存入变量 v_count,将学号为 184003 的学生姓名和性别分别存入变量 v_name 和 v_sex。

代码如下:

```
DECLARE
   v_count NUMBER;
```

```
    v_name student.sname%TYPE;
    v_sex student.ssex%TYPE;
BEGIN
    SELECT COUNT(*) INTO v_count           /* 一次存入一个变量 */
        FROM student;
    SELECT sname,ssex INTO v_name,v_sex    /* 一次存入两个变量 */
        FROM student
        WHERE sid='221004';
    DBMS_OUTPUT.PUT_LINE('学生数为：' || v_count);
    DBMS_OUTPUT.PUT_LINE('221004学生姓名为：' || v_name);
    DBMS_OUTPUT.PUT_LINE('221004学生性别为：' || v_sex);
END;
```

该语句在 PL/SQL 程序块执行部分，一次采用 SELECT-INTO 语句将 SQL 语言查询结果存入一个变量，另一次采用 SELECT-INTO 语句将 SQL 语言查询结果存入两个变量。

运行结果：

学生数为：6
184003学生姓名为：陈春玉
184003学生性别为：女

注意：在 PL/SQL 程序块中，不允许 SELECT 语句单独运行，系统会认为缺少 INTO 子句而报错。

8.1.3　PL/SQL 编程规范

使用 PL/SQL 编程规范，可以写出高质量的程序，提高工作效率，便于与其他开发人员阅读和交流，下面介绍 PL/SQL 编程规范。

1. PL/SQL 中允许出现的字符集

PL/SQL 字符集包括用户能从键盘上输入的字符和其他字符。

在使用 PL/SQL 进行程序设计时，可以使用的有效字符包括以下 4 类。

(1) 所有的大写和小写英文字母。

(2) 数字 0～9。

(3) 空格、回车符和制表符。

(4) 符号()、+、-、*、/、<、>、=、!、~、;、:、.、'、@、%、,、"、#、^、&、_、{、}、?、[、]。

PL/SQL 为支持编程，还使用其他一些符号，表 8.1 列出了编程常用的部分其他符号。

表 8.1　部分其他符号

符　　号	意　　义	样　　例
()	列表分隔	('Edward', 'Jane')
;	语句结束	Procedure_name(arg1,arg2);
.	项分离(在例子中分离 area 与 table_name)	Select * from area.table_name
'	字符串界定符	If var1＝'x+1'

续表

符 号	意 义	样 例
:=	赋值	x:＝x＋1
||	并置	Full_name:＝ 'Jane'||' '|| 'Eyre'
--	单行注释符	--Success!
/＊和＊/	多行注释起始符和终止符	/＊Continue loop.＊/

2. PL/SQL 中的大小写

(1) 关键字(BEGIN，EXCEPTION，END，IF THEN ELSE，LOOP，END LOOP)、内部函数(LEAST，SUBSTR)和用户定义的子程序,使用大写。

(2) 变量名及 SQL 中的列名和表名,使用小写。

3. PL/SQL 中的空白

(1) 主要代码段之间用空行隔开。

(2) 结构词(DECLARE，BEGIN，EXCEPTION，END，IF and END IF，LOOP and END LOOP)居左排列。

(3) 将同一结构的不同逻辑部分分开写在独立的行,即使这个结构很短。例如,IF 和 THEN 被放在同一行,而 ELSE 和 END IF 则放在独立的行。

4. 在 PL/SQL 中必须遵守的要求

(1) 标识符不区分大小写。例如,NAME 和 Name、name 都是一样的。所有的名称在存储时都被自动修改为大写。

(2) 语句使用分号结束。

(3) 语句的关键字、标识符、字段的名称和表的名称都需要空格的分隔。

(4) 字符类型和日期类型需要使用单引号括起来。

5. PL/SQL 中的注释

适当地添加注释,可以提高代码的可读性,Oracle 提供了两种注释方法,介绍如下。

(1) 单行注释:使用"--"两个短画线,可以注释后面的语句。

(2) 多行注释:使用"/＊"和"＊/",可以注释掉这两部分中间包含的部分。

【例 8.3】 注释举例。

```
SET SERVEROUTPUT ON;
DECLARE
    s NUMBER:=11;              --定义变量 s
BEGIN
    s:=s+25;
    /＊s 的值 11 和 25 相加后,
    变量 s 的值为 36＊/
    DBMS_OUTPUT.PUT_LINE('和为:'||TO_CHAR(s));          /＊输出 和为:36＊/
END;
```

8.2 标识符、常量、变量

8.2.1 标识符

标识符是用户自己定义的符号串,用于命名常量、变量、游标、子程序和包等。

标识符必须遵守 PL/SQL 标识符的命名规则,内容如下。

- 标识符不区分大小写。
- 标识符必须由字母开头。
- 标识符可以包含字母、数字、下画线、$、♯。
- 标识符长度不能超过 30 个字符。
- 标识符不能是 PL/SQL 的关键字。

8.2.2 常量

常量(Constant)的值在定义时就被指定,不能改变,常量的使用格式取决于值的数据类型。

语法格式:

<常量名>CONSTANT <数据类型>:=<值>;

其中,CONSTANT 表示定义常量。

例如,定义一个整型常量 num,其值为 80;定义一个字符串常量 str,其值为 World。

```
num CONSTANT NUMBER(2):=80;
str CONSTANT CHAR:='World';
```

8.2.3 变量

变量(Variable)和常量都用于存储数据,但变量的值可以根据程序运行的需要随时改变,而常量的值在程序运行中是不能改变的。

数据在数据库与 PL/SQL 程序之间是通过变量传递的,每个变量都有一个特定的类型。

PL/SQL 变量可以与数据库列具有同样的类型,另外,PL/SQL 还支持用户自定义的数据类型,如记录类型、表类型等。

1. 变量的声明

变量在使用前,首先要声明变量。

语法格式:

<变量名><数据类型>[<(宽度):=<初始值>];

例如,定义一个变量 name,VARCHAR2 类型,最大长度为 10,初始值为 Smith。

```
name VARCHAR2(10):='Smith';
```

变量名必须是一个合法的标识符,变量命名规则如下:

- 变量必须以字母(A～Z)开头。
- 其后跟可选的一个或多个字母、数字或特殊字符 $、# 或_。
- 变量长度不超过 30 个字符。
- 变量名中不能有空格。

2. 变量的属性

变量的属性有名称和数据类型,变量名用于标识该变量,数据类型用于确定该变量存放值的格式和允许的运算。%用作属性提示符。

1) %TYPE

%TYPE 属性提供了变量和数据库列的数据类型,在声明一个包含数据库值的变量时非常有用。例如,在表 student 中包含 sno 列,为了声明一个变量 stuno 与 sno 列具有相同的数据类型,声明时可使用点和%TYPE 属性,格式如下:

```
stuno student.sno%TYPE;
```

使用%TYPE 声明具有以下两个优点:

- 不必知道数据库列的确切的数据类型。
- 数据库列的数据类型定义有改变,变量的数据类型在运行时会自动进行相应的修改。

2) %ROWTYPE

%ROWTYPE 属性声明描述表的行数据的记录。

例如,定义一个与 student 表结构类型一致的记录变量 stu。

```
stu student%ROWTYPE;
```

3. 变量的作用域

变量的作用域是指可以访问该变量的程序部分。对于 PL/SQL 变量来说,其作用域就是从变量的声明到语句块的结束。当变量超出了作用域时,PL/SQL 解析程序就会自动释放该变量的存储空间。

8.3　运算符和表达式

运算符是一种符号,用来指定在一个或多个表达式中执行的操作,在 PL/SQL 中常用的运算符有算术运算符、关系运算符和逻辑运算符。表达式是由数字、常量、变量和运算符组成的式子,表达式的结果是一个值。

8.3.1　算术运算符

算术运算符在两个表达式间执行数学运算,这两个表达式可以是任何数字数据类型,算术运算符如表 8.2 所示。

表 8.2　算术运算符

运　算　符	说　　明	运　算　符	说　　明
＋	实现两个数字或表达式相加	/	实现两个数字或表达式相除
－	实现两个数字或表达式相减	**	实现数字的乘方
*	实现两个数字或表达式相乘		

8.3.2　关系运算符

关系运算符用于测试两个表达式的值是否相同,它的运算结果返回 TRUE、FALSE 或 UNKNOWN 之一,Oracle 关系运算符如表 8.3 和表 8.4 所示。

表 8.3　关系运算符 1

运　算　符	说　　明	运　算　符	说　　明
＝	相等	＜＝	小于或等于
＞	大于	！＝	不等于
＜	小于	＜＞	不等于
＞＝	大于或等于		

表 8.4　关系运算符 2

运　算　符	说　　明
ALL	如果每个操作数值都为 TRUE,运算结果为 TRUE
ANY	在一系列操作数中只要有一个为 TRUE,运算结果为 TRUE
BETWEEN	如果操作数在指定的范围内,运算结果为 TRUE
EXISTS	如果子查询包含一些行,运算结果为 TRUE
IN	如果操作数值等于表达式列表中的一个,运算结果为 TRUE
LIKE	如果操作数与一种模式相匹配,运算结果为 TRUE
SOME	如果在一系列操作数中,有些值为 TRUE,运算结果为 TRUE

8.3.3　逻辑运算符

逻辑运算符用于对某个条件进行测试,运算结果为 TRUE 或 FALSE,逻辑运算符如表 8.5所示。

表 8.5　逻辑运算符

运　算　符	说　　明
AND	如果两个表达式都为 TRUE,运算结果为 TRUE
OR	如果两个表达式有一个为 TRUE,运算结果为 TRUE
NOT	取相反的逻辑值

8.3.4　表达式

在 Oracle 中表达式可分为赋值表达式、数字表达式、关系表达式和逻辑表达式。

1. 赋值表达式

赋值表达式是由赋值符号"：＝"连接起来的表达式。

语法格式：

<变量>:=<表达式>

赋值表达式举例如下：

```
var_number:=200;
```

2. 数值表达式

数值表达式是由数值类型的变量、常量、函数或表达式通过算术运算符连接而成。
数值表达式举例如下：

```
6*(var_number+2)-5
```

3. 关系表达式

关系表达式是由关系运算符连接起来的表达式。

关系表达式举例如下：

```
var_number<500
```

4. 逻辑表达式

逻辑表达式是由逻辑运算符连接起来的表达式。

逻辑表达式举例如下：

```
(var_number>=150) AND (var_number<=500)
```

8.4　PL/SQL 控制语句

PL/SQL 的基本逻辑结构包括顺序结构、条件结构和循环结构。PL/SQL 主要通过条件语句和循环语句来控制程序执行的逻辑顺序，这被称为控制结构，控制结构是程序设计语言的核心。控制语句通过对程序流程的组织和控制，提高编程语言的处理能力，满足程序设计的需要，PL/SQL 提供的控制语句如表 8.6 所示。

表 8.6　PL/SQL 控制语句

序号	流程控制语句	说　　明
1	IF-THEN	IF 后条件表达式为 TRUE,则执行 THEN 后的语句
2	IF-THEN-ELSE	IF 后条件表达式为 TRUE,则执行 THEN 后的语句；否则执行 ELSE 后的语句
3	IF-THEN-ELSIF-THEN-ELSE	IF-THEN-ELSE 语句嵌套
4	LOOP-EXIT-END	在 LOOP 和 END LOOP 中,IF 后条件表达式为 TRUE,执行 EXIT 退出循环；否则继续循环

续表

序号	流程控制语句	说　明
5	LOOP-EXIT-WHEN-END	在 LOOP 和 END LOOP 中,WHEN 后条件表达式为 TRUE,执行 EXIT 退出循环;否则继续循环
6	WHILE-LOOP-END	WHILE 后条件表达式为 TRUE,继续循环;否则退出循环
7	FOR-IN-LOOP-END	FOR 后循环变量的值小于终值,继续循环;否则退出循环
8	CASE	通过多分支结构做出选择
9	GOTO	将流程转移到标号指定的位置

8.4.1　条件语句

条件结构用于条件判断,有以下 3 种结构。

1. IF-THEN 结构

语法格式:

```
IF <条件表达式>THEN              /*条件表达式*/
  <PL/SQL语句>;                 /*条件表达式为真时执行*/
END IF;
```

这个结构用于测试一个简单条件。如果条件表达式为 TRUE,则执行语句块中的操作。IF-THEN 语句的流程图如图 8.2 所示。

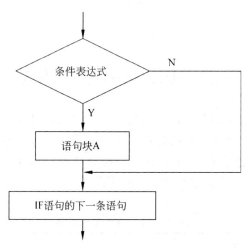

图 8.2　IF-THEN 语句的流程图

IF-THEN 语句可以嵌套使用。

【例 8.4】　查询总学分大于和等于 50 分的学生人数。

代码如下:

```
SET SERVEROUTPUT ON;
```

```
DECLARE
    p_no NUMBER(2);                    --(a)
BEGIN
    SELECT COUNT(*) INTO p_no          --(b)
        FROM student
        WHERE tc>=50;
    IF p_no<>0 THEN                     --(c)
        DBMS_OUTPUT.PUT_LINE('总学分>=50 的人数为：' || TO_CHAR(p_no));
    END IF;
END;
```

程序分析：

（a）定义变量 p_no。

（b）查询总学分大于和等于 50 分的学生人数，将查询结果存入变量 p_no。

（c）当 IF-THEN 语句的条件表达式 p_no<>0 时，输出总学分大于和等于 50 分的人数。

运行结果：

总学分>=50 的人数为：5

说明：执行语句前需要使用 SET SERVEROUTPUT ON 打开输出缓冲。

2. IF-THEN-ELSE 结构

语法格式：

```
IF <条件表达式>THEN              /*条件表达式*/
  <PL/SQL 语句>;                /*条件表达式为真时执行*/
ELSE
  <PL/SQL 语句>;                /*条件表达式为假时执行*/
END IF;
```

当条件表达式为 TRUE 时，执行 THEN 后的语句块中的操作；当条件表达式为 FALSE 时，执行 ELSE 后的语句块中的操作。

IF-THEN-ELSE 语句的流程图如图 8.3 所示。

IF-THEN-ELSE 语句也可以嵌套使用。

【例 8.5】　如果"高等数学"课程的平均成绩大于 80 分，则显示"高等数学平均成绩高于 80"，否则显示"高等数学平均成绩等于或低于 80"。

代码如下：

```
DECLARE
    g_avg NUMBER(4,2);                 --(a)
BEGIN
    SELECT AVG(grade) INTO g_avg       --(b)
        FROM student a, course b, score c
        WHERE a.sid=c.sid AND b.cid=c.cid AND b.cname='高等数学';
    IF g_avg >80 THEN                  --(c)
```

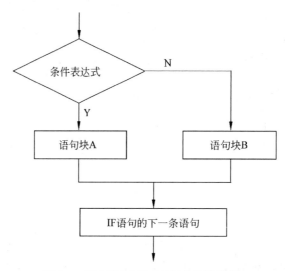

图 8.3 IF-THEN-ELSE 语句的流程图

```
        DBMS_OUTPUT.PUT_LINE('高等数学平均成绩高于 80');
    ELSE
        DBMS_OUTPUT.PUT_LINE('高等数学平均成绩等于或低于 80');
    END IF;
END;
```

程序分析：

(a) 定义变量 g_avg。

(b) 查询高等数学课程的平均成绩,将查询结果存入变量 g_avg。

(c) 当 IF-THEN-ELSE 语句的条件表达式 g_avg>80 为 TRUE 时,输出"高等数学平均成绩高于 80";否则,输出"高等数学平均成绩等于或低于 80"。

运行结果：

高等数学平均成绩高于 80

3. IF-THEN-ELSIF-THEN-ELSE 结构

语法格式：

```
IF <条件表达式 1>THEN
   <PL/SQL 语句 1>;
ELSIF <条件表达式 2>THEN
   <PL/SQL 语句 2>;
ELSE
   <PL/SQL 语句 3>;
END IF;
```

注意：ELSIF 不能写成 ELSEIF 或 ELSE IF。

当 IF 后的条件表达式 1 为 TRUE 时,执行 THEN 后的语句,否则判断 ELSIF 后的条件表达式 2。结果为 TRUE 时,执行第 2 个 THEN 后的语句,否则执行 ELSE 后的语句。

IF-THEN-ELSIF-THEN-ELSE 语句的流程图如图 8.4 所示。

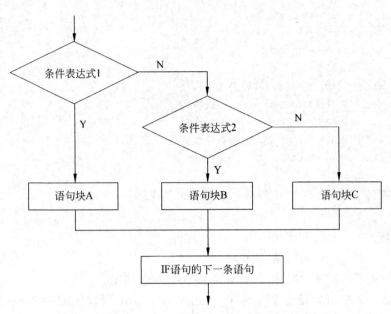

图 8.4　IF-THEN-ELSIF-THEN-ELSE 语句的流程图

8.4.2　CASE 语句

CASE 语句描述了多分支语句结构,使逻辑结构变得更为简单和有效,它包括简单 CASE 语句和搜索 CASE 语句。

1. 简单 CASE 语句

简单 CASE 语句设定一个变量的值,然后顺序比较 WHEN 关键字后的给定值,如果遇到第 1 个相等的给定值,则执行 THEN 关键字后的赋值语句,并结束 CASE 语句。

语法格式：

```
CASE <变量名>
  WHEN <值 1>THEN <语句 1>
  WHEN <值 2>THEN <语句 2>
  ...
  WHEN <值 n>THEN <语句 n>
  [ELSE <语句>]
END CASE;
```

简单 CASE 语句的举例如下。

【例 8.6】 将教师职称转变为职称类型。

代码如下：

```
DECLARE
    t_title CHAR(12);                                    --(a)
```

```
    t_op VARCHAR2(8);
BEGIN
    SELECT title INTO t_title                    --(b)
        FROM teacher
        WHERE tname='汤俊才';
    CASE t_title                                 --(c)
        WHEN '教授' THEN t_op:='高级职称';
        WHEN '副教授' THEN t_op:='高级职称';
        WHEN '讲师' THEN t_op:='中级职称';
        WHEN '助教' THEN t_op:='初级职称';
        ELSE t_op:='Nothing';
    END CASE;
    DBMS_OUTPUT.PUT_LINE('汤俊才的职称是：'||t_op); --(d)
END;
```

程序分析：

（a）定义变量 t_title 和变量 t_op。

（b）查询教师汤俊才的职称，将查询结果存入变量 t_title。

（c）简单 CASE 语句设定变量为 t_title，根据 t_title 的值匹配一系列的 WHEN … THEN 语句块，匹配成功，即执行对应的 THEN 后的语句。t_title 的值为 '教授'，与 "WHEN '教授' THEN t_op:='高级职称';"语句块匹配，执行对应的 THEN 后的语句为"t_op:='高级职称'"。

（d）输出"汤俊才的职称是：高级职称"。

运行结果：

汤俊才的职称是：高级职称

2. 搜索 CASE 语句

搜索 CASE 语句在 WHEN 关键字后设置布尔表达式，选择第一个为 TRUE 的布尔表达式，执行 THEN 关键字后的语句，并结束 CASE 语句。

语法格式：

```
CASE
    WHEN <布尔表达式 1>THEN <语句 1>
    WHEN <布尔表达式 2>THEN <语句 2>
    …
    WHEN <布尔表达式 n>THEN <语句 n>
    [ELSE <语句>]
END CASE;
```

搜索 CASE 语句的举例如下。

【例 8.7】 将学生成绩转变为成绩等级。

代码如下：

```
DECLARE
```

```
    v_grade NUMBER;                                             --(a)
    v_result VARCHAR2(16);
BEGIN
    SELECT AVG(grade) INTO v_grade                              --(b)
        FROM score
        WHERE sid='221001';
    CASE                                                        --(c)
        WHEN v_grade>=90 AND v_grade<=100 THEN v_result:='优秀';
        WHEN v_grade>=80 AND v_grade<90 THEN v_result:='良好';
        WHEN v_grade>=70 AND v_grade<80 THEN v_result:='中等';
        WHEN v_grade>=60 AND v_grade<70 THEN v_result:='及格';
        WHEN v_grade>=0 AND v_grade<60 THEN v_result:='不及格';
        ELSE v_result:='Nothing';
    END CASE;
    DBMS_OUTPUT.PUT_LINE('学号为 221001 的平均成绩：'||v_result); --(d)
END;
```

程序分析：

（a）定义变量 v_grade 和变量 v_result。

（b）查询学号为 221001 的平均成绩，将查询结果存入变量 v_grade。

（c）搜索 CASE 语句直接依次进入各个 WHEN …THEN 语句块，当 WHEN 后的条件成立，即执行 THEN 后的语句。v_grade 的值满足 WHEN 后的条件"v_grade≥90 AND v_grade≤100"，执行 THEN 后的语句"v_result:='优秀'"。

（d）输出"学号为 221001 的平均成绩：优秀"。

运行结果：

学号为 221001 的平均成绩：优秀

8.4.3　循环语句

循环结构的功能是重复执行循环体中的语句，直至满足退出条件而退出循环，下面分别介绍 LOOP-EXIT-END 循环、LOOP-EXIT-WHEN-END 循环、WHILE-LOOP-END 循环和 FOR-IN-LOOP-END 循环。

1. LOOP-EXIT-END 循环

语法格式：

```
LOOP
  <循环体>                    /*执行循环体*/
  IF <条件表达式>THEN          /*测试条件表达式是否符合退出条件*/
    EXIT;                     /*满足退出条件,退出循环*/
  END IF;
END LOOP;
```

说明：

<循环体>中包含需要重复执行的语句，IF 后条件表达式值为 TRUE，执行 EXIT 退出循环；否则继续循环，直到满足条件表达式的条件而退出循环。

LOOP-EXIT-END 循环的流程图如图 8.5 所示。

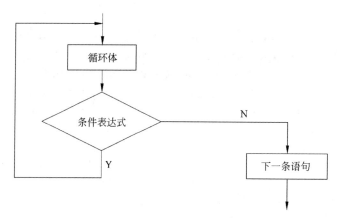

图 8.5　LOOP-EXIT-END 循环的流程图

【例 8.8】 计算 1～100 的整数和。
代码如下：

```
DECLARE
    v_n NUMBER:=1;                              --(a)
    v_s NUMBER:=0;
BEGIN
    LOOP
        v_s:=v_s+v_n;                          --(b)
        v_n:=v_n+1;
        IF v_n>100 THEN                        --(c)
            EXIT;
        END IF;
    END LOOP;
    DBMS_OUTPUT.PUT_LINE('1~100 的和为：'||v_s);   --(d)
END;
```

程序分析：

(a) 变量 v_n 用作循环次数计数，变量 v_s 用作求和累加，定义循环变量 v_n 的初值为 1，求和变量 v_s 的初值为 0。

(b) 循环开始前 v_s 的值为 0、v_n 的值为 1。

由于 1=0+1，3=1+2，6=3+3，…，在循环体中：

第 1 次循环累加后，v_s 的值为 1，v_n 的值自增为 2，为下一次累加作准备；

第 2 次循环累加后，v_s 的值为 3，v_n 的值自增为 3；

第 3 次循环累加后，v_s 的值为 6，v_n 的值自增为 4；

……

直至第 100 次循环，求出 1～100 的和。

（c）循环条件的判定，当 v_n 的值增加到大于 100 时，IF 语句的条件表达式 v_n＞100 为真，退出循环。

（d）输出 1～100 的和。

运行结果：

1~100 的和为：5050

2. LOOP-EXIT-WHEN-END 循环
语法格式：

```
LOOP
   <循环体>                         / * 执行循环体 * /
   EXIT WHEN <条件表达式>           / * 测试是否符合退出条件 * /
END LOOP;
```

此结构与前一个循环结构比较，除退出条件检测为 EXIT WHEN ＜条件表达式＞ 外，与前一个循环结构基本类似。

【例 8.9】 计算 1～100 的整数和。

代码如下：

```
DECLARE
    v_n NUMBER:=1;                      --(a)
    v_s NUMBER:=0;
BEGIN
    LOOP
        v_s:=v_s+v_n;                   --(b)
        v_n:=v_n+1;
        EXIT WHEN v_n=101;              --(c)
    END LOOP;
    DBMS_OUTPUT.PUT_LINE('1~100 的和为：'||v_s);   --(d)
END;
```

程序分析：

（a）定义循环变量 v_n 的初值为 1，求和变量 v_s 的初值为 0。

（b）在循环体中，v_s 的值第 1 次累加后为 1，累加后，v_n 的值加 1，为下一次累加做准备。

（c）当 v_n 等于 101 时，退出循环。本例与例 8.8 相似，仅循环条件判定不同。

（d）输出 1～100 的和。

运行结果：

1~100 的和为：5050

3. WHILE-LOOP-END 循环
语法格式：

```
WHILE<条件表达式>              /*测试是否符合循环条件*/
  LOOP
    <循环体>                  /*执行循环体*/
  END LOOP;
```

说明：

首先在 WHILE 部分测试是否符合循环条件，当条件表达式值为 TRUE 时，执行循环体，否则，退出循环体，执行下一条语句。

这种循环结构与前两种的不同，它先测试条件，然后执行循环体，而前两种是先执行了一次循环体，再测试条件，这样，至少执行一次循环体内的语句。

WHILE-LOOP-END 循环语句的执行流程如图 8.6 所示。

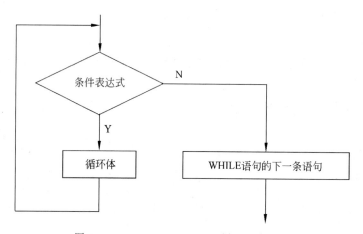

图 8.6　WHILE-LOOP-END 循环的流程图

【例 8.10】　计算 1～100 的奇数和。

代码如下：

```
DECLARE
    v_n NUMBER:=1;                                    --(a)
    v_s NUMBER:=0;
BEGIN
    WHILE v_n<=100                                    --(b)
       LOOP
          IF MOD(v_n, 2)<>0 THEN                      --(c)
             v_s:=v_s+v_n;
          END IF;
          v_n:=v_n+1;
       END LOOP;
    DBMS_OUTPUT.PUT_LINE('1~100 的奇数和为：'||v_s);    --(d)
END;
```

程序分析：

（a）定义循环变量 v_n 的初值为 1，求和变量 v_s 的初值为 0。

(b) 首先在 WHILE 部分测试是否符合循环条件,当 WHILE 循环的条件表达式 v_n<＝100 为真,进行循环,直至 v_n<＝100 为假,退出循环体,执行下一条语句。这种循环结构先测试循环条件,然后执行循环体。

(c) 在循环体中,如果 v_n 的值为奇数,则 v_s 的值累加,否则,v_n 的值加 1。

(d) 输出 1~100 的奇数和。

运行结果:

1~100 的奇数和为: 2500

4. FOR-IN-LOOP-END 循环

语法格式:

```
FOR <循环变量名>IN <变量初值>..<变量终值>        /* 定义跟踪循环的变量 */
    LOOP
      <循环体>                                  /* 执行循环体 */
    END LOOP;
```

说明:

FOR 关键字后指定一个循环变量,IN 确定循环变量的初值和终值,初值和终值之间是两个点"..”。如果循环变量的值小于终值,执行循环体中语句,否则退出循环。每循环一次,循环变量自动增加一个步长的值,直至循环变量的值超过终值,退出循环,执行下循环体后的语句。

【例 8.11】 计算 10 的阶乘。

代码如下:

```
DECLARE
    v_s NUMBER:=1;                            --(a)
BEGIN
    FOR v_n IN 1..10                          --(b)
        LOOP
            v_s:=v_s*v_n;                     --(c)
        END LOOP;
    DBMS_OUTPUT.PUT_LINE('10! ='||v_s);       --(d)
END;
```

程序分析:

(a) 定义求积累乘变量 v_s 的初值为 1。

(b) FOR 关键字后系统自动定义循环变量 v_n,每次循环时,v_n 的值加 1,IN 确定循环变量 v_n 的初值为 1,终值为 10。

(c) 循环开始前 v_s 的值为 1、v_n 的值为 1。

由于 $1!=1\times1,2!=1!\times2,3!=2!\times3,\cdots$,在循环体中:

第 1 次循环累乘后,v_s 的值为 1,v_n 自增为 2,为下一次累乘作准备;

第 2 次循环累乘后,v_s 的值为 2,v_n 自增为 3;

第 3 次循环累乘后,v_s 的值为 6,v_n 自增为 4;

……

直至第 10 次循环求出 10! 的值。

(d) 输出 10 的阶乘。

运行结果：

```
10!=3628800
```

8.4.4　GOTO 语句

GOTO 语句用于实现无条件的跳转，将执行流程转移到标号指定的位置，其语法格式如下。

语法格式：

```
GOTO <标号>
```

GOTO 关键字后面的语句标号必须符合标识符规则。标号的定义形式如下：

```
<<标号>>语句
```

【例 8.12】　计算 1～100 的整数和。
代码如下：

```
DECLARE
    v_n NUMBER:=1;                                      --(a)
    v_s NUMBER:=0;
BEGIN
    <<ls>>                                             --(b)
    v_s:=v_s+v_n;                                      --(c)
    v_n:=v_n+1;
    IF v_n<=100 THEN                                   --(d)
        GOTO ls;
    END IF;
    DBMS_OUTPUT.PUT_LINE('1~100 的整数和为：'|| v_s);      --(e)
END;
```

程序分析：

（a）定义变量 v_n 的初值为 1，求和变量 v_s 的初值为 0。

（b）定义标号为 ls。

（c）v_s 的值第 1 次累加后为 1，累加后，v_n 的值加 1，为下一次累加做准备。

（d）IF 语句的条件表达式 v_n<=100 为真，执行 GOTO 语句跳转到标号处，循环继续执行。当 v_n 大于 100 时，退出循环。

（e）输出 1～100 的和。

运行结果：

```
1~100 的整数和为：5050
```

注意： 由于 GOTO 跳转对于代码的理解和维护都会带来很大的困难，因此尽量不要使用 GOTO 语句。

8.4.5　异常

异常是在 Oracle 数据库中运行时出现的错误，使语句不能正常运行，并可能造成更大的错误甚至导致整个系统崩溃。PL/SQL 提供了异常这一处理错误情况的方法,当 PL/SQL 代码部分在执行过程中,无论何时发生错误,PL/SQL 控制程序都会自动转向执行异常处理部分。

1. 预定义异常

预定义异常是 PL/SQL 已经预先定义好名称异常,例如,出现被 0 除,PL/SQL 就会产生一个预定义的 ZERO_DIVIDE 异常。PL/SQL 常见标准异常如表 8.7 所示。

表 8.7　PL/SQL 常见标准异常

异　　常	说　　明
NO_DATA_FOUND	如果一个 SELECT 语句试图基于其条件检索数据,此异常表示不存在满足条件的数据行
TOO_MANY_ROWS	检测到有多行数据存在
ZERO_DIVIDE	试图被零除
DUP_VAL_ON_INDEX	如果某索引中已有某键列值,若还要在该索引中创建该键码值的索引项时,出现此异常
VALUE_ERROR	指定目标域的长度小于待放入其中的数据的长度
CASE_NOT_FOUND	在 CASE 语句中发现不匹配的 WHEN 语句

异常处理代码在 EXCEPTION 部分实现,当遇到预先定义的错误时,错误被相应的WHEN-THEN 语句捕捉,THEN 后的语句代码将执行,对错误进行处理。

【例 8.13】　处理 ZERO_DIVIDE 异常。

代码如下:

```
DECLARE
    v_zero NUMBER:=0;                --(a)
    v_result NUMBER;
BEGIN
    v_result:=100/v_zero;            --(b)
    EXCEPTION                        --(c)
        WHEN ZERO_DIVIDE THEN
            DBMS_OUTPUT.PUT_LINE('除数为 0 异常');
END;
```

程序分析:

(a) 定义变量 v_zero 的初值为 0,定义变量 v_result。

(b) 产生异常,100 除以 v_zero,即 100/0,产生预定义的 ZERO_DIVIDE 异常。

(c) 异常处理部分,当遇到除数为零的错误时,错误被相应的 WHEN-THEN 语句捕捉,THEN 后的语句代码将被执行,输出"除数为 0 异常"。

运行结果:

除数为 0 异常

2. 用户定义异常

用户可以通过自定义异常来处理错误的发生,按以下 3 个步骤进行。

(1) 声明异常。

在 PL/SQL 语句块的 DECLARE 部分,定义一个 EXCEPTION 变量。

语法格式:

```
exception_name EXCEPTION;
```

(2) 抛出异常。

在 PL/SQL 语句块的 BEGIN 部分,使用 RAISE 语句抛出用户定义异常。

语法格式:

```
RAISE exception_name;
```

(3) 异常处理。

在 PL/SQL 语句块的 EXCEPTION 部分,使用 WHEN-THEN 语句进行异常处理。

语法格式:

```
WHEN exception1 THEN
    statement1;
WHEN exception2 THEN
    Statement2;
    ...
WHEN OTHERS THEN
    statement3;
END;
```

每个异常处理都由 WHEN-THEN 语句和其后的代码执行。

【例 8.14】 对超出允许的学生数进行异常处理。

代码如下:

```
DECLARE
    e_overnum EXCEPTION;              --(a)
    v_num NUMBER;
    max_num NUMBER:=5;
BEGIN
    SELECT COUNT(*) INTO v_num       --(b)
    FROM student;
    IF max_num<v_num THEN            --(c)
        RAISE e_overnum;
    END IF;
    EXCEPTION                        --(d)
        WHEN e_overnum THEN
            DBMS_OUTPUT.PUT_LINE('现在学生数是: ' || v_num||'  而最大允许数是: '
||max_num);
```

```
END;
```

该语句使用 RAISE 语句抛出用户定义异常,对超出允许的学生数进行异常处理。

程序分析:

(a) 定义异常处理变量 e_overnum,定义学生数变量 v_num,定义最大允许学生数变量 max_num 初值为 5。

(b) 查询 student 表的学生人数,将查询结果存入变量 v_num。

(c) 当 IF 语句条件表达式 max_num<v_num 成立,使用 RAISE 语句调用异常。

(d) 异常处理部分,错误被相应的 WHEN-THEN 语句捕捉,THEN 后的语句代码将被执行,输出现在学生数、最大允许数。

运行结果:

现在学生数是:6　而最大允许数是:5

8.5　系统内置函数

Oracle 提供了丰富的系统内置函数,常用的系统内置函数有数学函数、字符串函数、日期函数和统计函数。

8.5.1　数学函数

数学函数用于对数字表达式进行数学运算并返回运算结果,常用的数学函数如表 8.8 所示。

表 8.8　数学函数表

函　　数	描　　述
ABS(<数值>)	返回参数数值的绝对值
CEIL(<数值>)	返回大于或等于参数数值的最接近的整数
COS(<数值>)	返回参数数值的余弦值
FLOOR(<数值>)	返回等于或小于参数的最大的整数
MOD(<被除数>,<除数>)	返回两数相除的余数。如果除数等于 0,则返回被除数
POWER(<数值>,n)	返回指定数值的 n 次幂
ROUND(<数值>,n)	结果近似到数值小数点右侧的 n 位
SIGN(<数值>)	返回一个数值,指出参数数值是正还是负。如果大于 0,则返回 1;如果小于 0,则返回 -1;如果等于 0,则返回 0
SQRT(<数值>)	返回参数数值的平方根
TRUNC(<数值>,n)	返回舍入到指定的 n 位的参数数值。如果 n 为正,则截取到小数右侧的该数值处;如果 n 为负,则截取到小数点左侧的该数值处;如果没有指定 n 就假定为 0,则截取到小数点处

下面举例说明 ROUND 函数的使用。

语法格式：

```
ROUND(<数值>,n)
```

求一个数值的近似值,四舍五入到小数点右侧的 n 位。

【例 8.15】 使用 ROUND 函数求近似值。

(1) 求一个数值的近似值,四舍五入到小数点右侧的 2 位。

```
SELECT ROUND(7.3826,2) FROM dual;
```

该语句采用了 ROUND 函数求 7.3826 的近似值,四舍五入到小数点右侧的 2 位。

运行结果：

```
ROUND(7.3826,2)
----------------
           7.38
```

(2) 求一个数值的近似值,四舍五入到小数点右侧的 3 位。

```
SELECT ROUND(7.3826,3) FROM dual;
```

该语句采用了 ROUND 函数求 7.3826 的近似值,四舍五入到小数点右侧的 3 位。

运行结果：

```
ROUND(7.3826,3)
----------------
          7.383
```

注意：Oracle 数据库中的 dual 表是一个虚拟表,它有一行一列,可用这个表来选择系统变量或求一个表达式的值,而不能向这个表中插入数据。

8.5.2　字符串函数

字符串函数用于对字符串进行处理,常用的字符串函数如表 8.9 所示。

表 8.9　字符串函数表

函　　数	描　　述
LENGTH(<值>)	返回字符串、数字或表达式的长度
LOWER(<字符串>)	把给定字符串中的字符变成小写
UPPER(<字符串>)	把给定字符串中的字符变成大写
LPAD(<字符串>,<长度>[,<填充字符串>])	在字符串左侧使用指定的填充字符串填充该字符串,直到达到指定的长度,若未指定填充字符串,则默认为空格
RPAD(<字符串>,<长度>[,<填充字符串>])	在字符串右侧使用指定的填充字符串填充该字符串,直到达到指定的长度,若未指定填充字符串,则默认为空格

函　　数	描　　述
LTRIM(<字符串>,[,<匹配字符串>])	从字符串左侧删除匹配字符串中出现的任何字符,直到匹配字符串中没有字符为止
RTRIM(<字符串>,[,<匹配字符串>])	从字符串右侧删除匹配字符串中出现的任何字符,直到匹配字符串中没有字符为止
<字符串 1>‖<字符串 2>	合并两个字符串
INITCAP(<字符串>)	将每个字符串的首字母大写
INSTR(<源字符串>,<目标字符串> [,<起始位置>[,<匹配次数>]])	判断目标字符串是否存在于源字符串,并根据匹配次数显示目标字符串的位置,返回数值
REPLACE(<源字符串>,<目标字符串>,<替代字符串>)	在源字符串中查找目标字符串,并用替代字符串来替换所有的目标字符串
SOUNDEX(<字符串>)	查找与字符串发音相似的单词,该单词的首字母要与字符串的首字母相同
SUBSTR(<字符串>,<截取开始位置>,<截取长度>)	从字符串中截取从指定开始位置起的指定长度的字符

1. LPAD 函数

LPAD 函数用于返回字符串中从左边开始指定个数的字符,在字符串左侧使用指定的填充字符串填充该字符串,直到达到指定的长度,若未指定填充字符串,则默认为空格。

语法格式:

```
LPAD(<字符串>,<长度>[,<填充字符串>])
```

【例 8.16】 返回学院名最左边的 2 个字符。

代码如下:

```
SELECT DISTINCT LPAD(school,4)
    FROM teacher;
```

运行结果:

```
LPAD
------
通信
数学
外国
计算
```

2. LENGTH 函数

LENGTH 函数用于返回参数值的长度,返回值为整数。参数值可以是字符串、数字或者表达式。

语法格式:

```
LENGTH(<值>)
```

【例 8.17】 查询字符串"计算机网络"的长度。

该例采用了 LENGTH 函数求"计算机网络"的长度，代码如下：

```
SELECT LENGTH('计算机网络') FROM dual;
```

运行结果：

```
LENGTH('计算机网络')
--------------------
                   5
```

3. REPLACE 函数

REPLACE 函数用第三个字符串表达式替换第一个字符串表达式中包含的第二个字符串表达式，并返回替换后的表达式。

语法格式：

```
Replace(<源字符串>,<目标字符串>,<替代字符串>)
```

【例 8.18】 将"数据库原理"中的"原理"替换为"技术"。

该例采用了 REPLACE 函数实现字符串的替换，代码如下：

```
SELECT REPLACE('数据库原理','原理','技术') FROM dual;
```

运行结果：

```
REPLACE
--------------
数据库技术
```

4. SUBSTR 函数

SUBSTR 函数用于返回截取的字符串。

语法格式：

```
SUBSTR (<字符串>,<截取开始位置>,<截取长度>)
```

【例 8.19】 在一列中返回学生表中的姓，在另一列中返回表中学生的名。

该例采用了 SUBSTRING 函数分别求"姓名"字符串中的子串"姓"和子串"名"，代码如下：

```
SELECT SUBSTR(sname,1,1) AS 姓, SUBSTR(sname,2,LENGTH(sname)-1) AS 名
    FROM student
    ORDER BY sid;
```

运行结果：

```
姓   名
----- -------
```

何　德明
王　丽
田　桂芳
周　思远
许　月琴
孙　俊松

8.5.3　日期函数

日期函数用于处理 DATE 和 TIMSTAMP 日期数据类型，常用的日期函数如表 8.10 所示。

表 8.10　日期函数表

函　　　数	描　　　述
ADD_MONTHS(＜日期值＞,＜月份数＞)	把一些月份加到日期上,并返回结果
LAST_DAY(＜日期值＞)	返回指定日期所在月份的最后一天
MONTHS_BETWEEN(＜日期值 1＞,＜日期值 2＞)	返回日期值 1 减去日期值 2 得到的月数
NEW_TIME(＜当前日期＞,＜当前时区＞,＜指定时区＞)	根据当前日期和当前时区,返回在指定时区中的日期。其中当前时区和指定时区的值为时区的三个字母缩写
NEXT_DAY(＜日期值＞, 'day')	给出指定日期后的 day 所在的日期;day 是全拼的星期名称
ROUND(＜日期值＞, 'format')	把日期值四舍五入到由 format 指定的格式
TO_CHAR(＜日期值＞, 'format')	将日期型数据转换成以 format 指定形式的字符型数据
TO_DATE(＜字符串＞, 'format')	将字符串转换成以 format 指定形式的日期型数据型返回
TRUNC(＜日期值＞, 'format')	把任何日期的时间设置为 00:00:00
SYSDATE	返回当前系统日期

1. SYSDATE 函数

SYSDATE 函数用于返回当前系统日期。

【例 8.20】　SYSDATE 函数举例。

（1）显示当前系统日期：

```
SELECT SYSDATE
    FROM dual;
```

该语句采用了 SYSDATE 函数显示当前系统日期。

运行结果：

```
SYSDATE
--------------
2023-02-27
```

（2）计算教师汤俊才从出生日期起到现在为止的天数：

```
SELECT SYSDATE-tbirthday
    FROM teacher
    WHERE tname='汤俊才';
```

该语句采用了两个日期相减，得到两个日期之间相差的天数。

运行结果：

```
SYSDATE-TBIRTHDAY
--------------------
     15955.6348
```

注意：日期可以减去另一个日期，得到两个日期之间相差的天数，但日期不能加另外一个日期。日期可以加减一个数字得到一个新的日期，但日期不支持乘除运算。

2. MONTHS_BETWEEN 函数

MONTHS_BETWEEN 函数用于取得两个日期之间相差的月份。

语法格式：

```
MONTHS_BETWEEN(<日期值1>,<日期值2>)
```

返回日期值 1 减去日期值 2 得到的月份。

【例 8.21】 计算教师汤俊才从出生日期起到现在为止的月份数。

代码如下：

```
SELECT MONTHS_BETWEEN(SYSDATE,tbirthday)
    FROM teacher
    WHERE tname='汤俊才';
```

该语句通过 MONTHS_BETWEEN 函数获取当前系统日期和出生日期之间的月份数。

运行结果：

```
MONTHS_BETWEEN(SYSDATE,TBIRTHDAY)
------------------------------------
                 524.149615
```

8.5.4 统计函数

统计函数用于处理数值型数据，常用的统计函数如表 8.11 所示。

表 8.11 统计函数表

函　　数	描　　述
AVG([distinct]<列名>)	计算列名中所有值的平均值，若使用 distinct 选项则只使用不同的非空数值

续表

函　　数	描　　述
COUNT([distinct]<值表达式>)	统计选择行的数目,并忽略参数值中的空值。若使用 distinct 选项则只统计不同的非空数值,参数值可以是字段名也可以是表达式
MAX(<value>)	从选定的 value 中选取数值/字符的最大值,忽略空值
MIN(<value>)	从选定的 value 中选取数值/字符的最小值,忽略空值
STDDEV(<value>)	返回所选择的 value 的标准偏差
SUM(<value>)	返回 value 的和,value 可以是字段名也可以是表达式
VARIANCE([distinct] <value>)	返回所选行的所有数值的方差,忽略 value 的空值

8.6　游　　标

由 SELECT 语句返回的完整行集称为结果集,使用 SELECT 语句进行查询时可以得到这个结果集,但有时用户需要对结果集中的某一行或部分行进行单独处理,这在 SELECT 的结果集中无法实现,游标(Cursor)就是提供这种机制的对结果集的一种扩展,PL/SQL 通过游标可对结果集进行逐行处理。

游标包括以下两部分的内容。

- 游标结果集:定义游标的 SELECT 语句返回的结果集的集合。
- 游标当前行指针:指向该结果集中某一行的指针。

游标具有下列优点。

- 允许定位在结果集的特定行。
- 从结果集的当前位置检索一行或一部分行。
- 支持对结果集中当前位置的行进行数据修改。
- 为由其他用户对显示在结果集中的数据库数据所做的更改,提供不同级别的可见性支持。

游标包括显式游标(Explicit Cursor)和隐式游标(Implicit Cursor),显式游标的操作要遵循声明游标、打开游标、读取数据和关闭游标等步骤,而使用隐式游标不需执行以上步骤,只需让 PL/SQL 处理游标并简单地编写 SELECT 语句。

8.6.1　显式游标

使用显式游标遵循的操作步骤为:首先要声明游标(Declare Cursor),使用前要打开游标(Open Cursor),然后读取(Fetch)数据,使用完毕要关闭游标(Close Cursor)。

1. 声明游标

声明游标需要定义游标名称和 SELECT 语句。

语法格式:

```
DECLARE
```

　　学号：221004　　姓名：田桂芳　　　总学分：52

4. 关闭游标

游标使用完以后，应该及时关闭，它将释放结果集所占的内存空间。

语法格式：

```
CLOSE <游标名>;
```

例如，关闭上例中的游标：

```
CLOSE C_Student3
```

　　为了取出结果集中所有数据，可以借助循环语句从显式游标中每次只取出一行数据，循环多次，直至取出结果集中所有的数据。

　　由于不知道结果集中有多少条记录，为了确定游标是否已经移到了最后一条记录，可以通过游标属性来实现，常见游标属性有％ISOPEN、％FOUND、％NOTFOUND、％ROWCOUNT，如表 8.12 所示。

表 8.12　游标属性

属　　　性	类　　　型	描　　　述
％ISOPEN	BOOLEAN	如果游标为打开状态，则为 TRUE
％FOUND	BOOLEAN	如果能找到记录，则为 TRUE
％NOTFOUND	BOOLEAN	如果找不到记录，则为 TRUE
％ROWCOUNT	NUMBER	已经提取数据的总行数，也可理解为当前行的序列号

　　调用以上游标属性时，可以使用显式游标的名称作为属性前缀。在例 8.23 中，判断游标 C_Student3 是否还能找到记录，使用 C_Student3％FOUND 来判断。

提示

　　通常 WHILE 循环与％FOUND 属性配合使用，LOOP 循环与％NOTFOUND 属性配合使用。

　　在使用显式游标时，必须编写以下 4 部分代码。

　　（1）声明游标：在 PL/SQL 块的 DECLARE 段中声明游标。

　　（2）打开游标：在 PL/SQL 块中初始 BEGIN 后打开游标。

　　（3）读取数据：在 FETCH 语句中，取游标到一个或多个变量中，接收变量的数目必须与游标的 SELECT 列表中的表列数目一致。

　　（4）关闭游标：使用完毕要关闭游标。

8.6.2　隐式游标

　　如果在 PL/SQL 程序段中使用 SELECT 语句进行操作，PL/SQL 会隐含地使用游标，称为隐式游标，这种游标不需要像显式游标那样声明、打开和关闭游标，举例如下。

　　【例 8.24】　使用隐式游标，输出当前行计算机专业的学生情况。

代码如下：

```
DECLARE
    v_sid char(6);                                      --(a)
    v_sname char(12);
    v_tc number;
BEGIN
    SELECT sid,sname,tc INTO v_sid, v_sname,v_tc        --(b)
        FROM student
        WHERE speciality='计算机' AND ROWNUM=1;
    DBMS_OUTPUT.PUT_LINE('学号：'||v_sid||'  姓名：'||v_sname||'总学分：'||TO_char
(v_tc));                                                 --(c)
END;
```

该语句使用隐式游标并限定行数为 1，输出了当前行计算机专业的学生情况。

程序分析：

（a）定义变量 v_sid、变量 v_sname、变量 v_tc。

（b）隐式游标必须使用 INTO 子句，此处使用 SELECT…INTO 语句将查询结果存放到指定的变量 v_sid、v_sname、v_tc 中，并使用 ROWNUM=1 限定行数为 1。

（c）输出当前行计算机专业学生的学号、姓名、总学分。

运行结果：

学号：221001　姓名：何德明　　　总学分：52

使用隐式游标注意如下。

（1）隐式游标必须使用 INTO 子句。

（2）各个变量的数据类型要与表的对应列的数据类型一致。

（3）隐式游标一次只能返回一行数据，使用时必须检查异常，常见的异常有 NO_DATA_FOUND 和 TOO_MANY_ROWS。

显式游标与隐式游标相比，具有以下两种有效性。

- 显式游标可以通过检查游标属性"%FOUND"或"%NOTFOUND"确认显式游标的使用成功或失败。
- 显式游标是在 DECLARE 段中由用户定义的，因此 PL/SQL 块的结构化程度更高（定义和使用分离）。

8.6.3　游标 FOR 循环

在使用游标 FOR 循环时，不需要打开游标、读取数据和关闭游标。游标 FOR 循环开始时，游标被自动打开；每循环一次，系统将自动读取下一行游标数据；当循环结束时，游标被自动关闭。

使用游标的 FOR 循环可以简化游标的控制，减少代码的数量。

语法格式：

```
FOR <记录变量名>IN <游标名>[(<参数 1>[,<参数 2>]…)] LOOP
```

```
        语句段
END LOOP;
```

说明：

- 记录变量名：FOR 循环隐含声明的记录变量，其结构与游标查询语句返回的结果集相同。
- 游标名：必须是已经声明的游标。
- 参数：应用程序传递给游标的参数。

【例 8.25】 使用游标 FOR 循环列出 201836 班学生成绩。

代码如下：

```
DECLARE
    v_sname char(12);              --(a)
    v_cname char(15);
    v_grade number;
    CURSOR F_Grade                 --(b)
    IS
    SELECT sname,cname,grade
        FROM student a,course b,score c
        WHERE a.sid=c.sid AND b.cid=c.cid AND speciality='通信'
        ORDER BY sname;
BEGIN
    FOR v_rec IN F_Grade LOOP      --(c)
        v_sname:=v_rec.sname;
        v_cname:=v_rec.cname;
        v_grade:=v_rec.grade;
        DBMS_OUTPUT.PUT_LINE('姓名：'||v_sname||'课程名：'||v_cname||'成绩：'||TO_
char(v_grade));                    --(d)
    END LOOP;
END;
```

程序分析：

（a）定义变量 v_sname、变量 v_cname、变量 v_grade。

（b）声明游标 F_Grade。

（c）设置游标 FOR 循环，FOR 关键字后面为记录变量名 v_rec，其结构与游标查询语句返回的结果集相同，IN 关键字后面为游标 F_Grade。

（d）输出学生的姓名、课程名、成绩。

运行结果：

```
姓名：周思远      课程名：英语        成绩：82
姓名：周思远      课程名：高等数学    成绩：86
姓名：周思远      课程名：数字电路    成绩：92
姓名：孙俊松      课程名：英语        成绩：91
姓名：孙俊松      课程名：高等数学    成绩：93
```

姓名：孙俊松	课程名：数字电路	成绩：89
姓名：许月琴	课程名：高等数学	成绩：
姓名：许月琴	课程名：英语	成绩：75
姓名：许月琴	课程名：数字电路	成绩：78

8.6.4　游标变量

游标变量被用于处理多行的查询结果集，可以在运行时与不同的 SQL 语句关联，是动态的。前节介绍的游标都是与一个 SQL 语句相关联，并且在编译该块的时候此语句已经是可知的且是静态的。游标变量不同于特定的查询绑定，而是在打开游标时才确定所对应的查询。因此，游标变量可以依次对应多个查询。

游标变量是 REF 类型的变量，类似于高级语言中的指针。

使用游标变量之前，必须先声明，然后在运行时必须为其分配存储空间。

1. 声明游标变量

游标变量是一种引用类型，首先要定义引用类型的名字，然后为其分配相应的存储单元。

语法格式：

```
TYPE <REF CURSOR 类型名>
  IS
  REF CURSOR [RETURN <返回类型>];
```

说明：

- <REF CURSOR 类型名>：定义的引用类型的名字。
- [RETURN <返回类型>]：返回类型表示一个记录或者是数据库表的一行，强 REF CURSOR 类型有返回类型，弱 REF CURSOR 类型没有返回类型。

例如，声明游标变量 refcurStud。

```
DECLARE
TYPE refcurStud
  IS
  REF CURSOR RETURN student%ROWTYPE;
```

又如，声明游标变量 refcurGrade，其返回类型是记录类型。

```
DECLARE
  TYPE cou IS RECORD(
    cnum number(4),
    cname char(16),
    cgrade number(4,2));
  TYPE refcurGrade IS REF CURSOR RETURN cou;
```

此外，还可以声明游标变量作为函数和过程的参数。

```
DECLARE
  TYPE refC_Student IS REF CURSOR RETURN student%ROWTYPE;
```

```
PRCEDURE spStudent(rs IN OUT refC_Student) IS …
```

2. 使用游标变量

使用游标变量,首先使用 OPEN 语句打开游标变量,然后使用 FETCH 语句从结果集中提取行,当所有行处理完毕时,使用 CLOSE 语句关闭游标变量。

OPEN 语句与多行查询的游标相关联,它执行查询,标志结果集。

语法格式:

```
OPEN {<弱游标变量名>|:<强游标变量名>}
    FOR
    <SELECT 语句>
```

例如,要打开游标变量 refcurStudent,使用如下语句:

```
IF NOT refcurStudent t%ISOPEN THEN
  OPEN refcurStudent FOR SELECT * FROM student;
END IF;
```

游标变量同样可以使用游标属性%ISOPFN、%FOUND、%NOTFOUND、%ROWCOUNT。

8.7 综合应用

本章重点讲解了 PL/SQL 程序块、条件结构、循环结构和游标等内容。为进一步掌握循环结构和异常处理等编程技术,下面结合阶乘的累加和输出九九乘法表等应用问题介绍例 8.26、例 8.27,结合指定学号和课程号查询学生成绩问题介绍例 8.28,结合使用游标计算学生的成绩等级应用问题介绍例 8.29。

【**例 8.26**】 计算 $1!+2!+3!+\cdots+10!$ 的值。

```
DECLARE
    v_m NUMBER:=1;                                          --(a)
    v_s NUMBER:=0;
BEGIN
    FOR v_i IN 1..10                                        --(b)
        LOOP
            v_m:=v_m * v_i;                                 --(c)
            v_s:=v_s+v_m;
    END LOOP;
    DBMS_OUTPUT.PUT_LINE('1!+2!+3!+…+10!='||v_s);           --(d)
END;
```

程序分析:

(a) 定义求积累乘变量 v_m 的初值为 1,求和累加变量 v_s 的初值为 0。

(b) FOR 关键字后系统自动定义循环变量 v_i,每次循环时,v_i 的值加 1;IN 确定循环变量 v_i 的初值为 1、终值为 10。

(c) 在循环体中,使用循环,首先累乘计算各个阶乘项,再累加求和。

该语句采用 FOR-IN-LOOP-END 循环,共循环 10 次,每次循环,先用 v_m 计算阶乘,再用 v_s 计算各项累加。

(d) 输出 1!+2!+3!+…+10!的值。

运行结果:

```
1!+2!+3!+…+10!=4037913
```

【例 8.27】 打印输出九九乘法表。

```
DECLARE
  v_i NUMBER:=1;                                              --(a)
  v_j NUMBER:=1;
BEGIN
  WHILE v_i<=9                                                --(b)
    LOOP
      v_j:=1;
      WHILE v_j<=v_i                                          --(c)
        LOOP
            DBMS_OUTPUT.PUT(v_i||' * '||v_j||'='||v_i * v_j||' ');   --(d)
            v_j:=v_j+1;
        END LOOP;
      DBMS_OUTPUT.PUT_LINE('');                               --(e)
      v_i:=v_i+1;
    END LOOP;
END;
```

程序分析:

(a) 定义被乘数变量 v_i 的初值为 1,乘数变量 v_j 的初值为 1。

(b) 采用二重循环输出九九乘法表,外循环使用 WHILE 条件表达式 v_i≤9 循环 9 次,限定内循环次数。

(c) 内循环使用 WHILE 条件表达式 v_j≤v_i 限定输出乘积等式项的个数。

(d) 内循环输出当前行的各个乘积等式项时,留有 1 个空字符间距。

(e) 外循环使用 DBMS_OUTPUT.PUT_LINE(")语句待每次内循环结束后换行,共换 9 行。

运行结果:

```
1*1=1
2*1=2   2*2=4
3*1=3   3*2=6    3*3=9
4*1=4   4*2=8    4*3=12   4*4=16
5*1=5   5*2=10   5*3=15   5*4=20   5*5=25
6*1=6   6*2=12   6*3=18   6*4=24   6*5=30   6*6=36
7*1=7   7*2=14   7*3=21   7*4=28   7*5=35   7*6=42   7*7=49
8*1=8   8*2=16   8*3=24   8*4=32   8*5=40   8*6=48   8*7=56   8*8=64
9*1=9   9*2=18   9*3=27   9*4=36   9*5=45   9*6=54   9*7=63   9*8=72   9*9=81
```

【例 8.28】 指定学号和课程号查询学生成绩时，有成绩为负数或超过 100 分、返回多行记录、没有满足条件的记录和情况不明等错误发生，试编写程序对以上异常情况进行处理。

```
DECLARE
    s_grade EXCEPTION;                                          --(a)
    v_gd NUMBER;
BEGIN
    SELECT grade INTO v_gd                                      --(b)
    FROM score
    WHERE sid='191002' AND cid='4006';
    IF v_gd<0 OR v_gd>100 THEN                                  --(c)
        RAISE s_grade;
    END IF;
    DBMS_OUTPUT.PUT('学号为 191002 的学生选修课程号为 4006 课程的成绩:'||v_gd); --(d)
    EXCEPTION                                                   --(e)
        WHEN s_grade THEN
            DBMS_OUTPUT.PUT_LINE('成绩为负数或超过 100 分!');
        WHEN TOO_MANY_ROWS THEN
            DBMS_OUTPUT.PUT_LINE('对应记录过多!');
        WHEN NO_DATA_FOUND THEN
            DBMS_OUTPUT.PUT_LINE('没有对应记录!');
        WHEN OTHERS THEN
            DBMS_OUTPUT.PUT_LINE('错误情况不明!');
END;
```

程序分析：

（a）定义异常处理变量 s_grade，学生成绩变量 v_gd。

（b）将查询出的 grade 值赋值给变量 v_gd。

（c）当成绩为负数或超过 100 分时，使用 RAISE 语句抛出用户定义异常。

（d）当成绩为 0～100 分时，输出 v_gd 的值。

（e）在异常处理部分：当成绩为负数或超过 100 分时，异常处理为屏幕输出"成绩为负数或超过 100 分!"，当返回多行记录时，异常处理为屏幕输出"对应记录过多!"，当没有满足条件的记录时，异常处理为屏幕输出"没有对应记录!"，当情况不明时，异常处理为屏幕输出"错误情况不明!"。在本例查询条件中，由于 score 表的 cid 列值无"4006"，抛出异常后的异常处理为屏幕输出"没有对应记录!"。

运行结果：

没有对应记录!

【例 8.29】 新建 sco 表，表结构与数据和原有的 score 表相同，在 sco 表上增加成绩等级一列：gd char(1) NULL，使用游标 curLevel 计算学生的成绩等级，并更新 sco 表。

```
DECLARE
    v_deg number;                                              --(a)
    v_lev char(1);
```

```
        CURSOR C_Level                                      --(b)
        IS
        SELECT grade FROM sco WHERE grade IS NOT NULL FOR UPDATE;
BEGIN
        OPEN C_Level;                                       --(b.1)
        FETCH C_Level INTO v_deg;                           --(b.2)
        WHILE C_Level%FOUND LOOP                            --(b.3)
            CASE                                            --(b.3.1)
                WHEN v_deg>=90 THEN v_lev:='A';
                WHEN v_deg>=80 THEN v_lev:='B';
                WHEN v_deg>=70 THEN v_lev:='C';
                WHEN v_deg>=60 THEN v_lev:='D';
                WHEN v_deg>=0 AND v_deg<=60 THEN v_lev:='E';
                ELSE v_lev:='Nothing';
            END CASE;
            UPDATE sco                                      --(b.3.2)
                SET gd=v_lev
                WHERE CURRENT OF C_Level;
            FETCH C_Level INTO v_deg;                       --(b.3.3)
        END LOOP;
        CLOSE C_Level;                                      --(b.4)
END;
```

程序分析：

（a）定义成绩分数变量 v_deg，成绩等级变量为 v_lev。

（b）声明游标 C_Level，由 SELECT 语句查询产生与游标 C_Level 相关联的成绩分数结果集，加行共享锁。

（b.1）打开游标 C_Level。

（b.2）将读取游标结果集的数据存放到变量 v_deg 中。

（b.3）设置 WHILE 循环，如果当前游标指向有效的一行，则进行循环；否则退出循环。

（b.3.1）使用搜索型 CASE 语句将成绩分数变量 v_deg 的范围转换为成绩等级变量 v_lev 的值。

（b.3.2）使用 UPDATE 语句将 sco 表 gd 列的值更新为变量 v_lev 的值。

（b.3.3）在循环体中每一行，将读取游标结果集的数据存放到变量 v_deg 中。

（b.4）关闭游标 C_Level。

对更新后的 sco 表进行查询：

```
SELECT * FROM sco;
```

运行结果：

```
SID     CID     GRADE   GD
------  ------  ------  -----
221001  1004        94  A
221002  1004        86  B
```

221004	1004	90	A
221001	1201	93	A
221002	1201	76	C
221004	1201	92	A
224001	1201	82	B
224002	1201	75	C
224003	1201	91	A
224001	4002	92	A
224002	4002	78	C
224003	4002	89	B
221001	8001	91	A
221002	8001	87	B
221004	8001	85	B
224001	8001	86	B
224002	8001		
224003	8001	93	A

8.8　小　　结

本章主要介绍了以下内容。

（1）PL/SQL 将 SQL 的数据操纵功能与过程化语言数据处理功能结合起来，成为一种高级程序设计语言，PL/SQL 是一种结构化程序设计语言，PL/SQL 程序的基本单位是块，PL/SQL 程序块是程序中最基本的结构，一个 PL/SQL 程序块由三部分组成：声明部分、执行部分和异常处理部分。

（2）变量和常量都用于存储数据，但变量的值可以根据程序运行的需要随时改变，而常量的值在程序运行中是不能改变的。在 PL/SQL 中常用的运算符有：算术运算符、关系运算符和逻辑运算符。

（3）PL/SQL 的基本逻辑结构包括顺序结构、条件结构和循环结构。PL/SQL 主要通过条件语句和循环语句来控制程序执行的逻辑顺序，控制结构是程序设计语言的核心。

条件结构有 3 种：IF-THEN 结构、IF-THEN-ELSE 结构和 IF-THEN-ELSIF-THEN-ELSE 结构。CASE 语句描述了多分支语句结构，它包括简单 CASE 语句和搜索 CASE 语句。

循环结构有 LOOP-EXIT-END 循环、LOOP-EXIT-WHEN-END 循环、WHILE-LOOP-END 循环和 FOR-IN-LOOP-END 循环。

PL/SQL 提供了异常这一处理错误情况的方法，异常有预定义异常和用户自定义异常。

（4）Oracle 提供了丰富的系统内置函数，常用的系统内置函数有数学函数、字符串函数、日期函数和统计函数。

（5）游标提供了对结果集进行逐行处理的能力，它包括以下两部分的内容：游标结果集和游标当前行指针。

显式游标的操作要遵循声明游标、打开游标、读取数据和关闭游标等步骤。使用隐式游标不需执行以上步骤，隐式游标必须使用 INTO 子句，一次只能返回一行数据。使用游标的 FOR 循环可以简化游标的控制,减少代码的数量。游标变量被用于处理多行的查询结果集,可以在运行时与不同的 SQL 语句关联,是动态的。

习 题 8

一、选择题

1. 在循环体中,退出循环的关键字是_____。

　A. BREAK　　　　　B. EXIT　　　　　C. UNLOAD　　　　D. GO

2. 执行以下 PL/SQL 语句:

```
DECLARE
  v_low NUMBER:=4;
  v_high NUMBER:=4;
BEGIN
  FOR i IN v_low..v_high LOOP
  END LOOP;
END;
```

执行完后循环次数是_____。

　A. 0　　　　　　　B. 1 次　　　　　C. 4 次　　　　　D. 8 次

3. 执行以下 PL/SQL 语句:

```
DECLARE
  v_value NUMBER:=250;
  v_newvalue NUMBER;
BEGIN
  IF v_value>100 THEN
    v_newvalue:=v_value * 2;
  END IF;
  IF v_value>200 THEN
    v_newvalue:=v_value * 3;
  END IF;
  IF v_value>300 THEN
    v_newvalue:=v_value * 4;
  END IF;
  DBMS_OUTPUT.PUT_LINE(v_newvalue);
END;
```

执行结果 v_newvalue 的值是_____。

　A. 250　　　　　　B. 500　　　　　C. 750　　　　　D. 1000

4. 执行以下语句后,v_x 的值是_____。

```
DECLARE
  v_x NUMBER:=0;
BEGIN
```

```
FOR i IN 1..15 LOOP
  v_x:=1;
END LOOP;
END;
```

    A. 0   B. 1   C. 15   D. NULL

5. 执行语句"SELECT POWER(2,3) FROM DUAL;",查询结果是_____。

    A. 9   B. 6   C. 8   D. 以上都不对

6. 在 SELECT-INTO 语句中,可能出现的异常是_____。

    A. CURSOR_ALREDAY_OPEN   B. NO_DATA_FOUND

    C. ACCESS_INTO+NULL   D. COLLECTION_IS _NULL

7. 执行以下 PL/SQL 语句:

```
DECLARE
  v_rows number(2);
BEGIN
  DELETE FROM table_name WHERE col_name IN (X,Y,Z);
  v_rows:=SQL%ROWCOUNT
END;
```

如果行没有被删除,那么 v_rows 的值是_____。

    A. NULL   B. 3   C. FALSE   D. 0

8. 下面_____属性可以用来检查 FETCH 操作是否成功。

    A. %ISOPFN   B. %FOUND

    C. %NOTFOUND   D. %ROWCOUNT

二、填空题

1. PL/SQL 将 SQL 的数据操纵功能与_____数据处理功能结合起来,成为一种高级程序设计语言。

2. PL/SQL 程序的基本单位是_____。

3. PL/SQL 的基本逻辑结构包括顺序结构、条件结构和_____。

4. _____语句可将 SQL 语言查询结果存入变量。

5. 异常处理代码在_____部分实现。

6. 打开游标的语句是_____。

三、问答题

1. PL/SQL 控制语句有哪些? 各有何功能?

2. 条件结构有哪几种? 其功能有何不同?

3. 循环结构有哪几种? 各有何特点?

4. 比较 IF 语句和 CASE 语句的异同。

5. 比较简单 CASE 语句和搜索 CASE 语句的相同点和不同点。

6. 什么是异常? 当遇到预先定义的错误时,怎样对错误进行处理?

7. 什么是系统内置函数? 常用的系统内置函数有哪几种?

8. 简述游标的概念和显式游标处理步骤。

9. 什么是显式游标？什么是隐式游标？试比较显式游标和隐式游标的异同。

10. 什么是游标 FOR 循环？什么是游标变量？

四、应用题

1. 计算 1～100 的偶数和。

2. 编写一个程序，输出罗晓伟老师所讲课程的平均分。

3. 打印 1～100 各个整数的平方，每 10 个打印一行。

4. 求学生年龄。

5. 查询每个学生的平均分，保留整数，丢弃小数部分。

6. 采用游标方式输出各专业各课程的平均分。

第 9 章

存储过程和函数

本章要点
- 存储过程
- 存储过程的创建和调用
- 存储过程的删除
- 存储过程的参数
- 函数
- 函数的创建和调用
- 函数的删除

 存储过程是一种命名 PL/SQL 程序块,是一组完成特定功能的 PL/SQL 语句集合,预编译后放在数据库服务器端,用户通过指定存储过程的名称进行调用,它可以没有参数,也可以有若干个输入参数、输出参数或输入输出参数。函数也是一种命名 PL/SQL 程序块,具有特定的功能并能返回处理结果。

9.1 存储过程概述

 存储过程(Stored Procedure)是一种命名 PL/SQL 程序块,它将一些相关的 SQL 语句、流程控制语句组合在一起,用于执行某些特定的操作或者任务。将经常需要执行的特定的操作写成过程,通过过程名,就可以多次调用过程,从而实现程序的模块化设计,这种方式提高了程序的效率,节省了用户的时间。
 存储过程具有以下特点:
- 存储过程在服务器端运行,执行速度快;
- 存储过程增强了数据库的安全性;
- 存储过程允许模块化程序设计;
- 存储过程可以提高系统性能。

9.2 存储过程的创建、调用和删除

在 Oracle 数据库管理中,关于存储过程的创建、调用和删除的介绍如下。

9.2.1 存储过程的创建和调用

1. 创建存储过程

PL/SQL 创建存储过程使用的语句是 CREATE PROCEDURE。

语法格式:

```
CREATE [OR REPLACE] PROCEDURE <过程名>                         /*定义过程名*/
  [(<参数名><参数类型><数据类型>[DEFAULT <默认值>] [, …n])]      /*定义参数类型及属性*/
{ IS | AS }
  [<变量声明>]                                                 /*变量声明部分*/
  BEGIN
    <过程体>                                                   /*PL/SQL过程体*/
  END [<过程名>][;]
```

说明:

- OR REPLACE:如果指定的过程已存在,则覆盖同名的存储过程。
- 过程名:定义的存储过程的名称。
- 参数名:存储过程的参数名必须符合有关标识符的规则,存储过程中的参数称为形式参数(简称形参),可以声明一个或多个形参,调用带参数的存储过程则应提供相应的实际参数(简称实参)。
- 参数类型:存储过程的参数类型有 IN、OUT 和 IN OUT 三种模式,默认的模式是 IN 模式。
  - IN:向存储过程传递参数,只能将实参的值传递给形参,在存储过程内部只能读不能写,对应 IN 模式的实参可以是常量或变量。
  - OUT:从存储过程输出参数,存储过程结束时形参的值会赋给实参,在存储过程内部可以读或写,对应 OUT 模式的实参必须是变量。
  - IN OUT:具有前面两种模式的特性,调用时,实参的值传递给形参,结束时,形参的值传递给实参,对应 IN OUT 模式的实参必须是变量。
- DEFAULT:指定 IN 参数的默认值,默认值必须是常量。
- 过程体:包含在过程中的 PL/SQL 语句。

2. 调用存储过程

可以在 PL/SQL 块中直接使用过程名调用存储过程,也可以使用 EXECUTE(或 EXEC)语句调用。

(1)在 PL/SQL 块中直接使用过程名调用存储过程。

语法格式:

```
BEGIN
    <存储过程名(参数)>;
END;
```

(2)通过 EXECUTE(或 EXEC)语句调用一个已定义的存储过程。

语法格式：

```
[ { EXEC | EXECUTE } ] <存储过程名(参数)>;
```

说明：

对于带参数的存储过程,有以下三种调用方式：

- 名称表示法：调用对换形参的名称和实参的名称对应调用。
- 位置表示法：调用时按形参的排列顺序调用。
- 混合表示法：按名称表示法和位置表示法混合使用。

存储过程可以带参数,也可以不带参数。下面两个实例分别介绍不带参数的存储过程和带参数的存储过程的创建和调用。

【例 9.1】 创建一个不带参数的存储过程 P_Test,输出 Hello Oracle。

（1）创建存储过程。

```
CREATE OR REPLACE PROCEDURE P_Test                  --(a)
AS
BEGIN
    DBMS_OUTPUT.PUT_LINE('Hello Oracle');           --(b.1)
END;
```

（2）调用存储过程。

```
BEGIN
    P_Test;                                         --(b)
END;
```

程序分析：

（a）使用 CREATE PROCEDURE 语句创建不带参数的存储过程 P_Test。

（b）在 PL/SQL 块中直接使用过程名调用不带参数的存储过程 P_Test。

（b.1）输出 Hello Oracle。

运行结果：

```
Hello Oracle
```

注意：本题也可以使用 EXECUTE 语句调用不带参数的存储过程 P_Test,代码如下：

```
EXECUTE P_Test;
```

【例 9.2】 创建一个带参数的存储过程 P_Tc,查询指定学号学生的总学分。

（1）创建存储过程。

```
CREATE OR REPLACE PROCEDURE P_Tc(p_sid IN CHAR)    --(a)(b.1)
AS
    v_tc number;                                    --(b.2)
BEGIN
    SELECT tc INTO v_tc                             --(b.3)
        FROM student
```

```
        WHERE sid=p_sid;
    DBMS_OUTPUT.PUT_LINE(v_tc);                          --(b.4)
END;
```

（2）调用存储过程。

```
BEGIN
    P_Tc('224001');                                      --(b)
END;
```

程序分析：

（a）使用 CREATE PROCEDURE 语句创建带参数的存储过程 P_Tc，形参 p_sid 为参数。

（b）在 PL/SQL 块中直接使用过程名调用带参数的存储过程 P_Tc，'224001'为实参。

（b.1）调用存储过程时，实参值'224001'传递给形参 p_sid。

（b.2）声明变量 v_tc，为 number 类型。

（b.3）在 SELECT-INTO 语句中，查询条件的学号 sid 由形参 p_sid 指定为'224001'，查询出总学分，并将总学分值存入变量 v_tc。

（b.4）输出总学分值。

运行结果：

```
52
```

注意：本题也可以使用 EXECUTE 语句调用带参数的存储过程 P_Tc，代码如下：

```
EXECUTE P_Tc('224001');
```

9.2.2 存储过程的删除

当某个存储过程不再需要时，为释放它占用的内存资源，应将其删除。

语法格式：

```
DROP PROCEDURE [<用户方案名>.] <过程名>;
```

【例 9.3】 删除存储过程 P_Tc。

代码如下：

```
DROP PROCEDURE P_Tc;
```

9.3 存储过程的参数

存储过程的参数类型有 IN、OUT 和 IN OUT 三种模式，下面分别介绍。

9.3.1 带输入参数存储过程的使用

输入参数用于向存储过程传递参数值，其参数类型为 IN 模式，只能将实参的值传递给形参(输入参数),在存储过程内部输入参数只能读不能写,对应 IN 模式的实参可以是常量或变量。

带输入参数的存储过程的举例如下。

【例 9.4】 创建一个带输入参数的存储过程 P_CourseMax,输出指定学号学生的所有课程中的最高分。

(1) 创建存储过程。

```
CREATE OR REPLACE PROCEDURE P_CourseMax(p_sid IN CHAR)        --(a)(b.1)
AS
    v_max number;                                             --(b.2)
BEGIN
    SELECT MAX(grade) INTO v_max                              --(b.3)
        FROM score
        WHERE sid=p_sid;
    DBMS_OUTPUT.PUT_LINE(p_sid||'学生的最高分是'||v_max);       --(b.4)
END;
```

(2) 调用存储过程。

```
BEGIN
    P_CourseMax('221004');                                   --(b)
END;
```

程序分析:

(a) 使用 CREATE PROCEDURE 语句创建带参数的存储过程 P_CourseMax,形参 p_sid 是输入参数。

(b) 在 PL/SQL 块中直接使用过程名调用带参数的存储过程 P_CourseMax,'221004'为实参。

(b.1) 调用存储过程时,实参值'221004'传递给形参 p_sid。

(b.2) 声明变量 v_max,为 number 类型。

(b.3) 在 SELECT-INTO 语句中,查询条件的学号 sid 由形参 p_sid 指定为'221004',查询出所有课程中的最高分,并将最高分值存入变量 v_max。

(b.4) 输出指定学生的最高分。

注意: 本题也可以使用 EXECUTE 语句调用带参数的存储过程 P_CourseMax,代码如下:

```
EXECUTE P_CourseMax('221004');
```

运行结果:

```
221004 学生的最高分是 92
```

【例 9.5】 创建 st2 表,含有 4 列:stid、stname、stsex、stage;创建一个带输入参数存储过程 P_Insert,为输入参数设置默认值,在 st2 表中添加学号 100001~100010。

(1) 创建表、创建存储过程

```
CREATE TABLE st2
    (
        stid number NOT NULL PRIMARY KEY,
        stname char(12) NULL,
        stsex char(3) NULL,
        stage number NULL
    );
CREATE OR REPLACE PROCEDURE P_Insert(p_low IN NUMBER:=100001,p_high IN NUMBER:=
100010)                                                    --(a)(b.1)
AS
    v_n int;                                               --(b.2)
BEGIN
    v_n:=p_low;                                            --(b.3)
    WHILE v_n<=p_high                                      --(b.4)
    LOOP
        INSERT INTO st2(stid) VALUES(v_n);
        v_n:=v_n+1;
    END LOOP;
    COMMIT;
END;
```

(2) 调用存储过程。

```
BEGIN
    P_Insert;                                              --(b)
END;
```

程序分析:

(a) 使用 CREATE PROCEDURE 语句创建带参数的存储过程 P_Insert,形参 p_low 是输入参数、设置默认值 100001,形参 p_high 是输入参数、设置默认值 100010。

(b) 在 PL/SQL 块中直接使用过程名调用存储过程 P_Insert。

(b.1) 调用存储过程时未指定实参值,自动用输入参数 p_low、p_high 对应的默认值代替。

(b.2) 声明变量 v_n,为 int 类型。

(b.3) v_n 赋值为 100001。

(b.4) 在 WHILE 循环语句中,循环条件为 v_n<=100010,在循环体中,使用 INSERT INTO 语句将数据插入 st2 表的 stid 列,第 1 次循环,插入值为 100001,插入后 v_n 增加到 100002,…,直至第 10 次循环,插入值为 100010,此时,在 st2 表中已添加学号 100001～100010,插入 100010 后,v_n 增加到 100011,循环条件为假,退出循环。

使用 SELECT 语句进行测试:

```
SELECT * FROM st2;
```

运行结果：

```
  STID  STNAME  STSEX  STAGE
------- ------- ------- ------
100001
100002
100003
100004
100005
100006
100007
100008
100009
100010
```

注意：本题也可以使用 EXECUTE 语句调用带参数的存储过程 P_Insert，代码如下：

```
EXECUTE P_Insert;
```

9.3.2   带输出参数存储过程的使用

输出参数用于从存储过程输出参数值，其参数类型为 OUT 模式，存储过程结束时形参（输出参数）的值会赋给实参，在存储过程内部输出参数可以读或写，对应 OUT 模式的实参必须是变量。

带输出参数存储过程的使用可通过以下实例说明。

【例 9.6】 创建一个带输出参数的存储过程 P_Number，查找指定专业的学生人数。

（1）创建存储过程。

```
CREATE OR REPLACE PROCEDURE P_Number(p_speciality IN char, p_num OUT number)
                                                         --(a)(b.1)
AS
BEGIN
    SELECT COUNT(speciality) INTO p_num                  --(b.2)
        FROM student
        WHERE speciality=p_speciality;
END;
```

（2）调用存储过程。

```
DECLARE
    v_num number;
BEGIN
    P_Number('计算机', v_num);                            --(b)(c)
    DBMS_OUTPUT.PUT_LINE('计算机专业的学生人数是:'||v_num);    --(c.1)
END;
```

程序分析：

（a）使用 CREATE PROCEDURE 语句创建带参数的存储过程 P_Number，形参 p_speciality 是输入参数，形参 p_num 是输出参数。

（b）在 PL/SQL 块中直接使用过程名调用存储过程 P_Number，'计算机'和 v_num 为实参，变量 v_num 已声明为 number 类型。

（b.1）调用存储过程时，将实参值'计算机'传递给输入参数 p_speciality。

（b.2）在 SELECT-INTO 语句中，查询条件的专业 speciality 由形参 p_speciality 指定为'计算机'，查询出该专业的学生人数，并将计算机专业的学生人数存入输出参数 p_num。

（c）将输出参数 p_num 的值传递给实参 v_num。

（c.1）输出计算机专业的学生人数。

运行结果：

计算机专业的学生人数是：3

9.3.3 带输入输出参数存储过程的使用

输入输出参数的参数类型为 IN OUT 模式，调用时，实参的值传递给形参（输入输出参数），结束时，形参的值传递给实参，对应 IN OUT 模式的实参必须是变量。

带输入输出参数存储过程的使用通过以下实例说明。

【例 9.7】 创建一个存储过程 P_Swap，交换两个变量的值。

（1）创建存储过程。

```
CREATE OR REPLACE PROCEDURE P_Swap(p_t1 IN OUT NUMBER, p_t2 IN OUT NUMBER)
                                              --(a)(b.1)
AS
    v_temp number;                            --(b.2)
BEGIN
    v_temp:=p_t1;                             --(b.3)
    p_t1:=p_t2;
    p_t2:=v_temp;
END;
```

（2）调用存储过程。

```
DECLARE
    v_1 number:=90;
    v_2 number:=380;
BEGIN
    P_Swap(v_1,v_2);                          --(b)(c)
    DBMS_OUTPUT.PUT_LINE('v_1='||v_1);        --(c.1)
    DBMS_OUTPUT.PUT_LINE('v_2='||v_2);
END;
```

程序分析：

（a）使用 CREATE PROCEDURE 语句创建带参数的存储过程 P_Swap，形参 p_t1 和 p_t2 都是输入输出参数。

（b）在 PL/SQL 块中直接使用过程名调用存储过程 P_Swap，v_1 和 v_2 为实参，变量 v_1 已声明为 number 类型，并赋初值 90，变量 v_2 已声明为 number 类型，并赋初值 380。

（b.1）调用存储过程时，将实参 v_1 和 v_2 的值分别传递给输入输出参数 p_t1 和 p_t2。

（b.2）声明变量 v_temp，为 number 类型。

（b.3）在过程体中，以变量 v_temp 为中间变量，完成 p_t1 的值和 p_t2 的值的交换。

（c）已交换值的输入输出参数 p_t1 和 p_t2，分别将它们的值传递给实参 v_1 和 v_2。

（c.1）分别输出交换后两个变量 v_1 和 v_2 的值。

运行结果：

```
v_1=380
v_2=90
```

9.4　函 数 概 述

函数是存储在数据库中并编译过的 PL/SQL 程序块，调用函数要用表达式，并将返回值返回到调用程序。

函数和存储过程都是命名 PL/SQL 程序块，预编译后放在数据库服务器端供用户使用，在创建的形式上有些相似，不同之处如下。

（1）调用函数使用表达式，调用存储过程使用过程名。

（2）函数有返回值，存储过程通常不需要返回值。

9.5　函数的创建、调用和删除

下面分别介绍创建函数、调用函数和删除函数。

9.5.1　函数的创建和调用

1. 创建用户定义函数

创建函数可使用 CREATE FUNCTION 语句。

语法格式：

```
CREATE [OR REPLACE] FUNCTION <函数名>            /* 函数名称 */
(
  <参数名 1><参数类型><数据类型>,                /* 参数定义部分 */
  <参数名 2><参数类型><数据类型>,
  <参数名 3><参数类型><数据类型>,
  ...
)
RETURN <返回值类型>                              /* 定义返回值类型 */
  {IS | AS}
  [声明变量]
  BEGIN
    <函数体>;                                   /* 函数体部分 */
    [RETURN (<返回表达式>);]                     /* 返回语句 */
```

```
END [<函数名>];
```

说明：

- 函数名：定义函数的函数名必须符合标识符的规则，且名称在数据库中是唯一的。
- 形参和实参：在函数中，在函数名称后面的括号中定义的参数称为形参（形式参数）。在调用函数的程序中，表达式中函数名称后面的括号中的参数称为实参（实际参数）。
- 参数类型：参数类型有 IN、OUT、IN OUT 三种模式，默认为 IN 模式。
  - IN 模式：表示传递给 IN 模式的形参，只能将实参的值传递给形参，对应 IN 模式的实参可以是常量或变量。
  - OUT 模式：表示 OUT 模式的形参将在函数中被赋值，可以将形参的值传给实参，对应 OUT 模式的实参必须是变量。
  - IN OUT 模式：IN OUT 模式的形参既可以传值也可以被赋值，对应 IN OUT 模式的实参必须是变量。
- 数据类型：定义参数的数据类型，不需要指定数据类型的长度。
- RETURN ＜返回值类型＞：指定返回值的数据类型。
- 函数体：由 PL/SQL 语句组成，它是实现函数功能的主要部分。
- RETURN 语句：将返回表达式的值返回给调用函数程序。

2. 调用函数

在调用函数的程序中，可在表达式中直接通过函数名称调用。

语法格式：

```
<变量名>:=<函数名>[(<实参 1>,<实参 2>,…)]
```

【例 9.8】　创建选修某门课程的学生人数的函数 F_Number，调用该函数查询选修数据库系统的学生人数。

（1）创建函数。

```
CREATE OR REPLACE FUNCTION F_Number(p_cname IN char)        --(a)(b.1)
RETURN number                                              --(b.2)
AS
    result number;
BEGIN
    SELECT COUNT(sid) INTO result                          --(b.3)
    FROM course a, score b
    WHERE a.cid=b.cid AND cname=p_cname;
    RETURN(result);                                        --(b.4)
END F_Number;
```

（2）调用函数。

```
DECLARE
    v_num number;
```

```
BEGIN
    v_num:=F_Number('数据库系统');                              --(b)(c)
    DBMS_OUTPUT.PUT_LINE('选修数据库系统的人数是:'||v_num);      --(c.1)
END;
```

程序分析:

(a) 使用 CREATE FUNCTION 语句创建函数 F_Number,p_cname 为形参、IN 模式。

(b) 在调用函数的程序表达式中,通过函数名称调用函数 F_Number,实参值为'数据库系统',变量 v_num 已声明为 number 类型。

(b.1) 调用函数时,实参值'数据库系统'传递给形参 p_cname。

(b.2) 定义返回值类型为 number,定义返回值变量 result 为 number 类型。

(b.3) 在 SELECT-INTO 语句中,通过连接查询和 COUNT 函数,查询条件的课程名 cname 由形参指定为'数据库系统',查询出选修该门课程的学生人数,将查询结果存入变量 result。

(b.4) 返回语句将变量 result 的返回值返回给调用函数程序的表达式。

(c) 表达式将返回值赋值给变量 v_num。

(c.1) 输出选修数据库系统的人数。

运行结果:

选修数据库系统的人数是:3

注意:如果函数内部有程序错误,创建后会在相应的函数上打叉,因此,在创建函数后,应当查看函数是否创建成功。

9.5.2 函数的删除

当不再使用函数时,可用 DROP 命令将其删除。

语法格式:

```
DROP FUNCTION [<用户方案名>.]<函数名>
```

【**例 9.9**】 删除函数 F_Number。

代码如下:

```
DROP FUNCTION F_Number;
```

9.6 综 合 应 用

本章讲解了存储过程和函数等内容。为进一步让读者掌握存储过程的创建、调用和删除,函数的创建、调用和删除等编程技术,下面分别结合用学生姓名查询平均分数应用问题(例 9.10)、用学号查询所选课程的数量和平均分应用问题(例 9.11)、用学号查询姓名和最高分应用问题(例 9.12)、用教师编号查询教师的姓名和职称应用问题(例 9.13)来介绍存储过程和函数的创建和调用中 PL/SQL 语句的编写。

【例 9.10】　创建一个存储过程 P_AvgGrade，输入学生姓名后，将查询出的平均分存入输出参数内。

（1）创建存储过程。

```
CREATE OR REPLACE PROCEDURE P_AvgGrade(p_sname IN CHAR, p_avg OUT NUMBER)   --(a)(b.1)
AS
BEGIN
    SELECT AVG(grade) INTO p_avg                                            --(b.2)
        FROM student a, score b
        WHERE a.sid=b.sid AND a.sname=p_sname;
END;
```

（2）调用存储过程。

```
DECLARE
    v_avg number;
BEGIN
    P_AvgGrade('孙俊松', v_avg);                                            --(b)(c)
    DBMS_OUTPUT.PUT_LINE('孙俊松的平均分是:'||v_avg);                        --(c.1)
END;
```

程序分析：

（a）使用 CREATE PROCEDURE 语句创建带参数的存储过程 P_AvgGrade，形参 p_sname 设置为输入参数，形参 p_avg 设置为输出参数。

（b）在 PL/SQL 块中直接使用过程名调用存储过程 P_AvgGrade，'孙俊松'和 v_avg 为实参，变量 v_avg 已声明为 number 类型。

（b.1）调用存储过程时，将实参值'孙俊松'传递给输入参数 p_sname。

（b.2）在 SELECT-INTO 语句中，查询条件的姓名 a.sname 由形参 p_sname 指定为'孙俊松'，查询出该学生的平均分，并将平均分存入输出参数 p_avg。

（c）将输出参数 p_avg 的值传递给实参 v_avg。

（c.1）输出孙俊松的平均分。

运行结果：

孙俊松的平均分是: 91

【例 9.11】　创建一个存储过程 P_NumberAvg，输入学号后，将该生所选课程数和平均分存入输出参数内。

（1）创建存储过程。

```
CREATE OR REPLACE PROCEDURE P_NumberAvg(p_sid IN CHAR, p_num OUT NUMBER, p_avg OUT
NUMBER)                                                                     --(a)(b.1)
AS
BEGIN
    SELECT COUNT(cid), AVG(grade) INTO p_num, p_avg                         --(b.2)
        FROM score
        WHERE sid=p_sid;
```

```
END;
```

（2）调用存储过程。

```
DECLARE
    v_num number;
    v_avg number;
BEGIN
    P_NumberAvg('221002', v_num, v_avg);                          --(b)(c)
    DBMS_OUTPUT.PUT_LINE('学号 221002 的学生的选课数是：'||v_num||'，平均分是：'||v_
avg);                                                             --(c.1)
END;
```

程序分析：

（a）使用 CREATE PROCEDURE 语句创建带参数的存储过程 P_NumberAvg，形参 p_sid 设置为输入参数，形参 p_num 和 p_avg 设置为输出参数。

（b）在 PL/SQL 块中直接使用过程名调用存储过程 P_NumberAvg，'221002'、v_num、v_avg 为实参，变量 v_num、v_avg 已分别声明为 number 类型。

（b.1）调用存储过程时，将实参值'221002'传递给输入参数 p_sid。

（b.2）在 SELECT-INTO 语句中，查询条件的学号 sid 由形参 p_sid 指定为'221002'，查询出该学生所选课程数、平均分，并分别存入输出参数 p_num、p_avg。

（c）将输出参数 p_num、p_avg 的值分别传递给实参 v_num、v_avg。

（c.1）输出学号为 221002 的学生的选课数和平均分。

运行结果：

学号 221002 的学生的选课数是：3，平均分是：83

【**例 9.12**】 创建一个存储过程 P_NumMax，输入学号后，将该生姓名、最高分存入输出参数内。

（1）创建存储过程。

```
CREATE OR REPLACE PROCEDURE P_NumMax(p_sid IN student.sid%TYPE, p_sname OUT
student.sname%TYPE, p_max OUT NUMBER)                             --(a)(b.1)
AS
BEGIN
    SELECT sname INTO p_sname                                     --(b.2)
        FROM student
        WHERE sid=p_sid;
    SELECT MAX(grade) INTO p_max                                  --(b.3)
        FROM student a, score b
        WHERE a.sid=b.sid AND a.sid=p_sid;
END;
```

（2）调用存储过程。

```
DECLARE
```

```
    v_sname student.sname%TYPE;
    v_max number;
BEGIN
    P_NumMax('224001', v_sname, v_max);                              -- (b) (c)
    DBMS_OUTPUT.PUT_LINE('学号 224001 的学生姓名是：'||v_sname||'最高分是：'||v_
max);                                                                -- (c.1)
END;
```

程序分析：

（a）使用 CREATE PROCEDURE 语句创建带参数的存储过程 P_NumMax，形参 p_sid 设置为输入参数，形参 p_sname 和 p_max 设置为输出参数。

（b）在 PL/SQL 块中直接使用过程名调用存储过程 P_NumMax，'224001'、v_sname、v_max 为实参，变量 v_sname、v_max 已分别声明。

（b.1）调用存储过程时，将实参值'224001'传递给输入参数 p_sid。

（b.2）在 SELECT-INTO 语句中，查询条件的学号 sid 由形参 p_sid 指定为'224001'，查询出该学生的姓名，并将姓名存入输出参数 p_sname。

（b.3）在 SELECT-INTO 语句中，查询条件的学号 sid 由形参 p_sid 指定为'224001'，查询出该学生的最高分，并将最高分存入输出参数 p_max。

（c）将输出参数 p_sname、p_max 的值分别传递给实参 v_sname、v_max。

（c.1）输出学号为 224001 的学生的姓名和最高分。

运行结果：

学号 224001 的学生姓名是：周思远   最高分是：92

【例 9.13】 创建函数 F_Title，通过教师编号查询教师的姓名和职称。

（1）创建函数。

```
CREATE OR REPLACE FUNCTION F_Title(p_tid IN char)               --(a)(b.1)
RETURN char                                                     --(b.2)
AS
    result char(200);
    v_tname char(12);
    v_title char(12);
BEGIN
    SELECT tname, title INTO v_tname, v_title                   --(b.3)
        FROM teacher
        WHERE tid=p_tid;
    result:='姓名:'||v_tname||'职称:'||v_title;                  --(b.4)
    RETURN(result);                                             --(b.5)
END F_Title;
```

（2）调用函数。

```
SELECT tid AS 编号, F_Title(tid) AS 姓名和职称 FROM teacher;      --(b)(c)
```

程序分析:

(a) 使用 CREATE FUNCTION 语句创建函数 F_Title,设置教师编号参数 p_cname 为形参、IN 模式。

(b) 在调用函数的程序表达式中,通过函数名称调用函数 F_Title,tid 为实参。

(b.1) 调用函数时,实参 tid 传值给形参 p_tid。

(b.2) 定义返回值类型为 char,分别定义返回值变量 result、v_tname、v_title。

(b.3) 在 SELECT-INTO 语句中,通过查询条件的学号 tid 由形参指定为 p_tid 的值,查询出教师姓名、职称,并分别存入变量 v_tname、v_title。

(b.4) 将字符串“'姓名:'‖v_tname‖'职称:'‖v_title” 赋值给变量 result。

(b.5) 返回语句将变量 result 的返回值返回给调用函数的程序表达式。

(c) 通过 SELECT 语句输出教师编号、教师的姓名和职称。

运行结果:

```
编号       姓名和职称
--------  ------------------------------
100006    姓名:汤俊才   职称:教授
100015    姓名:梁倩     职称:教授
120026    姓名:罗晓伟   职称:副教授
400009    姓名:郭莉君   职称:讲师
800017    姓名:姚万祥   职称:副教授
```

9.7 小 结

本章主要介绍了以下内容。

(1) 存储过程是一种命名 PL/SQL 程序块,它将一些相关的 SQL 语句、流程控制语句组合在一起,用于执行某些特定的操作或者任务。存储过程可以带参数,也可以不带参数。

(2) 存储过程的创建采用 CREATE PROCEDURE 语句,可以使用 EXECUTE(或 EXEC)语句调用已定义的存储过程,也可以在 PL/SQL 块中直接使用过程名调用。对于带参数的存储过程,有以下三种调用方式:名称表示法、位置表示法、混合表示法。

(3) 存储过程的参数类型有 IN、OUT 和 IN OUT 三种模式,默认的模式是 IN 模式。

(4) 函数是存储在数据库中并编译过的 PL/SQL 块,调用函数要用表达式,并将返回值返回到调用程序。函数参数类型有 IN、OUT、IN OUT 三种模式,默认为 IN 模式。

习 题 9

一、选择题

1. 创建存储过程的用处主要是_____。

  A. 实现复杂的业务规则   B. 维护数据的一致性

  C. 提高数据操作效率   D. 增强引用完整性

2. 下列关于存储过程的描述不正确的是_____。

    A. 存储过程独立于数据库而存在

    B. 存储过程实际上是一组 PL/SQL 语句

    C. 存储过程预先被编译存放在服务器端

    D. 存储过程可以完成某一特定的业务逻辑

3. 下列关于存储过程的说法中,正确的是_____。

    A. 用户可以向存储过程传递参数,但不能输出存储过程产生的结果

    B. 存储过程的执行是在客户端完成的

    C. 在定义存储过程的代码中可以包括数据的增、删、改、查语句

    D. 存储过程是存储在是客户端的可执行代码

4. 关于存储过程的参数,正确的说法是_____。

    A. 存储过程的输出参数可以是标量类型,也可以是表类型

    B. 可以指定字符参数的字符长度

    C. 存储过程的输入参数可以不输入信息而调用过程

    D. 以上说法都不对

5. 设创建一个包含一个输入参数和两个输出参数的存储过程,各参数都是字符型,下列创建存储过程的语句中,正确的是_____。

    A. `CREATE OR REPLACE PROCEDURE prc1(x1 IN, x2 OUT, x3 OUT) AS…`

    B. `CREATE OR REPLACE PROCEDURE prc1(x1 CHAR, x2 CHAR, x3 CHAR) AS…`

    C. `CREATE OR REPLACE PROCEDURE prc1(x1 CHAR, x2 OUT CHAR, x3 OUT) AS…`

    D. `CREATE OR REPLACE PROCEDURE prc1(x1 IN CHAR, x2 OUT CHAR, x3 OUT CHAR) AS…`

6. 设有创建存储过程语句:CREATE OR REPLACE PROCEDURE prc2（x IN CHAR，y OUT CHAR，z OUT NUMBER）AS…,下列调用存储过程的语句中,正确的是_____。

A.
```
DECLARE
    u CHAR;
    v NUMBER;
  BEGIN
    Prc2('100001', u, v);
  END;
```

B.
```
DECLARE
    u OUT CHAR;
    v NUMBER;
  BEGIN
    Prc2('100001', u, v);
  END;
```

C.
```
DECLARE
    u CHAR;
    v OUT NUMBER;
  BEGIN
    Prc2('100001', u, v);
  END;
```

D.
```
DECLARE
    u OUT CHAR;
    v OUT NUMBER;
  BEGIN
    Prc2('100001' u, v);
  END;
```

7. 下面不属于函数的参数类型是_____。

A. IN   B. OUT   C. NULL   D. IN OUT

二、填空题

1. 在 PL/SQL 中,创建存储过程的语句是_____。

2. 在创建存储过程时，可以为_____设置默认值，在调用存储过程时，如果未指定对应的实参值，则自动用对应的默认值代替。

3. 存储过程的参数类型有 IN、OUT 和_____三种模式。

4. 函数参数类型默认为_____模式。

三、问答题

1. 什么是存储过程？简述存储过程的特点。

2. 存储过程的调用有哪几种方式？

3. 存储过程的参数有哪几种类型？

4. 什么是函数？简述函数的参数类型。

四、应用题

1. 创建一个存储过程，求指定专业和课程的平均分。

2. 创建一个存储过程，求指定课程号的课程名和最高分。

3. 创建一个存储过程，求指定教师编号的姓名、学院和职称。

4. 使用函数查询指定专业的课程平均成绩。

第 10 章

触发器和程序包

本章要点

- 触发器概述
- 创建 DML 触发器
- 创建 INSTEAD OF 触发器
- 创建系统触发器
- 触发器的删除
- 触发器的启用或禁用
- 程序包概述
- 程序包的创建、调用和删除

触发器是一种命名 PL/SQL 程序块,编译后存储在数据库中,它在插入、删除或修改指定表中的数据时会自动触发执行。程序包用于将逻辑相关的 PL/SQL 块或元素(过程、函数、游标、类型和变量)组织在一起,是对块或元素的封装,便于用户引用。

10.1　触发器概述

触发器(Trigger)是一种特殊的存储过程,与表的关系密切,其特殊性主要体现在不需要用户调用,而是在对特定表(或列)进行特定类型的数据修改时被激发。

触发器与存储过程的差别如下。

- 触发器是自动执行,而存储过程需要显式调用才能执行。
- 触发器是建立在表或视图之上的,而存储过程是建立在数据库之上的。

触发器用于实现数据库的完整性,具有以下优点。

- 可以提供比 CHECK 约束、FOREIGN KEY 约束更灵活、更复杂、更强大的约束。
- 可对数据库中的相关表实现级联更改。
- 可以评估数据修改前后表的状态,并根据该差异采取措施。
- 强制表的修改要合乎业务规则。

触发器的缺点是增加了决策和维护的复杂程度。

Oracle 的触发器有三类:DML 触发器、INSTEAD OF 触发器和系统触发器。

1. DML 触发器

当数据库中发生数据操纵语言(DML)事件时将调用 DML 触发器。DML 事件包括在指定表或视图中修改数据的 INSERT 语句、UPDATE 语句和 DELETE 语句,DML 触发器可分为 INSERT 触发器、UPDATE 触发器和 DELETE 触发器三类。

2. INSTEAD OF 触发器

INSTEAD OF 触发器是 Oracle 专门为进行视图操作的一种处理方法。

3. 系统触发器

系统触发器由数据定义语言(DDL)事件(如 CREATE 语句、ALTER 语句、DROP 语句)、数据库系统事件(如系统启动或退出、异常操作)、用户事件(如用户登录或退出数据库)触发。

10.2 触发器的创建、删除、启用或禁用

触发器的创建、删除、启用或禁用介绍如下。

10.2.1 创建触发器

下面介绍使用 PL/SQL 语句创建 DML 触发器、INSTEAD OF 触发器、系统触发器,以及使用图形界面方式创建触发器。

1. 创建 DML 触发器

DML 触发器是当发生数据操纵语言事件时要执行的操作。DML 触发器用于在数据被修改时强制执行业务规则,以及扩展 CHECK 约束、FOREIGN KEY 约束的完整性检查逻辑。

语法格式:

```
CREATE [OR REPLACE] TRIGGER [<用户方案名>.] <触发器名>              /*触发器定义*/
  { BEFORE │ AFTER │ INSTEAD OF }                              /*指定触发时间*/
  { DELETE │ INSERT │ UPDATE [ OF <列名>[,…n] ]}               /*指定触发事件*/
    [OR { DELETE │ INSERT │ UPDATE [ OF <列名>[,…n] ]}]
  ON   {<表名> │ <视图名>}                                      /*指定表触发对象*/
  [ FOR EACH ROW [ WHEN(<条件表达式>) ] ]                       /*指定触发级别*/
  <PL/SQL 语句块>                                               /*触发体*/
```

说明:
- 触发器名:指定触发器名称。
- BEFORE:执行 DML 操作之前触发。
- AFTER:执行 DML 操作之后触发。
- INSTEAD OF:替代触发器,触发时触发器指定的事件不执行,而执行触发器本身的操作。
- DELETE、INSERT、UPDATE:指定一个或多个触发事件,多个触发事件之间用 OR 连接。
- FOR EACH ROW:由于 DML 语句可能作用于多行,因此触发器的 PL/SQL 语句可能为作用的每一行运行一次,这样的触发器称为行级触发器(Row-level

Trigger);也可能为所有行只运行一次,这样的触发器称为语句级触发器(Statement-level Trigger)。如果未使用 FOR EACH ROW 子句,指定为语句级触发器,触发器激活后只执行一次。如果使用 FOR EACH ROW 子句,指定为行级触发器,触发器将针对每一行执行一次。WHEN 子句用于指定触发条件。

在行级触发器执行过程中,PL/SQL 语句可以访问受触发器语句影响的每行的列值。":OLD.列名"表示变化前的值,":NEW.列名"表示变化后的值。

有关 DML 触发器的语法说明,补充以下两点。

(1) 创建触发器的限制。

- 代码大小:触发器代码大小必须小于 32KB。
- 触发器中有效语句可以包括 DML 语句,但不能包括 DDL 语句。此外,ROLLBACK、COMMIT、SAVEPOINT 也不能使用。

(2) 触发器触发次序。

- 执行 BEFORE 语句级触发器。
- 对于受语句影响的每一行,执行顺序为:执行 BEFORE 行级触发器→执行 DML 语句→执行 AFTER 行级触发器。
- 执行 AFTER 语句级触发器。

综上所述,可得创建 DML 触发器的语法结构包括触发器定义和触发体两部分。触发器定义包含指定触发器名称、指定触发时间、指定触发事件、指定触发对象、指定触发级别等。触发体由 PL/SQL 语句块组成,它是触发器的执行部分。

【例 10.1】　在 score 表上创建一个 INSERT 触发器 T_InsertCourseName,向 score 表插入数据时,如果课程为英语,则显示"该课程已经考试结束,不能添加成绩"。

(1) 创建触发器。

```
CREATE OR REPLACE TRIGGER T_InsertCourseName              --(a)
    BEFORE INSERT ON score FOR EACH ROW
DECLARE
    CourseName course.cname% TYPE;                        --(b.1)
BEGIN
    SELECT cname INTO CourseName                          --(b.2)
        FROM course
        WHERE cid=:NEW.cid;
    IF CourseName='英语' THEN                              --(b.3)
        RAISE_APPLICATION_ERROR(-20001, '该课程已经考试结束,不能添加成绩');
    END IF;
END;
```

(2) 测试触发器。

```
INSERT INTO score(cid) VALUES((SELECT cid FROM course WHERE cname='英语')); --(b)
```

程序分析:

(a) 使用 CREATE TRIGGER 语句创建触发器 T_InsertCourseName,指定触发时间为 BEFORE,触发事件为 INSERT 语句,触发对象为 score 表,由于使用了 FOR EACH

ROW 子句,触发级别为行级触发器。

（b）以 INSERT 语句为触发事件激发触发器 T_InsertCourseName,该语句向 score 表插入一条记录,该记录的课程号对应的课程名为英语。

（b.1）声明变量 CourseName,数据类型与 course 表的 cname 列相同。

（b.2）在 SELECT-INTO 语句中,:NEW.cid 表示即将插入的记录中的课程号,通过查询得到该课程号对应的课程名,并存入变量 CourseName。

（b.3）当课程名为英语时,IF 语句的条件表达式为真,通过 RAISE 语句中止 INSERT 操作,在触发器中生成一个错误,系统得到该错误后,将本次操作回滚到插入前的状态,并返回用户错误号和错误信息,错误号是一个 $-20999 \sim 20000$ 的整数,错误信息是一个字符串。

运行结果：

```
在行: 1 上开始执行命令时出错 -
INSERT INTO score(cid) VALUES((SELECT cid FROM course WHERE cname='英语'))
错误报告 -
ORA-20001: 该课程已经考试结束,不能添加成绩
ORA-06512: 在 "SYSTEM.T_INSERTCOURSENAME", line 8
ORA-04088: 触发器 'SYSTEM.T_INSERTCOURSENAME' 执行过程中出错
```

【例 10.2】 在 teacher 表上创建一个 DELETE 触发器 T_DeleteRecord,禁止删除已任课教师的记录。

（1）创建触发器。

```
CREATE OR REPLACE TRIGGER T_DeleteRecord              --(a)
    BEFORE DELETE ON teacher FOR EACH ROW
DECLARE
    LectureCount NUMBER;                              --(b.1)
BEGIN
    SELECT COUNT(*) INTO LectureCount                 --(b.2)
        FROM lecture
        WHERE tid=:OLD.tid;
    IF LectureCount>=1 THEN                           --(b.3)
        RAISE_APPLICATION_ERROR(-20003,'不能删除该教师');
    END IF;
END;
```

（2）测试触发器。

```
DELETE FROM teacher                                   --(b)
    WHERE tname='郭莉君';
```

程序分析：

（a）使用 CREATE TRIGGER 语句创建触发器 T_DeleteRecord,指定触发时间为 BEFORE,触发事件为 DELETE 语句,触发对象为 teacher 表,触发级别为行级触发器。

（b）以 DELETE 语句为触发事件激发触发器 T_DeleteRecord,该语句在 teacher 表中删除教师姓名为郭莉君的记录。

（b.1）声明变量 LectureCount，数据类型为 NUMBER。

（b.2）在 SELECT-INTO 语句中，:OLD.tno 表示删除前记录中的教师号，通过查询得到该教师号对应的记录数，并存入变量 LectureCount。

（b.3）当记录数大于或等于 1 时，IF 语句的条件表达式为真，通过 RAISE 语句中止 DELETE 语句操作，在触发器中生成一个错误，系统得到该错误后，将本次操作回滚到插入前的状态，并返回用户错误号和错误信息。

运行结果：

```
在行：1 上开始执行命令时出错 -
DELETE FROM teacher
    WHERE tname='郭莉君'
错误报告 -
ORA-20003: 不能删除该教师
ORA-06512: 在 "SYSTEM.T_DELETERECORD", line 8
ORA-04088: 触发器 'SYSTEM.T_DELETERECORD' 执行过程中出错
```

【**例 10.3**】 规定 8：00—18：00 为工作时间，要求任何人不能在非工作时间对课程表进行操作，创建一个触发器 T_OperationCourse。

（1）创建触发器。

```
CREATE OR REPLACE TRIGGER T_OperationCourse                        --(a)
    BEFORE INSERT OR UPDATE OR DELETE ON course
BEGIN
    IF (TO_CHAR(SYSDATE,'HH24:MI') NOT BETWEEN '08:00' AND '18:00') THEN   --(b.1)
        RAISE_APPLICATION_ERROR(-20004, '不能在非工作时间对 course 表进行操作');
    END IF;
END;
```

（2）测试触发器。

```
UPDATE course                                                      --(b)
    SET credit=4
    WHERE cid='4002';
```

程序分析：

（a）使用 CREATE TRIGGER 语句创建触发器 T_OperationCourse，指定触发时间为 BEFORE，触发事件为多个触发事件：INSERT 语句、UPDATE 语句或 DELETE 语句，触发对象为 course 表，触发级别为行级触发器。

（b）以 UPDATE 语句为触发事件激发触发器 T_OperationCourse，该语句在 8：00—18：00 工作时间外更新课程表中课程号为 4002 的学分。

（b.1）在触发体中，如果系统时间不在 8：00 和 18：00 之间，IF 语句的条件表达式为真，通过 RAISE 语句中止 INSERT、UPDATE 或 DELETE 操作，将本次操作回滚，并返回用户错误号和错误信息。

运行结果：

```
在行：1 上开始执行命令时出错 -
UPDATE course
    SET credit=4
    WHERE cid='4002'
错误报告 -
ORA-20004: 不能在非工作时间对 course 表进行操作
ORA-06512: 在 "SYSTEM.T_OPERATIONCOURSE", line 3
ORA-04088: 触发器 'SYSTEM.T_OPERATIONCOURSE' 执行过程中出错
```

2. 创建 INSTEAD OF 触发器

INSTEAD OF 触发器(替代触发器)，一般用于对视图的 DML 触发。当视图由多个基表连接而成，则该视图不允许进行 INSERT、UPDATE 和 DELETE 等 DML 操作。在视图上编写 INSTEAD OF 触发器后，INSTEAD OF 触发器只执行触发体中的 PL/SQL 语句，而不执行 DML 语句，这样就可以通过在 INSTEAD OF 触发器中编写适当的代码，对组成视图的各个基表进行操作。

【**例 10.4**】 创建视图 V_StudentScore，包含学生学号、专业、课程号、成绩，创建一个 INSTEAD OF 触发器 T_Instead，当用户向 student 表或 score 表插入数据时，不执行激活触发器的插入语句，只执行触发器内部的插入语句。

(1) 创建视图、创建触发器。

```
CREATE VIEW V_StudentScore                                    --(a)
AS
SELECT a.sid,speciality,cid,grade
    FROM student a, score b
    WHERE a.sid=b.sid;

CREATE TRIGGER T_Instead
    INSTEAD OF INSERT ON V_StudentScore FOR EACH ROW          --(b)
DECLARE
    v_name char(8);                                           --(c.1)
    v_sex char(2);
    v_birthday date;
BEGIN
    v_name:='Name';                                           --(c.2)
    v_sex:='男';
    v_birthday:=TO_DATE('20020101','YYYYMMDD');
    INSERT INTO student(sid, sname, ssex, sbirthday, speciality)   --(c.3)
        VALUES(:NEW.sid, v_name, v_sex, v_birthday, :NEW.speciality);
    INSERT INTO score VALUES(:NEW.sid, :NEW.cid, :NEW.grade);      --(c.4)
END;
```

(2) 测试触发器。

```
INSERT INTO V_StudentScore VALUES('221007', '计算机', '1004', 91);  --(c)
```

程序分析：

（a）使用 CREATE VIEW 语句创建视图 V_StudentScore，列名为 sid、speciality、cid、grade。

（b）使用 CREATE TRIGGER 语句创建触发器 T_Instead，指定为 INSTEAD OF 触发器，触发事件为 INSERT 语句，触发对象为 V_StudentScore 视图，触发级别为行级触发器。

（c）以 INSERT 语句为触发事件激发视图 V_StudentScore，该语句向视图 V_StudentScore 插入一条记录。

（c.1）声明变量 v_name 数据类型为 char，变量 v_sex 数据类型为 char，变量 v_birthday 数据类型为 date。

（c.2）在触发体中，为 3 个变量 v_name、v_sex、v_birthday 分别赋值 Name、男、20020101。

（c.3）使用 INSERT 语句向 student 表插入数据，其中，:NEW.sid、:NEW.speciality 分别表示即将插入记录中的学号、专业。

（c.4）使用 INSERT 语句向 score 表插入数据，其中，:NEW.sid、:NEW.cid、:NEW.grade 分别表示即将插入的记录中的学号、课程号、成绩。

运行结果：

1 行已插入。

向视图插入数据的 INSERT 语句实际并未执行，实际执行插入操作的语句是 INSTEAD OF 触发器中触发体的 PL/SQL 语句，分别向该视图的两个基表 student 表和 score 表插入数据。

查看基表 student 表的情况。

```
SELECT * FROM student WHERE sid='221007';
```

显示结果：

```
SID       SNAME   SSEX   SBIRTHDAY      SPECIALITY      TC
--------  ------- -----  ------------   -------------   ------
221007    Name    男     2002-01-01     计算机
```

查看基表 score 表的情况。

```
SELECT * FROM score WHERE sid='221007';
```

显示结果：

```
SID       CID      GRADE
--------  -------- --------
221007    1004        91
```

3. 创建系统触发器

Oracle 提供的系统触发器可以被数据定义语句 DDL 事件或数据库系统事件触发。DDL 事件指 CREATE、ALTER 和 DROP 等。而数据库系统事件包括数据库服务器的启动（STARTUP）或关闭（SHUTDOWN）、数据库服务器出错（SERVERERROR）等。

语法格式：

```
CREATE OR REPLACE TRIGGER [<用户方案名>.] <触发器名>        /* 触发器定义 */
  { BEFORE | AFTER }                                    /* 指定触发时间 */
  { <DDL 事件> | <数据库事件> }                          /* 指定触发事件 */
  ON { DATABASE | [用户方案名.] SCHEMA }[when_clause]    /* 指定触发对象 */
<PL/SQL 语句块>                                          /* 触发体 */
```

说明：

- DDL 事件：可以是一个或多个 DDL 事件，多个 DDL 事件之间用 OR 连接。DDL 事件包括 CREATE、ALTER、DROP、TRUNCATE、GRANT、REVOKE、LOGON、RENAME、COMMENT 等。
- 数据库事件：可以是一个或多个数据库事件，多个数据库事件之间用 OR 连接。数据库事件包括 STARTUP、SHUTDOWN、SERVERERROR 等。
- DATABASE：数据库触发器，由数据库事件激发。
- SCHEMA：用户触发器，由 DDL 事件激发。

其他选项与创建 DML 触发器语法格式相同。

由上述语法格式和说明，可知创建系统触发器的语法结构与 DML 触发器的语法结构基本相同，也由触发器定义和触发体两部分组成。触发器定义包含指定触发器名称、指定触发时间、指定触发事件、指定触发对象等。触发体由 PL/SQL 语句块组成。

【例 10.5】 创建一个系统触发器 T_DropObjects，记录用户 SYSTEM 所删除的对象。

（1）创建表、创建触发器。

```
CREATE TABLE sco                                        -- (a)
    (
        sid char(6) NOT NULL,
        cid char(4) NOT NULL,
        grade number NULL,
        PRIMARY KEY(sid,cid)
    );

CREATE TABLE DropObjects
    (
        ObjectName varchar2(30),
        ObjectType varchar2(20),
        DroppedDate date
    );

CREATE OR REPLACE TRIGGER T_DropObjects                 -- (b)
    BEFORE DROP ON SYSTEM.SCHEMA
BEGIN
    INSERT INTO DropObjects                             -- (c.1)
```

```
        VALUES(ora_dict_obj_name, ora_dict_obj_type, SYSDATE);
END;
```

（2）测试触发器。

```
DROP TABLE sco;                                                -- (c)
```

程序分析：

（a）使用 CREATE TABLE 语句创建 sco 表；使用 CREATE TABLE 语句创建 DropObjects 表，该表包括对象名、对象类型、删除时间等列，用于记录用户删除信息。

（b）使用 CREATE TRIGGER 语句创建触发器 T_DropObjects，指定触发时间为 BEFORE，触发事件为 DROP 语句，触发对象为 SYSTEM 用户。

（c）SYSTEM 用户通过 DROP 语句删除 sco 表，以 DROP 语句为触发事件激发触发器 T_DropObjects。

（c.1）在触发体中，通过 INSERT 语句向 DropObjects 表插入 SYSTEM 用户删除信息。

运行结果：

```
Table SCO 已删除。
```

查看 DropObjects 表记录的信息。

```
SELECT * FROM DropObjects;
```

显示结果：

```
OBJECTNAME     OBJECTTYPE  DROPPEDDAT
-------------- ----------- ------------
SCO            TABLE       2023-08-18
```

10.2.2　删除触发器

要想删除触发器，可以使用 DROP TRIGGER 语句。

语法格式：

```
DROP TRIGGER [<用户方案名>.] <触发器名>
```

【例 10.6】 删除 DML 触发器 T_OperationCourse。
代码如下：

```
DROP TRIGGER T_OperationCourse;
```

10.2.3　启用或禁用触发器

触发器可以启用和禁用，如果有大量数据要处理，可以禁用有关触发器，使其暂时失效。禁用的触发器仍然存储在数据库中，等到需要时，可以重新启用使该触发器重新工作。

启用或禁用触发器可以使用 PL/SQL 语句或 SQL Developer。

使用 ALTER TRIGGER 语句禁用和启用触发器。

语法格式：

```
ALTER TRIGGER [<用户方案名>.]<触发器名>
  DISABLE | ENABLE;
```

其中，DISABLE 表示禁用触发器，ENABLE 表示启用触发器。

【例 10.7】 使用 ALTER TRIGGER 语句禁用触发器 T_DeleteRecord。
代码如下：

```
ALTER TRIGGER T_DeleteRecord DISABLE;
```

【例 10.8】 使用 ALTER TRIGGER 语句启用触发器 T_DeleteRecord。
代码如下：

```
ALTER TRIGGER T_DeleteRecord ENABLE;
```

10.3　程序包概述

程序包（Package）用于将逻辑相关的 PL/SQL 块或元素（过程、函数、游标、变量和常量等）组织在一起，作为一个完整的单元存储在数据库中，用名称来标识程序包。

程序包有两个独立的部分：包规范（Specification）和包体（Body）。包规范（包说明、规范）是包与应用程序的接口，它是过程、函数、游标等的名称或首部。包体是过程、函数、游标等的具体实现。包规范和包体这两部分独立地存储在数据字典中。

使用了程序包组织过程、函数和游标后，可以使程序设计模块化，提高程序的编写和执行效率。

10.4　程序包的创建、调用和删除

下面介绍程序包的创建、调用和删除。

1. 程序包的创建

程序包的创建分为包规范的创建和包体的创建两部分。

1）创建包规范

包规范是包的声明部分，它对包的所有部件进行简要的声明。

语法格式：

```
CREATE [OR REPLACE] PACKAGE [<用户方案名>]<包名>       /*包规范名称*/
  IS | AS <PL/SQL 程序序列>                          /*定义过程、函数等*/
```

说明：

<PL/SQL 程序序列>：过程、函数的定义和参数列表返回类型等，游标、变量和常量等的定义。

2）创建包体

包体是一个独立于包规范的数据字典对象,包体只有在包规范完成编译后才能进行编译。

语法格式:

```
CREATE [OR REPLACE] PACKAGE BODY [<用户方案名>]<包名>
    IS ｜ AS <PL/SQL 程序序列>
```

说明:

- ＜PL/SQL 程序序列＞:过程、函数、游标等的具体实现。

2. 包的调用

包可在其外部,使用包名作为前缀对其进行调用。

语法格式:

```
包名.函数名(过程名)
包名.游标名
包名.变量名(常量名)
```

3. 删除包

删除包体,可以使用以下命令:

```
DROP PACKAGE BODY <包名>;
```

如果要同时删除包说明和包体,可以使用以下命令:

```
DROP PACKAGE <包名>;
```

【例 10.9】 创建包 Pkg_Score,求 1201 课程的平均成绩。

（1）创建包规范和包体。

```
CREATE OR REPLACE PACKAGE Pkg_Score                        --(a.1)
    IS
    FUNCTION F_Average(p_cid IN char)
        RETURN number;
END;

CREATE OR REPLACE PACKAGE BODY Pkg_Score                   --(a.2)
    IS
    FUNCTION F_Average(p_cid IN char)                      --(a.2.1) (b.1)
        RETURN number                                      --(b.2)
        AS
        v_grade number;
    BEGIN
        SELECT AVG(grade) INTO v_grade                     --(b.3)
            FROM score
            WHERE cid=p_cid
```

```
        GROUP BY cid;
        RETURN(v_grade);                                    --(b.4)
    END F_Average;
END;
```

（2）包的调用。

```
DECLARE
    v_num number;
BEGIN
    v_num:=Pkg_Score.F_Average('1201');                     -- (b) (c)
    DBMS_OUTPUT.PUT_LINE('1201 课程的平均成绩:'||TO_char(v_num)); --(c.1)
END;
```

程序分析：

（a.1）使用 CREATE PACKAGE 语句创建程序包 Pkg_Score 的包规范，声明函数 F_Average 的名称、参数和返回值类型。

（a.2）使用 CREATE PACKAGE BODY 语句创建程序包 Pkg_Score 的包体。

（a.2.1）在包体中实现函数 F_Average。

（b）使用程序包名 Pkg_Score 作为前缀，调用函数 F_Average，实参值为'1201'。

（b.1）p_cid 为形参，IN 模式，调用函数 F_Average 时，实参值'1201'传递给形参 p_cid。

（b.2）定义返回值类型为 number，定义返回值变量 v_grade 为 number 类型。

（b.3）在 SELECT-INTO 语句中，查询条件的课程号 cid 由形参指定为'1201'，查询出 1201 课程的平均分，将查询结果存入变量 v_grade。

（b.4）返回语句将变量 v_grade 的返回值返回给调用函数程序的表达式。

（c）表达式将返回值赋值给变量 v_num。

（c.1）输出 1201 课程的平均成绩。

运行结果：

1201 课程的平均成绩:84.833333333333333333333333333333333333333

10.5　综　合　应　用

通过前面的实例已分析了触发器的语法结构和实现方法，读者具备了初步创建触发器的能力，下面通过两个实例可进一步掌握触发器的创建和应用。

【例 10.10】　创建一个触发器 T_InsertStudentScore，当学生表中添加一条记录时，自动为该学生添加成绩表中高等数学的记录。

（1）创建触发器。

```
CREATE OR REPLACE TRIGGER T_InsertStudentScore                 --(a)
    AFTER INSERT ON student FOR EACH ROW
BEGIN
    INSERT INTO score                                          -- (b.1)
```

```
        VALUES(:NEW.sid, (SELECT cid FROM course WHERE cname='高等数学'), NULL);
END;
```

（2）测试触发器。

```
INSERT INTO student VALUES('224005', '袁兰', '女', '17-8 月-01', '通信', 52); --(b)
```

程序分析：

（a）使用 CREATE TRIGGER 语句创建触发器 T_InsertStudentScore，指定触发时间为 AFTER，触发事件为 INSERT 语句，触发对象为 student 表，由于使用了 FOR EACH ROW 子句，触发级别为行级触发器。

（b）以 INSERT 语句为触发事件激发触发器 T_InsertStudentScore，该语句向 student 表插入一条记录。

（b.1）在触发体中，通过 INSERT 语句向 score 表插入记录，其中 NEW.sid 表示即将插入的记录中的学号，括号中的 SELECT 语句通过查询得到高等数学对应的课程号，实现级联操作，以自动添加成绩表中相应记录。

运行结果：

1 行 已插入

查看 student 表记录的信息。

```
SELECT * FROM student WHERE sid='224005';
```

显示结果：

```
SID       SNAME    SSEX   SBIRTHDAY     SPECIALITY      TC
--------- -------- ------ ------------- ------------- -------
224005    袁兰      女     2001-08-17    通信             52
```

查看 score 表记录的信息。

```
SELECT * FROM score WHERE sid='224005';
```

显示结果：

```
SID      CID    GRADE
-------- ------ ------
224005   8001
```

【**例 10.11**】　创建一个触发器 T_UserOpration，记录用户何时对 student 表进行插入、修改或删除操作。

（1）创建表、创建触发器。

```
CREATE TABLE OparationLog                                   --(a)
    (
        UserName varchar2(30),
        OparationType varchar2(20),
        UserDate timestamp
```

```
);

CREATE OR REPLACE TRIGGER T_UserOpration                    --(b)
    BEFORE INSERT OR UPDATE OR DELETE ON student FOR EACH ROW
DECLARE
    v_operation varchar2(20);                               --(c.1)
BEGIN
    IF INSERTING THEN                                       --(c.2)
        v_operation:='INSERT';
    ELSIF UPDATING THEN
        v_operation:='UPDATE';
    ELSIF DELETING THEN
        v_operation:='DELETE';
    END IF;
    INSERT INTO OparationLog VALUES(user, v_operation, SYSDATE);  --(c.3)
END;
```

（2）测试触发器。

```
UPDATE student                                             --(c)
    SET tc=50
    WHERE sid='224002';

DELETE FROM student
    WHERE sid='224003';

INSERT INTO student
    VALUES('224003','孙俊松','男',TO_DATE('20011007','YYYYMMDD'),'通信', 50);

SELECT * FROM OparationLog;                                --(d)
```

程序分析：

（a）创建 OparationLog 表，用于记录插入、修改或删除操作等信息。

（b）使用 CREATE TRIGGER 语句在创建触发器 T_UserOpration，指定触发时间为 BEFORE，触发事件为 INSERT 语句或 UPDATE 语句或 DELETE 语句，触发对象为 student 表，由于使用了 FOR EACH ROW 子句，触发级别为行级触发器。

（c）以 UPDATE 语句为触发事件激发触发器 T_UserOpration，该语句修改 student 表 tc 列的值。

以 DELETE 语句为触发事件激发触发器 T_UserOpration，该语句在 student 表中删除一条记录。

以 INSERT 语句为触发事件激发触发器 T_UserOpration，该语句向 student 表插入一条记录。

（c.1）声明变量 v_operation。

（c.2）在触发体中，通过 IF-THEN-ELSE 语句嵌套，如果用户对 student 表进行

INSERT、UPDATE 或 DELETE 操作,则对变量 v_operation 赋值。

(c.3) 通过 INSERT 语句向 OparationLog 表插入用户名称、操作类型和操作时间等信息。

(d) 使用 SELECT 查询 OparationLog 表记录的信息。

运行结果:

1 行 已更新

1 行 已删除

1 行 已插入

```
USERNAME   OPARATIONTYPE  USERDATE
---------- -------------- ----------------------------------------
SYSTEM     UPDATE         21-6月 -23 04.25.43.000000000 下午
SYSTEM     DELETE         21-6月 -23 04.27.24.000000000 下午
SYSTEM     INSERT         21-6月 -23 04.28.52.000000000 下午
```

10.6　小　　结

本章主要介绍了以下内容。

(1) 触发器是一种特殊的存储过程,与表的关系密切,其特殊性主要体现在不需要用户调用,而是在对特定表(或列)进行特定类型的数据修改时被激发。Oracle 的触发器有三类:DML 触发器、INSTEAD OF 触发器和系统触发器。

(2) 当数据库中发生数据操纵语言(DML)事件时将调用 DML 触发器。DML 事件包括在指定表或视图中修改数据的 INSERT 语句、UPDATE 语句和 DELETE 语句,DML 触发器可分为 INSERT 触发器、UPDATE 触发器和 DELETE 触发器三类。

(3) INSTEAD OF 触发器(替代触发器),一般用于对视图的 DML 触发。在视图上编写 INSTEAD OF 触发器后,INSTEAD OF 触发器只执行触发体中的 PL/SQL 语句,而不执行 DML 语句,这样就可以通过在 INSTEAD OF 触发器中编写适当的代码,对组成视图的各个基表进行操作。

(4) Oracle 提供的系统触发器可以被数据定义语句 DDL 事件或数据库系统事件触发。DDL 事件指 CREATE、ALTER 和 DROP 等。而数据库系统事件包括数据库服务器的启动(STARTUP)或关闭(SHUTDOWN),以及数据库服务器出错(SERVERERROR)等。

(5) 触发器的管理包括查看和修改触发器、删除触发器、启用或禁用触发器等内容。

(6) 程序包有包规范和包体两个独立的部分,包体只有在包规范完成编译后才能进行编译,这两部分独立地存储在数据字典中。使用程序包组织过程、函数和游标后,可以使程序设计模块化,提高程序的编写和执行效率。

习 题 10

一、选择题

1. 定义触发器的主要作用是_____。

    A. 提高数据的查询效率   B. 加强数据的保密性

    C. 增强数据的安全性   D. 实现复杂的约束

2. 下列关于触发器的描述正确的是_____。

    A. 可以在表上创建 INSTEAD OF 触发器

    B. 语句级触发器不能使用":OLD.列名"和":NEW.列名"

    C. 行级触发器不能用于审计功能

    D. 触发器可以显示调用

3. 下列关于触发器的说法中，不正确的是_____。

    A. 它是一种特殊的存储过程

    B. 可以实现复杂的逻辑

    C. 可以用来实现数据的完整性

    D. 数据库管理员可以通过语句执行触发器

4. 在创建触发器时，下列语句中，_____会决定触发器是针对每一行执行一次，还是每一个语句执行一次。

    A. FOR EACH ROW   B. ON

    C. REFERENCES   D. NEW

5. 下列数据库对象中，_____可用来实现表间参照关系。

    A. 索引   B. 存储过程   C. 触发器   D. 视图

二、填空题

1. Oracle 的触发器有 DML 触发器、INSTEAD OF 触发器和_____三类。

2. 在_____触发器执行过程中，PL/SQL 语句可以访问受触发器语句影响的每行的列值。

3. INSTEAD OF 触发器一般用于对_____的触发。

4. 系统触发器可以被 DDL 事件或_____事件触发。

5. 启用或禁用触发器使用的 PL/SQL 语句是_____。

6. 程序包有两个独立部分：_____和包体。

三、问答题

1. 什么是触发器？简述触发器的作用。

2. 对比存储过程和触发器的相同点和存储过程的不同点。

3. 触发器有哪几类？DML 触发器可分为哪几种？

4. 什么是 INSTEAD OF 触发器？

5. 为什么要启用和禁止触发器？写出启用和禁止触发器的 PL/SQL 语句。

6. 什么是程序包？它有哪两个独立部分？

四、应用题

1. 创建一个触发器，禁止修改学生的总学分。

2. 创建一个触发器，当删除 teacher 表中一个记录时，自动删除 lecture 表中该教师所上课程记录。

第11章

安全管理

本章要点
- 安全管理的基本概念
- 用户管理
- 权限管理
- 角色管理
- 概要文件

安全管理是评价一个数据库管理系统的重要指标,数据库安全管理指拥有相应权限的用户才可以访问数据库中的相应对象,执行相应合法操作。Oracle 数据库安全管理通过用户管理、权限管理、角色管理、概要文件等来实现。

11.1　安全管理概述

Oracle 数据库安全性包括以下两方面。

1. 对用户登录进行身份验证

当用户登录到数据库系统时,系统对用户账号和口令进行验证,确认能否访问数据库系统。

2. 对用户操作进行权限控制

当用户登录到数据库系统后,只能对数据库中的数据在允许的权限内进行操作。

某一用户要对某一数据库进行操作,需要满足以下条件:

(1) 登录 Oracle 服务器必须通过身份验证;

(2) 必须是该数据库的用户或某一数据库角色的成员;

(3) 必须有执行该操作的权限。

Oracle 数据库系统采用用户、角色、权限等安全管理策略来实现数据的安全性。

11.2　用　户　管　理

用户是数据库的使用者和管理者,用户管理是 Oracle 数据库安全管理的核心和基础。每个连接到数据库的用户都必须是系统的合法用户,用户要使用 Oracle 的系统资源,必须拥有相应的权限。

　　和用户密切关联的另一个概念是模式(Schema),也称作方案,模式是用户拥有的数据库对象的集合。在 Oracle 数据库中,用户与模式一一对应,一个模式只能被一个用户所拥有,而且用户名称与模式名称相同。

　　数据库对象是以模式为单位进行组织和管理的。默认情况下,用户引用的对象是与自己同名模式中的对象,如果要引用其他模式中的对象,需要在该对象名之前指明对象所属模式。同一模式中数据库对象的名称必须唯一,而在不同模式中的数据库对象可以同名。

　　在创建 Oracle 数据库时会自动创建一些用户,例如 SYS、SYSTEM 等,Oracle 数据库允许数据库管理员创建用户。

- SYS:是数据库中具有最高权限的数据库管理员,被授予了 DBA 角色,可以启动、修改和关闭数据库,拥有数据字典。
- SYSTEM:是辅助数据库管理员,不能启动和关闭数据库,可以进行一些其他的管理工作,例如创建用户、删除用户等。

和用户相关的属性包括以下几种。

1. 用户身份认证方式

在用户连接数据库时,必须经过身份认证。用户有 3 种身份认证。

- 数据库身份认证:即用户名/口令方式,用户口令以加密方式保存在数据库内部,用户连接数据库时必须输入用户名和口令,通过数据库认证后才能登录数据库。这是默认的认证方式。
- 外部身份认证:用户账户由 Oracle 数据库管理,但口令管理和身份验证由外部服务完成,外部服务可以是操作系统或网络服务。
- 全局身份认证:当用户试图建立与数据库的连接时,Oracle 使用网络中的安全管理服务器(Oracle Enterprise Security Manager)对用户进行身份认证。

2. 表空间配额

表空间配额限制用户在永久表空间中可用的存储空间大小,默认情况下,新用户在任何表空间中都没有任何配额,用户在临时表空间中不需要配额。

3. 默认表空间

用户在创建数据库对象时,如果没有显式指明该对象在哪个空间,那么系统会将该对象自动存储在用户的默认表空间中,即 SYSTEM 表空间。

4. 临时表空间

如果用户执行一些操作如排序、汇总和表间连接等,系统会首先使用内存中的排序区 SORT_AREA_SIZE,如果这块排序区大小不够,则将使用用户的临时表空间。一般使用系统默认临时表空间 TEMP 作为用户的默认临时表空间。

5. 账户状态

在创建用户时,可以设定用户的初始状态,包括用户口令是否过期、用户账户是否锁定等。已锁定的用户不能访问数据库,必须由管理员进行解锁后才允许访问。数据库管理员可以随时锁定账户或解除锁定。

6. 资源配置

每个用户都有一个资源配置,如果创建用户时没有指定,Oracle 会为用户指定默认的资源配置。资源配置的作用是对数据库系统资源的使用加以限制，这些资源包括口令是否过期，口令输入错误几次后锁定该用户，CPU 时间，输入/输出（I/O），以及用户打开的会话数目等。

11.2.1 创建用户

创建用户使用 CREATE USER 语句，创建者必须具有 CREATE USER 系统权限。

语法格式：

```
CREATE USER <用户名>                        /*将要创建的用户名,用户前必须加上 */
    [IDENTIFIED BY {<密码> | EXTERNALLY |
    GLOBALLY AS '<外部名称>' }]              /*表明 Oracle 如何验证用户 */
    [DEFAULT TABLESPACE <默认表空间名>]       /*标识用户所创建对象的默认表空间 */
    [TEMPORARY TABLESPACE <临时表空间名>]    /*标识用户的临时段的表空间 */
    /*用户规定的表空间存储对象,最多可达到这个定额规定的总尺寸 */
    [QUOTA <数字值>K | <数字值>M | UNLIMITED ON <表空间名>]
    [PROFILE <概要文件名>]                   /*将指定的概要文件分配给用户 */
    [PASSWORD EXPIRE]
    [ACCOUNT {LOCK | NULOCK}]               /*账户是否锁定 */
```

说明：

- IDENTIFIED BY<密码>：用户通过数据库验证方式登录，以及登录时需要提供的口令。
- IDENTIFIED EXTERNALLY：用户需要通过操作系统验证。
- DEFAULT TABLESPACE<默认表空间名>：为用户指定默认表空间。
- TEMPORARY TABLESPACE<临时表空间名>：为用户指定临时表空间。
- QUOTA：定义在表空间中允许用户使用的最大空间，可将限额定义为整数字节或千字节/兆字节。其中关键字 UNLIMITED 用户指定用户可以使用表空间中全部可用空间。
- PROFILE：指定用户的资源配置。
- PASSWORD EXPIRE：强制用户在使用 SQL * Plus 登录到数据库时重置口令（该选项仅在用户通过数据库进行验证时有效）。
- ACCOUNT LOCK│UNLOCK：可用于显示锁定或解除锁定用户账户（UNLOCK 为默认设置）。

启动 SQL * Plus，在"请输入用户名："处输入 system，在"输入口令："处输入 Ora123456，按 Enter 键后连接到 Oracle，在出现提示符 SQL>后，即可输入以下例题代码，按 Enter 键执行后，在 SQL * Plus 窗口中，将会出现运行结果。

【例 11.1】 创建用户 Lee，口令为 123456，默认表空间为 USERS，临时表空间为 TEMP；创建用户 Qian，口令为 oradb，默认表空间为 USERS，临时表空间为 TEMP；创建用户 Fu，口令为 s5678，默认表空间为 USERS，临时表空间为 TEMP。

（1）创建用户 Lee，代码和运行结果如下：

```
SQL>CREATE USER Lee
  2      IDENTIFIED BY 123456
  3      DEFAULT TABLESPACE USERS
  4      TEMPORARY TABLESPACE TEMP;
```
用户已创建。

（2）创建用户 Qian，代码和运行结果如下：

```
SQL>CREATE USER Qian
  2      IDENTIFIED BY oradb
  3      DEFAULT TABLESPACE USERS
  4      TEMPORARY TABLESPACE TEMP;
```
用户已创建。

（3）创建用户 Fu，代码和运行结果如下：

```
SQL>CREATE USER Fu
  2      IDENTIFIED BY s5678
  3      DEFAULT TABLESPACE USERS
  4      TEMPORARY TABLESPACE TEMP;
```
用户已创建。

11.2.2　修改用户

在数据库中修改用户时可以使用 ALTER USER 语句，但执行者必须具有 ALTER USER 权限。

语法格式：

```
ALTER USER user_name [IDENTIFIED]
    [BY PASSWORD | EXTERNALLY | GOLBALLY AS 'external_name']
    [DEFAULT TABLESPACE tablespace_name]
    [TEMPORARY TABLESPACE temp_tempspace_name]
    [QUOTA n K | M | UNLIMITED ON tablespace_name]
    [PROFILE profile_name]
    [DEFAULT ROLE role_list | ALL [EXCEPT role_list] | NONE]
    [PASSWORD EXPIRE]
    [ACCOUNT LOCK | UNLOCK];
```

其中关键字的意义参看 CREATE USER 语句中的说明。

【例 11.2】　将用户 Lee 的口令修改为 test。

代码和运行结果如下：

```
SQL>ALTER USER Lee
  2      IDENTIFIED BY test;
```
用户已更改。

11.2.3　删除用户

删除数据库用户可以使用 DROP USER 语句，但执行者必须具有 DROP USER 权限。

语法格式：

```
DROP USER user_name [CASCADE];
```

如果使用 CASCADE 选项，则删除用户时将删除该用户模式中的所有对象。如果用户拥有对象，则删除用户时若不使用 CASCADE 选项系统将给出错误信息。

【例 11.3】 删除用户 Fu。

代码和运行结果如下：

```
SQL>DROP USER Fu CASCADE;
用户已删除。
```

11.2.4 查询用户信息

通过查询数据字典视图可以获取用户信息、权限信息和角色信息。数据字典视图的内容如下：

（1）ALL_USERS：当前用户可以看见的所有用户。

（2）DBA_USERS：查看数据库中所有的用户信息。

（3）USER_USERS：当前正在使用数据库的用户信息。

（4）DBA_TS_QUOTAS：用户的表空间限额情况。

（5）USER_PASSWORD_LIMITS：分配给该用户的口令配置文件参数。

（6）USER_RESOURCE_LIMITS：当前用户的资源限制。

（7）V＄SESSION：每个当前会话的会话信息。

（8）V＄SESSTAT：用户会话的统计数据。

（9）DBA_ROLES：当前数据库中存在的所有角色。

（10）SESSION_ROLES：用户当前启用的角色。

（11）DBA_ROLE_PRIVS：授予用户（或角色）的角色，也就是用户（或角色）与角色之间的授予关系。

【例 11.4】 查看所有用户。

代码和运行结果如下：

```
SQL>SELECT USERNAME, USER_ID, CREATED FROM ALL_USERS;
USERNAME                 USER_ID  CREATED
----------------------------------------------------------------------- -----
SYS                            0  2019-05-30
AUDSYS                         8  2019-05-30
SYSTEM                         9  2019-05-30
SYSBACKUP             2147483617  2019-05-30
SYSDG                 2147483618  2019-05-30
SYSKM                 2147483619  2019-05-30
SYSRAC                2147483620  2019-05-30
OUTLN                         13  2019-05-30
XS$NULL               2147483638  2019-05-30
GSMADMIN_INTERNAL             22  2019-05-30
```

GSMUSER	23	2019-05-30
GSMROOTUSER	24	2019-05-30
DIP	25	2019-05-30
REMOTE_SCHEDULER_AGENT	36	2019-05-30
DBSFWUSER	37	2019-05-30
ORACLE_OCM	41	2019-05-30
SYS$UMF	50	2019-05-30
DBSNMP	58	2019-05-30
APPQOSSYS	59	2019-05-30
GSMCATUSER	63	2019-05-30
GGSYS	64	2019-05-30
XDB	66	2019-05-30
ANONYMOUS	67	2019-05-30
WMSYS	76	2019-05-30
MDDATA	99	2019-05-30
OJVMSYS	85	2019-05-30
CTXSYS	87	2019-05-30
ORDSYS	89	2019-05-30
ORDDATA	90	2019-05-30
ORDPLUGINS	91	2019-05-30
SI_INFORMTN_SCHEMA	92	2019-05-30
MDSYS	93	2019-05-30
OLAPSYS	96	2019-05-30
DVSYS	1279990	2019-05-30
LBACSYS	101	2019-05-30
DVF	103	2019-05-30
LEE	108	2023-03-22
QIAN	109	2023-03-22

已选择 38 行。

11.3 权 限 管 理

创建一个新用户后,该用户还无法操作数据库,还需要为该用户授予相关的权限。Oracle 的权限包括系统权限和数据库对象权限两类,采用非集中的授权机制,即数据库管理员(Database Administrator,DBA)负责授予与回收系统权限,每个用户授予与回收自己创建的数据库对象的权限。

11.3.1 权限概述

权限是预先定义好的执行某种 SQL 语句或访问其他用户模式对象的能力。权限分为系统权限和数据库对象权限两类。

系统权限是指在系统级控制数据库的存取和使用的机制,即执行某种 SQL 语句的能力。例如,启动、停止数据库,修改数据库参数,连接到数据库,以及创建、删除、更改模式对象(如表、视图、过程等)等权限。

数据库对象权限是指在对象级控制数据库的存取和使用的机制,即访问其他用户模式对象的能力。例如,用户可以存取哪个用户模式中的哪个对象,能对该对象进行查询、插入、更新操作等。

11.3.2 系统权限

系统权限一般由数据库管理员授予用户,也可将系统权限从被授予用户中撤回。

1. 系统权限的分类

数据字典视图 SYSTEM_PRIVILEGE_MAP 中包括了 Oracle 数据库中的所有系统权限,查询该视图可以了解系统权限的信息:

```
SELECT COUNT( * )
  FROM SYSTEM_PRIVILEGE_MAP;
```

Oracle 系统权限可分为以下三类。

1) 数据库维护权限

对于数据库管理员,需要创建表空间、修改数据库结构、创建用户、修改用户权限等进行数据库维护的权限,如表 11.1 所示。

表 11.1　数据库维护权限

系 统 权 限	功　　能
ALTER DATABASE	修改数据库的结构
ALTER SYSTEM	修改数据库系统的初始化参数
DROP PUBLIC SYNONYM	删除公共同义词
CREATE PUBLIC SYNONYM	创建公共同义词
CREATE PROFILE	创建资源配置文件
ALTER PROFILE	更改资源配置文件
DROP PROFILE	删除资源配置文件
CREATE ROLE	创建角色
ALTER ROLE	修改角色
DROP ROLE	删除角色
CREATE TABLESPACE	创建表空间
ALTER TABLESPACE	修改表空间
DROP TABLESPACE	删除表空间
MANAGE TABLESPACE	管理表空间
UNLIMITED TABLESPACE	不受配额限制地使用表空间
CREATE SESSION	创建会话,允许用户连接到数据库
ALTER SESSION	修改用户会话
ALTER RESOURCE COST	更改配置文件中的计算资源消耗的方式
RESTRICTED SESSION	在数据库处于受限会话模式下连接到数据
CREATE USER	创建用户
ALTER USER	更改用户

续表

系　统　权　限	功　　　能
BECOME USER	当执行完全装入时,成为另一个用户
DROP USER	删除用户
SELECT ANY DICTIONARY	允许查询以 DBA 开头的数据字典

2）数据库模式对象权限

对数据库开发人员而言,需要了解操作数据库对象的权限,如创建表、创建视图等权限,如表 11.2 所示。

表 11.2　数据库模式对象权限

系　统　权　限	功　　　能
CREATE CLUSTER	在自己模式中创建聚簇
DROP CLUSTE	删除自己模式中的聚簇
CREATE PROCEDURE	在自己模式中创建存储过程
DROP PROCEDURE	删除自己模式中的存储过程
CREATE DATABASE LINK	创建数据库连接权限,通过数据库连接允许用户存取远程的数据库
DROP DATABASE LINK	删除数据库连接
CREATE SYNONYM	创建私有同义词
DROP SYNONYM	删除同义词
CREATE SEQUENCE	创建开发者所需要的序列
CREATE TRIGGER	创建触发器
DROP TRIGGER	删除触发器
CREATE TABLE	创建表
DROP TABLE	删除表
CREATE VIEW	创建视图
DROP VIEW	删除视图
CREATE TYPE	创建对象类型

3）ANY 权限

具有 ANY 权限表示可以在任何用户模式中进行操作,如表 11.3 所示。

表 11.3　ANY 权限

系　统　权　限	功　　　能
ANALYZE ANY	允许对任何模式中的任何表、聚簇或者索引执行分析,查找其中的迁移记录和链接记录
CREATE ANY CLUSTER	在任何用户模式中创建聚簇
ALTER ANY CLUSTER	在任何用户模式中更改聚簇
DROP ANY CLUSTER	在任何用户模式中删除聚簇
CREATE ANY INDEX	在数据库中任何表上创建索引
ALTER ANY INDEX	在任何模式中更改索引

续表

系 统 权 限	功　能
DROP ANY INDEX	在任何模式中删除索引
CREATE ANY PROCEDURE	在任何模式中创建过程
ALTER ANY PROCEDURE	在任何模式中更改过程
DROP ANY PROCEDURE	在任何模式中删除过程
EXECUTE ANY PROCEDUE	在任何模式中执行或者引用过程
GRANT ANY PRIVILEGE	将数据库中任何权限授予任何用户
ALTER ANY ROLE	修改数据库中任何角色
DROP ANY ROLE	删除数据库中任何角色
GRANT ANY ROLE	允许用户将数据库中任何角色授予数据库中其他用户
CREATE ANY SEQUENCE	在任何模式中创建序列
ALTER ANY SEQUENCE	在任何模式中更改序列
DROP ANY SEQUENCE	在任何模式中删除序列
SELECT ANY SEQUENCE	允许使用任何模式中的序列
CREATE ANY TABLE	在任何模式中创建表
ALTER ANY TABLE	在任何模式中更改表
DROP ANY TABLE	允许删除任何用户模式中的表
COMMENT ANY TABLE	在任何模式中为任何表、视图或者列添加注释
SELECT ANY TABLE	查询任何用户模式中基本表的记录
INSERT ANY TABLE	允许向任何用户模式中的表插入新记录
UPDATE ANY TABLE	允许修改任何用户模式中表的记录
DELETE ANY TABLE	允许删除任何用户模式中表的记录
LOCK ANY TABLE	对任何用户模式中的表加锁
FLASHBACK ANY TABLE	允许使用 AS OF 子句对任何模式中的表、视图执行一个 SQL 语句
CREATE ANY VIEW	在任何用户模式中创建视图
DROP ANY VIEW	在任何用户模式中删除视图
CREATE ANY TRIGGER	在任何用户模式中创建触发器
ALTER ANY TRIGGER	在任何用户模式中修改触发器
DROP ANY TRIGGER	在任何用户模式中删除触发器
ADMINISTER DATABASE TRIGGER	允许创建 ON DATABASE 触发器。在能够创建 ON DATABASE 触发器之前，还必须先拥有 CREATE TRIGGER 或 CREATE ANYTRIGGER 权限
CREATE ANY SYNONYM	在任何用户模式中创建专用同义词
DROP ANY SYNONYM	在任何用户模式中删除同义词

2. 系统权限的授予

在数据库管理时,系统权限的授予使用 GRANT 语句。

语法格式:

```
GRANT <系统权限名>TO {PUBLIC | <角色名>| <用户名>[,..n]}
   [ WITH ADMIN OPTION]
```

其中,PUBLIC 是 Oracle 中的公共用户组,如果将系统权限授予 PUBLIC,则将系统权限授予所有用户。如果使用 WITH ADMIN OPTION,则允许被授予者进一步为其他用户或角色授予权限,此即系统权限的传递性。

【例 11.5】 授予用户 Lee 创建表和视图的权限。

代码和运行结果如下:

```
SQL>GRANT CREATE ANY TABLE, CREATE ANY VIEW TO Lee;
授权成功。
```

3. 系统权限的收回

数据库管理员或者具有向其他用户授权的用户可以使用 REVOKE 语句将已经授予的系统权限收回。

语法格式:

```
REVOKE <系统权限名>FROM {PUBLIC | <角色名>| <用户名>[,..n]};
```

【例 11.6】 收回用户 Lee 创建视图的权限。

使用 SYSTEM 用户登录,以下语句可以收回用户 Lee 创建视图的权限,代码和运行结果如下:

```
SQL>REVOKE CREATE ANY VIEW FROM Lee;
撤销成功。
```

11.3.3 数据库对象权限

数据库对象权限是一种对于特定对象(表、视图、序列、过程、函数或包等)执行特定操作的权限。例如,对某个表或视图对象执行 INSERT、DELETE、UPDATE、SELECT 操作时,都需要获得相应的权限才允许用户执行。Oracle 对象权限是 Oracle 数据库权限管理的重要组成部分。

1. 对象权限的分类

Oracle 对象有下列 9 种权限。

(1) SELECT:读取表、视图、序列中的行。

(2) UPDATE:更新表、视图和序列中的行。

(3) DELETE:删除表、视图中的数据。

(4) INSERT:向表和视图中插入数据。

(5) EXECUTE:执行类型、函数、包和过程。

（6）READ：读取数据字典中的数据。

（7）INDEX：生成索引。

（8）PEFERENCES：生成外键。

（9）ALTER：修改表、序列、同义词中的结构。

2. 对象权限的授予

对用户授予对象权限可使用 GRANT 语句。

语法格式：

```
GRANT {<对象权限名>| ALL [PRIVILEGE] [(<列名>[,…n])]}
   ON [用户方案名.] <对象权限名>TO {PUBLIC |<角色名>| <用户名>[,..n]}
   [WITH GRANT OPTION];
```

其中，ALL 关键字表示将全部权限授予该对象，ON 关键字表用于指定被授予权限的对象，WITH GRANT OPTION 选项表示被授予对象权限的用户可再将对象权限授予其他用户。

【例 11.7】 授予用户 Lee 对 student 表的查询、添加、修改和删除数据的权限。

代码和运行结果如下。

```
GRANT SELECT, INSERT, UPDATE, DELETE
   ON student TO Lee;


SQL>GRANT SELECT, INSERT, UPDATE, DELETE
  2       ON student TO Lee;
授权成功。
```

3. 对象权限的收回

对用户收回对象权限可使用 REVOKE 语句。

语法格式：

```
REVOKE {<对象权限名>| ALL [PRIVILEGE] [(<列名>[,…n])]}
   ON [用户方案名.] <对象权限名>TO {PUBLIC |<角色名>| <用户名>[,..n]}
   [CASCADE CONSTRAINTS];
```

其中，CASCADE CONSTRAINTS 选项表示在收回对象权限时，同时删除使用 REFERENCES 对象权限定义的参照完整性约束。

【例 11.8】 收回用户 Lee 对 student 表的查询、添加权限。

代码和运行结果如下：

```
SQL>REVOKE SELECT, DELETE
  2       ON student FROM Lee;
撤销成功。
```

11.3.4 权限查询

通过查询以下数据字典视图，可以获取权限信息。

（1）DBA_SYS_PRIVS：授予用户或者角色的系统权限。

（2）USER_SYS_PRIVS：授予当前用户的系统权限。

（3）SESSION_PRIVS：用户当前启用的权限。

（4）ALL_COL_PRIVS：当前用户或者 PUBLIC 用户组是其所有者、授予者或者被授予者的用户的所有列对象（即表中的字段）的授权。

（5）DBA_COL_PRIVS：数据库中所有的列对象的授权。

（6）USER_COL_PRIVS：当前用户或其所有者、授予者或者被授予者的所有列对象的授权。

（7）DBA_TAB_PRIVS：数据库中所用对象的权限。

（8）ALL_TAB_PRIVS：用户或者 PUBLIC 是其授予者的对象的授权。

（9）USER_TAB_PRIVS：当前用户是其被授予者的所有对象的授权。

【例 11.9】　查询 system 用户的系统权限。

代码和运行结果如下。

```
SQL>SELECT * FROM USER_SYS_PRIVS;
USERNAME              PRIVILEGE                       ADM  COM  INH
-------------------   -------------------------   ----  ----  -------
SYSTEM                CREATE TABLE                    NO   YES  YES
SYSTEM                SELECT ANY TABLE                NO   YES  YES
SYSTEM                DEQUEUE ANY QUEUE              YES   YES  YES
SYSTEM                GLOBAL QUERY REWRITE            NO   YES  YES
SYSTEM                ENQUEUE ANY QUEUE             YES   YES  YES
SYSTEM                CREATE MATERIALIZED VIEW        NO   YES  YES
SYSTEM                UNLIMITED TABLESPACE            NO   YES  YES
SYSTEM                MANAGE ANY QUEUE              YES   YES  YES
```

已选择 8 行。

11.4　角色管理

角色（Role）是一系列权限的集合，目的在于简化对权限的管理。通过角色，Oracle 提供了简单和易于控制的权限管理。

11.4.1　角色概述

角色是一组权限，可以授予用户和其他角色，也可以从用户和其他角色中收回。

使用角色可以简化权限的管理，可以仅用一条语句就能从用户那里授予或者回收许多权限，而不必对用户一一授权。使用角色还可以实现权限的动态管理，例如，随着应用的变化可以增加或者减少角色的权限，这样通过改变角色权限，就改变了多个用户的权限。

角色、用户及权限是一组有密切关系的对象，既然角色是一组权限的集合，那么它被授予某个用户时才能有意义。

在较为大型的应用系统中，要求对应用系统功能进行分类，从而形成角色的雏形，再使用 CREATE ROLE 语句将它们创建为角色；最后根据用户工作的分工，将不同的角色（包括系统预定义的角色）授予各类用户。

角色所对应的权限集合中可以包含系统权限和对象权限。角色可以授予另外一个角色，但需要避免将角色授予它本身，也不能循环授予。

1. 安全应用角色

DBA 可以授予安全应用角色运行给定数据库应用时所有必要的权限。然后将该安全应用角色授予其他角色或者用户，应用可以包含几个不同的角色，每个角色都包含不同的权限集合。

2. 用户自定义角色

DBA 可以为数据库用户组创建用户自定义的角色，赋予一般的权限需要。

3. 数据库角色的权限

（1）角色可以被授予系统和方案对象权限。

（2）角色被授予其他角色。

（3）任何角色可以被授予任何数据库对象。

（4）授予用户的角色，在给定的时间里，要么启用，要么禁用。

4. 角色和用户的安全域

每个角色和用户都包含自己唯一的安全域，角色的安全域包括授予角色的权限。

5. 预定义角色

Oracle 系统在安装完成后就有整套的用于系统管理的角色，这些角色称为预定义角色。常见的预定义角色及权限说明如表 11.4 所示。

表 11.4   Oracle 预定义角色

角 色 名	权 限 说 明
CONNECT	ALTER SESSION, CREATE CLUSTER, CREATE DATABASE LINK, CREATE SEQUENCE, CREATE SESSION, CREATE SYNONYM, CREATE VIEW, CREATE TABLE
RESOURCE	CREATE CLUSTER, CREATE INDEXTYPE, CREATE OPERATOR, CREATE PROCEDURE, CREATE SEQUENCE, CREATE TABLE, CREATE TRIGGER, CREATE TYPE
DBA	拥有所有权限
EXP_FULL_DATABASE	SELECT ANY TABLE, BACKUP ANY TABLE, EXECUTE ANY PROCEDURE, EXECUTE ANY TYPE, ADMINISTER RESOURCE MANAGER, 在 SYS. INCVID、SYSINCFIL 和 SYS. INCEXP 表的 INSERT、DELETE 和 UPDATE 权限；EXECUTE_CATALOG-ROLE, SELECT_CATALOG_ROLE
IMP_FULL_DATABASE	执行全数据库导出所需要的权限，包括系统权限列表和下面的角色：EXECUTE_CATALOG_ROLE, SELECT_CATALOG_ROLE
DELETE_CATALOG_ROLE	删除权限

续表

角　色　名	权　限　说　明
EXECUTE_CATALOG_ROLE	在所有目录包中有 EXECUTE 权限
SELECT_CATALOG_ROLE	在所有表和视图上有 SELECT 权限

11.4.2　创建角色

在创建数据库以后,当系统预定义角色不能满足实际要求时,由 DBA 用户根据业务需要创建各种用户自定义角色(本节以下简称角色),然后为角色授权,最后再将角色分配给用户,从而增强权限管理的灵活性和方便性。

使用 CREATE ROLE 语句可在数据库中创建角色。

语法格式:

```
CREATE ROLE <角色名>[NOT IDENTIFIED] [IDENTIFIED {BY <密码>}];
```

【例 11.10】　创建一个角色 Marketing1,不设置密码。

代码和运行结果如下:

```
SQL>CREATE ROLE Marketing1;
角色已创建。
```

【例 11.11】　创建一个角色 Marketing2,设置密码 123456。

代码和运行结果如下:

```
SQL>CREATE ROLE Marketing2 IDENTIFIED BY 123456;
角色已创建。
```

11.4.3　修改角色

在进行数据库管理时,可以使用 ALTER ROLE 语句修改角色。

语法格式:

```
ALTER ROLE <角色名>[ NOT IDENTIFIED ] [ IDENTIFIED {BY <密码> | EXTERNALLY |
GLOBALLY} ];
```

ALTER ROLE 语句的含义与 CREATE ROLE 语句的含义相同。

【例 11.12】　修改角色 Marketing2 的密码为 1234。

代码和运行结果如下:

```
SQL>ALTER ROLE Marketing2 IDENTIFIED BY 1234;
角色已丢弃。
```

11.4.4　授予角色权限和收回权限

当角色被建立后,没有任何权限,可以使用 GRANT 语句给角色授予权限,同时可以使用 REVOKE 语句取消角色的权限。角色权限的授予与回收和用户权限的授予语法相同。

【例 11.13】 授予角色 Marketing1 在任何模式中创建表和视图的权限。

代码和运行结果如下：

```
SQL>GRANT CREATE ANY TABLE, CREATE ANY VIEW TO Marketing1;
授权成功。
```

【例 11.14】 取消角色 Marketing1 的创建视图的权限。

代码和运行结果如下：

```
SQL>REVOKE CREATE ANY VIEW FROM Marketing1;
撤销成功。
```

11.4.5　将角色授予用户

将角色授予给用户以后，用户将立即拥有角色所拥有的权限。

将角色授予用户可使用 GRANT 语句。

语法格式：

```
GRANT <角色名>[,…n] TO {<用户名> | <角色名> | PUBLIC} [WITH ADMIN OPTION];
```

其中，WITH ADMIN OPTION 选项表示用户可再将这些权限授予其他用户。

【例 11.15】 将角色 Marketing1 授予用户 Lee。

代码和运行结果如下：

```
SQL>GRANT Marketing1 TO Lee;
授权成功。
```

11.4.6　角色的启用和禁用

使用 SET ROLE 语句为数据库用户的会话设置角色的启用和禁用。

当某角色启用时，属于角色的用户可以执行该角色所具有的所有权限操作，而当某角色禁用时，拥有这个角色的用户将不能执行该角色的任何权限操作。通过设置角色的启用和禁用，可以动态改变用户的权限。

语法格式：

```
SET ROLE { <角色名>[ IDENTIFIED BY <密码>][,…n] | ALL [ EXCEPT <角色名>[, …n ] ] |
NONE };
```

其中，IDENTIFIED BY 子句用于为该角色指定密码，ALL 选项表示将启用用户被授予的所有角色，EXCEPT 子句表示启用除该子句指定的角色外的其他全部角色，NONE 选项表示禁用所有角色。

【例 11.16】 在当前会话中启用角色 Marketing1。

代码和运行结果如下：

```
SQL>SET ROLE Marketing1;
```

角色集

11.4.7 收回用户的角色

如果想从用户收回已经授予的角色,可以使用 REVOKE 语句。

语法格式:

REVOKE <角色名>[,..n] FROM {<用户名>| <角色名>| PUBLIC}

【例 11.17】 从用户 Lee 中收回角色 Marketing1。

代码和运行结果如下:

SQL>REVOKE Marketing1 FROM Lee;
撤销成功。

11.4.8 删除角色

使用 DROP ROLE 语句可以删除角色,同时使用该角色的用户的权限也将被回收。删除用户一般由 DBA 操作。

语法格式:

DROP ROLE 角色名;

【例 11.18】 删除角色 Marketing2。

代码和运行结果如下:

SQL>DROP ROLE Marketing2;
角色已删除。

11.4.9 查询角色信息

通过查询以下数据字典或动态性能视图,可以获得数据库角色的相关信息。

(1) DBA_ROLES:数据库中的所有角色及其描述。

(2) DBA_ROLES_PRIVS:授予用户和角色的角色信息。

(3) DBA_SYS_PRIVS:授予用户和角色的系统权限。

(4) USER_ROLE_PRIVS:为当前用户授予的角色信息。

(5) ROLE_ROLE_PRIVS:授予角色。

(6) ROLE_SYS_PRIVS:授予角色的系统权限信息。

(7) ROLE_TAB_PRIVS:授予角色的对象权限信息。

(8) SESSION_PRIVS:当前会话所具有的系统权限信息。

(9) SESSION_ROLES:用户当前授权的角色信息。

【例 11.19】 查询角色 Marketing1 所具有的系统权限信息。

代码和运行结果如下:

SQL>SELECT * FROM ROLE_SYS_PRIVS WHERE ROLE='MARKETING1';

```
ROLE                     PRIVILEGE                    ADM  COM  INH
----------------------   --------------------------   ----  ----  -------
MARKETING1               CREATE ANY TABLE             NO   NO   NO
```

11.5 概 要 文 件

概要文件(PROFILE),又被称作资源文件或配置文件,用于限制用户使用的系统资源,并管理口令限制。当 DBA 在创建一个用户的时候,如果没有为用户指定概要文件,则 Oracle 会为该用户指定默认的概要文件。

11.5.1 概要文件中的参数

概要文件中的参数,可以分为资源限制参数和口令管理参数两类。

1. 资源限制参数

- CPU_PER_SESSION:限制用户在一次会话期间可以占用的 CPU 时间总量,单位为百分之一秒。当达到该时间限制后,用户就不能在会话中执行任何操作了,必须断开连接,然后重新建立连接。
- CPU_PER_CALL:限制每个调用可以占用的 CPU 时间总量,单位为百分之一秒。当一个 SQL 语句执行时间达到该限制后,该语句以错误信息结束。
- CONNECT_TIME:限制每个会话可持续的最大时间值,单位为分钟。当数据库连接持续时间超出该设置时,连接被断开。
- IDLE_TIME:限制每个会话处于连续空闲状态的最大时间值,单位为分钟。当会话空闲时间超过该设置时,连接被断开。
- SESSIONS_PER_USER:限制一个用户打开数据库会话的最大数量。
- LOGICAL_READS_PER_SESSION:允许一个会话读取数据块的最大数量,包括从内存中读取的数据块和从磁盘中读取的数据块的总和。
- LOGICAL_READS_PER_CALL:允许一个调用读取的数据块的最大数量,包括从内存中读取的数据块和从磁盘中读取的数据块的总和。
- PRIVATE_SGA:在共享服务器操作模式中,执行 SQL 语句或 PL/SQL 程序时,Oracle 将在 SGA 中创建私有 SQL 区。该参数限制在 SGA 中一个会话可分配私有 SQL 区的最大值。
- COMPOSITE_LIMIT:称为"综合资源限制",是一个用户会话可以消耗的资源总限额。

2. 口令管理参数

- FAILED_LOGIN_ATTEMPTS:限制用户在登录 Oracle 数据库时允许失败的次数。一个用户尝试登录数据库的次数达到该值时,该用户的账户将被锁定,只有解锁后才可以继续使用。
- PASSWORD_LOCK_TIME:设定当用户登录失败后,用户账户被锁定的时间长度。

- PASSWORD_LIFE_TIME：设置用户口令的有效天数。达到限制的天数后，该口令将过期，需要设置新口令。
- PASSWORD_GRACE_TIME：用于设定提示口令过期的天数。在这几天中，用户将接收到一个关于口令过期需要修改口令的警告。当达到规定的天数后，原口令过期。
- PASSWORD_REUSE_TIME：指定一个用户口令被修改后，必须经过多少天后才可以重新使用该口令。
- PASSWORD_REUSE_MAX：指定一个口令被重新使用前，必须经过多少次修改。
- PASSWORD_VERIFY_FUNCTION：设置口令复杂性校验函数。该函数会对口令进行校验，以判断口令是否符合最低复杂程度或其他校验规则。

11.5.2　创建概要文件

使用 CREATE PROFILE 命令创建概要文件，操作者必须有 CREATE PROFILE 的系统权限。

语法格式：

```
CREATE PROFILE <概要文件名>LIMIT
    <资源限制参数> | <口令管理参数>
```

【例 11.20】　创建一个 res_profile 概要文件，如果用户连续 3 次登录失败，则锁定该用户，15 天后该用户自动解锁。

代码和运行结果如下：

```
SQL>CREATE PROFILE res_profile LIMIT
  2     FAILED_LOGIN_ATTEMPTS 3
  3     PASSWORD_LOCK_TIME 15;
配置文件已创建
```

11.5.3　管理概要文件

1. 分配概要文件

分配概要文件包括创建用户时分配概要文件和修改用户时分配概要文件。

1）创建用户时分配概要文件

语法格式：

```
CREATE USER username PROFILE profile_name   IDENTIFIED by password
```

【例 11.21】　创建用户 Sun 时分配 res_profile 概要文件。

代码和运行结果如下：

```
SQL>CREATE USER Sun PROFILE res_profile
  2     IDENTIFIED BY 123456;
用户已创建。
```

2）修改用户时分配概要文件

语法格式：

```
ALTER USER username PROFILE profilename
```

【例 11.22】 修改用户 Lee 时分配 res_profile 概要文件。

代码和运行结果如下：

```
SQL>ALTER USER Lee PROFILE res_profile;
用户已更改。
```

2. 修改概要文件

使用 ALTER PROFILE 语句可以修改概要文件。

语法格式：

```
ALTER PROFILE <概要文件名>LIMIT
resource_parameters | password_parameters
```

ALTER PROFILE 语句中的关键字和参数与 CREATE PROFILE 语句相同。

【例 11.23】 修改概要文件 res_profile，设置用户口令有效期为 30 天。

代码和运行结果如下：

```
SQL>ALTER PROFILE res_profile LIMIT
  2      PASSWORD_LIFE_TIME 30;
配置文件已更改
```

【例 11.24】 修改概要文件 res_profile，设置用户口令超过有效期 15 天后被锁定。

代码和运行结果如下：

```
SQL>ALTER PROFILE res_profile LIMIT
  2      PASSWORD_GRACE_TIME 15;
配置文件已更改
```

3. 删除概要文件

使用 DROP PROFILE 语句可以删除概要文件。

语法格式：

```
DROP PROFILE <概要文件名>[CASCADE];
```

4. 查询概要文件信息

在视图中可以查询以下概要文件信息。

（1）DBA_PROFILES：描述了所有概要文件的基本信息。

（2）USER-PASSWORD-LIMITS：描述了在概要文件中的口令管理策略（主要对分配该概要文件的用户而言）。

（3）USER-RESOURCE-LIMITS：描述了资源限制参数信息。

（4）DBA_USERS：描述了数据库中用户的信息，包括为用户分配的概要文件。

【**例 11.25**】 查询概要文件信息。

代码和运行结果如下：

```
SQL>SELECT * FROM DBA_PROFILES;
PROFILE         RESOURCE_NAME              RESOURCE_LIMIT       COM  INH  IMP
--------------  -------------------------  -------------------- ---- ---- ----
...
RES_PROFILE     COMPOSITE_LIMIT            KERNEL DEFAULT       NO   NO   NO
RES_PROFILE     SESSIONS_PER_USER          KERNEL DEFAULT       NO   NO   NO
RES_PROFILE     CPU_PER_SESSION            KERNEL DEFAULT       NO   NO   NO
RES_PROFILE     CPU_PER_CALL               KERNEL DEFAULT       NO   NO   NO
RES_PROFILE     LOGICAL_READS_PER_SESSION  KERNEL DEFAULT       NO   NO   NO
RES_PROFILE     LOGICAL_READS_PER_CALL     KERNEL DEFAULT       NO   NO   NO
RES_PROFILE     IDLE_TIME                  KERNEL DEFAULT       NO   NO   NO
RES_PROFILE     CONNECT_TIME               KERNEL DEFAULT       NO   NO   NO
RES_PROFILE     PRIVATE_SGA                KERNEL DEFAULT       NO   NO   NO
RES_PROFILE     FAILED_LOGIN_ATTEMPTS      PASSWORD 3           NO   NO   NO
RES_PROFILE     PASSWORD_LIFE_TIME         PASSWORD 30          NO   NO   NO
RES_PROFILE     PASSWORD_REUSE_TIME        PASSWORD DEFAULT     NO   NO   NO
RES_PROFILE     PASSWORD_REUSE_MAX         PASSWORD DEFAULT     NO   NO   NO
RES_PROFILE     PASSWORD_VERIFY_FUNCTION   PASSWORD DEFAULT     NO   NO   NO
RES_PROFILE     PASSWORD_LOCK_TIME         PASSWORD 15          NO   NO   NO
RES_PROFILE     PASSWORD_GRACE_TIME        PASSWORD 15          NO   NO   NO
RES_PROFILE     INACTIVE_ACCOUNT_TIME      PASSWORD DEFAULT     NO   NO   NO
```

11.6 综 合 应 用

1. 综合应用要求

培养学生创建用户、创建角色、授予权限和收回权限、删除用户、删除角色的能力。

（1）以系统管理员 system 身份登录到 Oracle，创建 2 个学生用户 Stu01、Stu02，创建 1 个教师用户 Teach01，创建 1 个管理员用户 Adm01。

（2）分别授予用户 Stu01、Stu02、Teach01、Adm01 连接数据库的权限。

（3）授予用户 Adm01 创建表和视图的权限后，收回创建视图的权限。

（4）授予用户 Teach01 在 teacher 表上添加、修改和删除数据的权限后，收回修改权限。

（5）创建学生角色 StuRole，授予查询 student 表的权限；创建教师角色 TeachRole，授予在 student 表上修改和查询权限；创建管理员角色 AdmRole，授予在 student 表上添加、删除学生记录和查询权限。

（6）将学生用户 Stu01、Stu02 定义为学生角色 StuRole 的成员，将教师用户 Teach01 定义为教师角色 TeachRole 的成员，将管理员用户 Adm01 定义为管理员角色 AdmRole 的成员。

（7）删除学生角色 StuRole，删除教师角色 TeachRole，删除管理员角色 AdmRole。

（8）删除学生用户 Stu01、Stu02，删除教师用户 Teach01，删除管理员用户 Adm01。

2. SQL 语句编写

（1）以系统管理员 system 身份登录到 Oracle，创建 2 个学生用户 Stu01、Stu02，创建 1 个教师用户 Teach01，创建 1 个管理员用户 Adm01。

代码和运行结果如下：

```
SQL>CREATE USER Stu01
  2      IDENTIFIED BY 123456
  3      DEFAULT TABLESPACE USERS
  4      TEMPORARY TABLESPACE TEMP;
用户已创建。


SQL>CREATE USER Stu02
  2      IDENTIFIED BY 123456
  3      DEFAULT TABLESPACE USERS
  4      TEMPORARY TABLESPACE TEMP;
用户已创建。


SQL>CREATE USER Teach01
  2      IDENTIFIED BY 123456
  3      DEFAULT TABLESPACE USERS
  4      TEMPORARY TABLESPACE TEMP;
用户已创建。


SQL>CREATE USER Adm01
  2      IDENTIFIED BY 123456
  3      DEFAULT TABLESPACE USERS
  4      TEMPORARY TABLESPACE TEMP;
用户已创建。
```

（2）分别授予用户 Stu01、Stu02、Teach01、Adm01 连接数据库的权限。

代码和运行结果如下：

```
SQL>GRANT CREATE SESSION TO Stu01;
授权成功。


SQL>GRANT CREATE SESSION TO Stu02;
授权成功。


SQL>GRANT CREATE SESSION TO Teach01;
授权成功。


SQL>GRANT CREATE SESSION TO Adm01;
授权成功。
```

（3）授予用户 Adm01 创建表和视图的权限后，收回创建视图的权限。

代码和运行结果如下：

```
SQL>GRANT CREATE ANY TABLE, CREATE ANY VIEW TO Adm01;
授权成功。


SQL>REVOKE CREATE ANY TABLE FROM Adm01;
撤销成功。
```

（4）授予用户 Teach01 在 teacher 表上添加、修改和删除数据的权限后，收回修改权限。代码和运行结果如下：

```
SQL>GRANT  INSERT, UPDATE, DELETE
  2      ON teacher TO Teach01;
授权成功。


SQL>REVOKE UPDATE
  2      ON teacher FROM Teach01;
撤销成功。
```

（5）创建学生角色 StuRole，授予查询 student 表的权限；创建教师角色 TeachRole，授予在 student 表上修改和查询权限；创建管理员角色 AdmRole，授予在 student 表上添加、删除学生记录和查询权限。

代码和运行结果如下：

```
SQL>CREATE ROLE StuRole
  2      IDENTIFIED BY 1234;
角色已创建。


SQL>GRANT SELECT
  2     ON student TO StuRole;
授权成功。


SQL>CREATE ROLE TeachRole
  2      IDENTIFIED BY 1234;
角色已创建。


SQL>GRANT SELECT, UPDATE
  2     ON student TO TeachRole;
授权成功。


SQL>CREATE ROLE AdmRole
  2      IDENTIFIED BY 1234;
角色已创建。


SQL>GRANT SELECT, INSERT, DELETE
  2     ON student TO AdmRole;
授权成功。
```

（6）将学生用户 Stu01、Stu02 定义为学生角色 StuRole 的成员，将教师用户 Teach01

定义为教师角色 TeachRole 的成员,将管理员用户 Adm01 定义为管理员角色 AdmRole 的成员。

代码和运行结果如下:

```
SQL>GRANT StuRole
2   TO Stu01;
授权成功。


SQL>GRANT StuRole
2   TO Stu01;
授权成功。


SQL>GRANT TeachRole
2   TO Teach01;
授权成功。


SQL>GRANT AdmRole
2   TO Adm01;
授权成功。
```

(7) 删除学生角色 StuRole,删除教师角色 TeachRole,删除管理员角色 AdmRole。
代码和运行结果如下:

```
SQL>DROP ROLE StuRole;
角色已删除。


SQL>DROP ROLE TeachRole;
角色已删除。


SQL>DROP ROLE AdmRole;
角色已删除。
```

(8) 删除学生用户 Stu01、Stu02,删除教师用户 Teach01,删除管理员用户 Adm01。
代码和运行结果如下:

```
SQL>DROP USER Stu01;
用户已删除。


SQL>DROP USER Stu02;
用户已删除。


SQL>DROP USER Teach01;
用户已删除。


SQL>DROP USER Adm01;
用户已删除。
```

11.7　小　　结

本章主要介绍了以下内容。

（1）安全管理是评价一个数据库管理系统的重要指标，Oracle 数据库安全管理指拥有相应权限的用户才可以访问数据库中的相应对象，执行相应合法操作。Oracle 数据库安全性包括对用户登录进行身份验证和对用户操作进行权限控制两方面。

（2）用户是数据库的使用者和管理者，用户管理是 Oracle 数据库安全管理的核心和基础。用户管理包括创建用户、修改用户、删除用户和查询用户信息等操作。

和用户密切关联的另一个概念是模式，也称作方案，模式是用户拥有的数据库对象的集合。在 Oracle 数据库中，用户与模式一一对应，一个模式只能被一个用户拥有，而且用户名称与模式名称相同。

（3）权限是预先定义好的执行某种 SQL 语句或访问其他用户模式对象的能力。权限分为系统权限和数据库对象权限两类，系统权限是指在系统级控制数据库的存取和使用的机制，即执行某种 SQL 语句的能力，对象权限是指在对象级控制数据库的存取和使用的机制，即访问其他用户模式对象的能力。权限管理包括系统权限授予和收回、对象权限授予和收回等操作。

（4）角色是一系列权限的集合，目的在于简化对权限的管理。角色管理包括创建角色、修改角色、授予角色权限和收回权限、将角色授予用户、角色的启用和禁用、收回用户的角色、删除角色、查询角色信息等操作。

（5）概要文件，又被称作资源文件或配置文件，用于限制用户使用的系统资源，并管理口令限制。概要文件管理包括创建概要文件、分配概要文件、修改概要文件、删除概要文件、查询概要文件信息等操作。

习　题　11

一、选择题

1. 如果用户 Hu 创建了数据库对象，则删除该用户应使用＿＿＿＿＿＿语句。
   A. DROP USER Hu;　　　　　　　B. DROP USER Hu CASCADE;
   C. DELETE USER Hu;　　　　　　D. DELETE USER Hu CASCADE;

2. 修改用户时，用户的＿＿＿＿＿＿属性不能修改。
   A. 名称　　　　　B. 密码　　　　　C. 表空间　　　　　D. 临时表空间

3. 下列选项中，＿＿＿＿＿＿不属于对象权限。
   A. SELECT　　　　B. UPDATE　　　　C. DROP　　　　D. READ

4. 启用所有角色应使用＿＿＿＿＿＿语句。
   A. ALTER ROLL ALL ENABLE;　　　B. ALTER ROLL ALL;
   C. SET ROLL ALL ENABLE;　　　　D. SET ROLL ALL;

二、填空题

1. 用户与模式一一对应，一个模式只能被一个用户拥有，而且用户名称与模式名称_____。

2. 如果要引用其他模式中的对象,需要在该对象名之前指明对象所属_____。

3. 创建用户时,要求创建者具有_____系统权限。

4. 向用户授予系统权限时,使用_____选项表示该用户可将此系统权限授予其他用户或角色。

5. _____是具有名称的一组相关权限的集合。

6. 启用与禁用角色使用_____语句。

三、问答题

1. Oracle 数据库安全性包括哪几方面?

2. 什么是用户? 什么是模式? 二者有何联系?

3. 什么是系统权限和对象权限? 二者有何不同?

4. 什么是角色? 它有何作用?

5. 简述权限与角色的关系。

6. 概要文件有何作用? 其参数可以分为哪两类?

四、应用题

1. 创建一个用户 Su,口令为 green,默认表空间为 USERS,配额为 15MB。

2. 授予用户 Su 连接数据库的权限,对 student 表的查询、添加和删除数据的权限,同时允许该用户将获得的权限授予其他用户。

3. 创建 2 个教师用户 teacher1、teacher2。

4. 分别给教师用户 teacher1、teacher2 授予连接数据库的权限,创建表和过程的权限。

5. 创建教学角色 TeaRole,授予查询、添加、修改和删除 teatb 表(teatb 表已创建)的权限。

6. 将教师用户 teacher1、teacher2 定义为教学角色 TeaRole 的成员。

7. 删除角色 TeaRole,删除用户 teacher1、teacher2。

第 12 章

备份和恢复

本章要点

- 备份和恢复概述
- 逻辑备份与恢复
- 脱机备份与恢复
- 联机备份与恢复
- 闪回技术

数据库的备份和恢复是保证数据库安全运行的重要内容,为了防止人为操作和自然灾难而引起的数据丢失或破坏,Oracle 提供的备份和恢复机制是一项重要的系统管理工作。

12.1 备份和恢复概述

备份(Backup)是数据库信息的一个拷贝,这个拷贝包括数据库的控制文件、数据文件和重做日志文件等,将其存放到一个相对独立的设备(如磁盘或磁带)上,以备数据库出现故障时使用。

恢复(Recovery)是指在数据库发生故障时,使用备份还原数据库,使数据库从故障状态恢复到无故障状态。

12.1.1 备份概述

设计备份策略的原则是以最小代价恢复数据,备份与恢复是紧密联系的,备份策略要与恢复结合起来考虑。

1. 根据备份方式的不同

根据备份方式不同,备份分为逻辑备份和物理备份两种。

(1) 逻辑备份。逻辑备份是指使用 Oracle 提供的工具(如 Export、Expdp)将数据库中的数据抽取出来存在一个二进制的文件中。

(2) 物理备份。物理备份是将组成数据库的控制文件、数据文件和重做日志文件等操作系统文件进行拷贝,将形成的副本保存到与当前系统独立的磁盘或磁带上。

2. 根据数据库备份时是否关闭服务器

根据数据库备份时是否关闭服务器,物理备份分为联机备份和脱机备份两种。

(1) 脱机备份。脱机备份(Offline Backup),又称冷备份,在数据库关闭的情况下对数据库进行物理备份。

（2）联机备份。联机备份（Online Backup），又称热备份，在数据库运行的情况下对数据库进行物理备份。进行联机备份，数据库必须运行在归档日志模式下。

3. 根据数据库备份的规模不同

根据数据库备份的规模不同，物理备份分为完全备份和部分备份两种。

（1）完全备份。完全备份指对整个数据库进行备份，包括所有物理文件。

（2）部分备份。对部分数据文件、表空间、控制文件、归档日志文件等进行备份。

备份一个 Oracle 数据库有 3 种标准方式：导出（Export）、脱机备份（Offline Backup）和联机备份（Online Backup）。导出是数据库的逻辑备份。脱机备份和联机备份都是物理备份。

12.1.2　恢复概述

恢复是指在数据库发生故障时，使用备份加载到数据库，使数据库恢复到备份时的正确状态。

1. 根据故障原因

根据故障原因，恢复可以分为实例恢复和介质恢复。

（1）实例恢复。实例恢复又叫自动恢复，指当 Oracle 实例出现失败后，Oracle 自动进行的恢复。

（2）介质恢复。指当存放数据库的介质出现故障时所做的恢复。

2. 根据备份不同

根据数据库使用的备份不同，恢复可以分为逻辑恢复和物理恢复。

（1）逻辑恢复。利用逻辑备份的二进制的文件，使用 Oracle 提供的工具（如 Import、Impdp）将部分信息或全部信息导入数据库，从而进行恢复。

（2）物理恢复。使用物理备份进行恢复，是在操作系统级别上进行的。

3. 根据恢复程度不同

根据数据库恢复程度的不同，恢复可以分为完全恢复和不完全恢复。

（1）完全恢复。利用备份使数据库恢复到出现故障前的状态。

（2）不完全恢复。利用备份使数据库恢复到出现故障时刻之前的某个状态。

12.2　逻辑备份与恢复

逻辑备份与恢复必须在数据库运行状态下进行。

逻辑备份与恢复的实用程序是使用数据泵技术 EXPDP 和 IMPDP 进行导出和导入，数据泵可以从数据库中高速导出或加载数据库，并可实现断点重启，用于对大量数据的大的作业操作。

1. 使用 EXPDP 进行导出

使用 EXPDP 进行导出可以交互进行，也可通过命令行，EXPDP 命令的操作参数如

表 12.1 所示。

表 12.1　EXPDP 命令的常用操作参数

关　键　字	描　　述
CONTENT	指定要导出的内容。ALL 表示导出对象的元数据及行数据；DATA_ONLY 表示只导出对象的行数据；METADATA_ONLY 表示只导出对象的元数据，默认值为 ALL
DIRECTORY	指定转储文件和日志文件所在位置的目录对象，该对象由 DBA 预先创建
DUMPFILE	指定转储文件名称列表，可以包含目录对象名，默认值为 EXPDAT.DMP
FULL	指定是否进行全数据库导出，包括所有行数据与元数据，默认值为 NO
JOB_NAME	指定导出作业的名称，默认值为系统自动为作业生成的一个名称
LOGFILE	指定导出日志文件的名称，默认值为 EXPORT.LOG
PARALLEL	指定执行导出作业时最大并行进程个数，默认值为 1
PARFILE	指定参数文件的名称
SCHEMAS	指定进行模式导出及模式名称列表
TABLES	指定进行表模式导出及表名称列表
TABLESPACES	指定进行表空间模式导出及表空间名称列表
TRANSPORT_TABLESPACES	指定进行传输表空间模式导出及表空间名称列表

使用 EXPDP 进行导出的举例如下。

【例 12.1】　使用 EXPDP 导出 system 用户的 student 表。

操作步骤如下。

（1）创建目录。

为存储数据泵导出的数据，首先在 Windows 中创建目录 d:\OraBak，然后在 SQL * Plus 中使用 system 用户创建目录。

在 SQL * Plus 窗口中，代码和运行结果如下。

```
SQL>CREATE DIRECTORY dp_dir as 'd:\OraBak';
目录已创建。
```

（2）使用 EXPDP 导出数据。

在命令提示符窗口 C:\Windows\dell\system32\cmd.exe 中，输入以下命令。

```
C:\Users\dell>EXPDP SYSTEM/Ora123456 DUMPFILE=STUDENT.DMP DIRECTORY=DP_DIR
TABLES=STUDENT
```

运行结果：

```
Export: Release 19.0.0.0.0 - Production on 星期二 3 月 28 16:52:16 2023
Version 19.3.0.0.0
```

Copyright (c) 1982, 2019, Oracle and/or its affiliates.   All rights reserved.

;;;

连接到: Oracle Database 19c Enterprise Edition Release 19.0.0.0.0 - Production

启动 "SYSTEM"."SYS_EXPORT_TABLE_01": SYSTEM/******** DUMPFILE=STUDENT.DMP DIRECTORY=DP_DIR TABLES=STUDENT

处理对象类型 TABLE_EXPORT/TABLE/TABLE_DATA

处理对象类型 TABLE_EXPORT/TABLE/INDEX/STATISTICS/INDEX_STATISTICS

处理对象类型 TABLE_EXPORT/TABLE/STATISTICS/TABLE_STATISTICS

处理对象类型 TABLE_EXPORT/TABLE/STATISTICS/MARKER

处理对象类型 TABLE_EXPORT/TABLE/TABLE

处理对象类型 TABLE_EXPORT/TABLE/CONSTRAINT/CONSTRAINT

. .导出了 "SYSTEM"."STUDENT"   7.460 KB   6 行

已成功加载/卸载了主表 "SYSTEM"."SYS_EXPORT_TABLE_01"

****

SYSTEM.SYS_EXPORT_TABLE_01 的转储文件集为:

  D:\ORABAK\STUDENT.DMP

作业 "SYSTEM"."SYS_EXPORT_TABLE_01" 已于 星期二 3 月 28 16:52:30 2023 elapsed 0 00:00:14 成功完成

2. 使用 IMPDP 进行导入

使用 IMPDP 进行导入可将 EXPDP 导出的文件导入数据库,IMPDP 命令的操作参数如表 12.2 所示。

表 12.2　IMPDP 命令的常用操作参数

关　键　字	描　　述
CONTENT	指定要导入的内容。ALL 表示导入对象的元数据及行数据;DATA_ONLY 表示只导入对象的行数据;METADATA_ONLY 表示只导入对象的元数据,默认值为 ALL
DIRECTORY	指定转储文件和日志文件所在位置的目录对象,该对象由 DBA 预先创建
DUMPFILE	指定转储文件名称列表,可以包含目录对象名,默认值为 EXPDAT.DMP
FULL	指定是否进行全数据库导入,包括所有行数据与元数据,默认值为 YES
JOB_NAME	指定导入作业的名称。默认值为系统自动为作业生成的一个名称
LOGFILE	指定导入日志文件的名称
PARALLEL	指定执行导入作业时最大的并行进程个数
PARFILE	指定参数文件的名称
QUERY	指定导入操作中 SELECT 语句中的数据导入条件
REMAP_SCHEMA	将源模式中的所有对象导入目标模式中
REMAP_TABLE	允许在导入操作过程中重命名表
REMAP_TABLESPACE	将源表空间所有对象导入目标表空间中

续表

关 键 字	描 述
SCHEMAS	指定进行模式导入的模式名称列表。默认为当前用户模式
TABLES	指定进行表模式导入及表名称列表
TABLESPACES	指定进行表空间模式导入及表空间名称列表
TRANSPORT_TABLESPACES	指定进行传输表空间模式导入及表空间名称列表

使用 IMPDP 进行导入的举例如下。

【例 12.2】　使用 IMPDP 导入 system 用户的 student 表。

将 student 表删除后,使用 IMPDP 查看导入效果。

在命令提示符窗口 C:\Windows\dell\system32\cmd.exe 中,输入以下命令。

C:\Users\dell> IMPDP SYSTEM/Ora123456 DUMPFILE=STUDENT.DMP DIRECTORY=DP_DIR
TABLES=STUDENT

运行结果:

Import: Release 19.0.0.0.0 - Production on 星期二 3 月 28 16:57:44 2023
Version 19.3.0.0.0

Copyright (c) 1982, 2019, Oracle and/or its affiliates.　All rights reserved.
;;;
连接到: Oracle Database 19c Enterprise Edition Release 19.0.0.0.0 - Production
已成功加载/卸载了主表 "SYSTEM"."SYS_IMPORT_TABLE_01"
启动 "SYSTEM"."SYS_IMPORT_TABLE_01":　SYSTEM/******** DUMPFILE=STUDENT.DMP
DIRECTORY=DP_DIR TABLES=STUDENT
处理对象类型 TABLE_EXPORT/TABLE/TABLE
处理对象类型 TABLE_EXPORT/TABLE/TABLE_DATA
. .导入了 "SYSTEM"."STUDENT"　　　　　　　　7.460 KB　　　6 行
处理对象类型 TABLE_EXPORT/TABLE/CONSTRAINT/CONSTRAINT
处理对象类型 TABLE_EXPORT/TABLE/INDEX/STATISTICS/INDEX_STATISTICS
处理对象类型 TABLE_EXPORT/TABLE/STATISTICS/TABLE_STATISTICS
处理对象类型 TABLE_EXPORT/TABLE/STATISTICS/MARKER
作业 "SYSTEM"."SYS_IMPORT_TABLE_01" 已于 星期二 3 月 28 16:58:00 2023 elapsed 0
00:00:16 成功完成

12.3　脱机备份与恢复

物理备份分为联机备份和脱机备份两种。

脱机备份是在数据库关闭的情况下对数据库进行物理备份,脱机恢复是用备份文件将
数据库恢复到备份时的状态。

12.3.1 脱机备份

脱机备份又称冷备份,是在数据库关闭状态下对构成数据库的全部物理文件进行的备份,包括数据库的控制文件、数据文件和重做日志文件等。

使用脱机备份的举例如下。

【例 12.3】 将 stsystem 数据库所有数据文件、控制文件和重做日志文件都进行备份。在进行脱机备份前,创建一个备份文件目录 D:\OfflineBak。操作步骤如下。

(1) 启动 SQL * Plus,以 sys 用户 sysdba 身份登录。代码和运行结果如下:

```
SQL>CONNECT sys/Ora123456 AS sysdba
已连接。
```

(2) 查询数据字典视图。

① 通过查询 V＄DATAFILE 视图可以获取数据文件的列表。代码和运行结果如下:

```
SQL>SELECT STATUS, FILE_NAME FROM DBA_DATA_FILES;
STATUS      FILE_NAME
----------  --------------------------------------------------------------
AVAILABLE   F:\APP\ORADATA\STSYSTEM\DATAFILE\O1_MF_SYSTEM_KKFVGYCH_.DBF
AVAILABLE   F:\APP\ORADATA\STSYSTEM\DATAFILE\O1_MF_SYSAUX_KKFVJCK3_.DBF
AVAILABLE   F:\APP\ORADATA\STSYSTEM\DATAFILE\O1_MF_UNDOTBS1_KKFVK4PF_.DBF

STATUS      FILE_NAME
----------  --------------------------------------------------------------
AVAILABLE   F:\APP\ORADATA\STSYSTEM\DATAFILE\O1_MF_USERS_KKFVK5T4_.DBF
AVAILABLE   D:\APP\TESTSPACE01.DBF
AVAILABLE   D:\APP\TBSPACE01.DBF
已选择 6 行。
```

② 通过查询 V＄LOGFILE 视图可以获取联机重做日志文件的列表,通过查询 V＄CONTROLFILE 视图可以获取控制文件的列表。代码和运行结果如下:

```
SQL>SELECT GROUP#, STATUS, MEMBER FROM V$LOGFILE;
GROUP#  STATUS  MEMBER
------- ------- ----------------------------------------------------------
     3          F:\APP\ORADATA\STSYSTEM\ONLINELOG\O1_MF_3_KKFVPTY2_.LOG
     3          F:\APP\FAST_RECOVERY_AREA\STSYSTEM\ONLINELOG\O1_MF_3_
KKFVPVVP_.LOG
     2          F:\APP\ORADATA\STSYSTEM\ONLINELOG\O1_MF_2_KKFVPTXM_.LOG

GROUP#  STATUS  MEMBER
------- ------- ----------------------------------------------------------
     2          F:\APP\FAST_RECOVERY_AREA\STSYSTEM\ONLINELOG\O1_MF_2_
KKFVPVVB_.LOG
     1          F:\APP\ORADATA\STSYSTEM\ONLINELOG\O1_MF_1_KKFVPTXB_.LOG
     1          F:\APP\FAST_RECOVERY_AREA\STSYSTEM\ONLINELOG\O1_MF_1_
KKFVPVV6_.LOG
已选择 6 行。
```

```
SQL> SELECT STATUS, NAME FROM V$CONTROLFILE;
STATUS   NAME
------------ ---------- -------------------------------------------------------------
         F:\APP\ORADATA\STSYSTEM\CONTROLFILE\O1_MF_KKFVPOQC_.CTL
         F:\APP\FAST_RECOVERY_AREA\STSYSTEM\CONTROLFILE\O1_MF_KKFVPOQP_.CTL
```

（3）以 IMMEDIATE 方式关闭数据库。代码和运行结果如下：

```
SQL> SHUTDOWN IMMEDIATE;
数据库已经关闭。
已经卸载数据库。
ORACLE 例程已经关闭。
```

（4）复制所有数据到目标路径。可以使用操作系统的复制、粘贴方式，也可以使用操作系统命令，备份所有的数据文件、重做日志文件、控制文件和参数文件到备份文件目录。

（5）重新启动数据库。代码和运行结果如下：

```
SQL> STARTUP OPEN;
ORACLE 例程已经启动。
Total System Global Area   5066718176 bytes
Fixed Size                    9038816 bytes
Variable Size               956301312 bytes
Database Buffers           4093640704 bytes
Redo Buffers                  7737344 bytes
数据库装载完毕。
数据库已经打开。
```

注意：数据库关闭时，必须保证各文件处于一致状态，即不能使用 SHUTDOWN ABORT 命令强行关闭数据库，只能使用 SHUTDOWN NORMAL 或 SHUTDOWN IMMEDIATE 来关闭数据库。

12.3.2　脱机恢复

脱机恢复的举例如下。

【例 12.4】　脱机恢复 stsystem 数据库。

操作步骤如下：

（1）以 sys 用户的 sysdba 身份登录，以 IMMEDIATE 方式关闭数据库。

（2）从脱机备份的备份文件目录中复制所有的数据库文件到原始位置。

（3）打开数据库。

12.4　联机备份与恢复

联机备份又称热备份，在数据库运行的情况下对数据库进行物理备份。进行联机备份，数据库必须运行在归档日志（ARCHIVELOG）模式下。

联机完全备份步骤如下：

（1）设置归档日志模式，创建恢复目录用的表空间。

（2）创建 RMAN 用户。

（3）使用 RMAN 程序进行备份。

（4）使用 RMAN 程序进行恢复。

RMAN(Recovery Manager)是 Oracle 数据库备份和恢复的主要管理工具之一，它可以方便快捷地对数据库实现备份和恢复，还可以保存已经备份的信息以供查询，用户可以不经过实际的还原即可检查已经备份的数据文件的可用性，其主要特点如下：

- 可对数据库表、控制文件、数据文件和归档日志文件进行备份。
- 可实现增量备份。
- 可实现多线程备份。
- 可以存储备份信息。
- 可以检测备份是否可以成功还原。

12.5 闪 回 技 术

闪回技术可以将 Oracle 数据库恢复到某个时间点。以传统的方法进行时间点恢复，可能需要几小时甚至几天时间。闪回技术采用新方法进行时间点的恢复，它能快速地将 Oracle 数据库恢复到以前的时间，能够只恢复改变的数据块，而且操作简单，通过 SQL 语句就可实现数据的恢复，从而提高了数据库恢复的效率。

闪回技术分类如下。

（1）查询闪回(Flashback Query)：查询过去某个指定时间点或某个 SCN 段，恢复错误的数据库更新、删除等。

（2）表闪回(Flashback Table)：将表恢复到过去某个时间点或某个 SCN 值时的状态。

（3）删除闪回(Flashback Drop)：将删除的表恢复到删除前的状态。

（4）数据库闪回(Flashback Database)：将整个数据库恢复到过去某个时间点或某个 SCN 值时的状态。

（5）归档闪回(Flashback Data Archive)：可以闪回到指定时间之前的旧数据而不影响重做日志的策略。

12.5.1 查询闪回

查询闪回(Flashback Query)可以查看指定时间点某个表中的数据信息，找到发生误操作前的数据情况，为恢复数据库提供依据。

查询闪回的 SELECT 语句的语法格式如下：

语法格式：

```
SELECT<列名 1>[,<列名 2>[…n]]
  FROM <表名>
  [AS OF SCN | TIMESTAMP <表达式>]
  [WHERE <条件表达式>]
```

说明：

（1）AS OF SCN：SCN 是系统改变号，从 FLASHBACK_TRANSACTION_QUERY 中可以查到，可以进行基于 AS OF SCN 的查询闪回。

（2）AS OF TIMESTAMP：可以进行基于 AS OF TIMESTAMP 的查询闪回，此时需要使用两个时间函数 TIMESTAMP 和 TO_TIMESTAMP。其中，函数 TO_TIMESTAMP 的语法格式如下：

```
TO_TIMESTAMP('timepoint', 'format')
```

（3）在 Oracle 内部都是使用 SCN，如果指定的是 AS OF TIMESTAMP，Oracle 也会将其转换成 SCN。TIMESTAMP 与 SCN 之间的对应关系可以通过查询 SYS 模式下的 SMON_SCN_TIME 表获得。

在以下例题中，stu1 表的表结构和数据与 student 表的表结构和数据相同，cou1 表的表结构和数据与 course 表的表结构和数据相同。

【例 12.5】　使用查询闪回恢复在 stu1 表中删除的数据。

操作步骤如下：

（1）使用 system 用户登录 SQL＊Plus，使用 SET 语句在"SQL＞"标识符前显示当前时间。代码和运行结果如下：

```
SQL>SET TIME ON
```

（2）查询 stu1 表中的数据，删除 stu1 表中的数据并提交，记录删除的时间点为 14:54:06。代码和运行结果如下：

```
14:53:52 SQL>SELECT * FROM stu1;
SID        SNAME    SSEX   SBIRTHDAY      SPECIALITY        TC
---------  -------  -----  -------------  --------------  ------
221001     何德明    男     2001-07-16     计算机             52
221002     王丽      女     2002-09-21     计算机             50
221004     田桂芳    女     2002-12-05     计算机             52
224001     周思远    男     2001-03-18     通信              52
224002     许月琴    女     2002-06-23     通信              48
224003     孙俊松    男     2001-10-07     通信              50
已选择 6 行。

14:54:06 SQL>DELETE FROM stu1;
已删除 6 行。

14:54:06 SQL>COMMIT;
提交完成。

14:54:06 SQL>SELECT * FROM stu1;
未选定行
```

（3）进行查询闪回，可看到表中原有数据。代码和运行结果如下：

```
14:54:16 SQL>SELECT * FROM stu1 AS OF TIMESTAMP
14:56:36   2  TO_TIMESTAMP('2023-3-29 14:54:06','YYYY-MM-DD HH24:MI:SS');
SID        SNAME   SSEX   SBIRTHDAY      SPECIALITY       TC
---------  ------- -----  -------------  -------------  ------
221001     何德明   男     2001-07-16     计算机           52
221002     王丽    女     2002-09-21     计算机           50
221004     田桂芳   女     2002-12-05     计算机           52
224001     周思远   男     2001-03-18     通信            52
224002     许月琴   女     2002-06-23     通信            48
224003     孙俊松   男     2001-10-07     通信            50
已选择 6 行。
```

(4) 将闪回中的数据重新插入 stu1 表并提交。代码和运行结果如下:

```
14:56:38 SQL>INSERT INTO stu1
14:56:48   2  SELECT * FROM stu1 AS OF TIMESTAMP
14:56:48   3  TO_TIMESTAMP('2023-3-29 14:54:06','YYYY-MM-DD HH24:MI:SS');
已创建 6 行。


14:56:48 SQL>COMMIT;
提交完成。
```

12.5.2　表闪回

　　表闪回(Flashback Table)将表恢复到过去某个时间点或某个 SCN 值时的状态,为 DBA 提供了一种在线、快速、便捷方法,来恢复对表进行的修改、删除、插入等错误的操作。

　　表闪回要求用户具有以下权限:

　　(1) FLASHBACK ANY TABLE 权限或者是该表的 Flashback 对象权限。

　　(2) 有该表的 SELECT、INSERT、DELETE 和 ALTER 权限。

　　(3) 必须保证该表 ROW MOVEMENT 权限。

　　表闪回有如下特性:

　　(1) 在线操作。

　　(2) 恢复到指定时间点或者 SCN 的任何数据。

　　(3) 自动恢复相关属性,如索引、触发器等。

　　(4) 满足分布式的一致性。

　　(5) 满足数据一致性,所有相关对象的一致性。

　　使用 FLASHBACK TABLE 语句可以对表进行闪回操作。

语法格式:

```
FLASHBACK TABLE [用户方案名.]<表名>
  TO {[BEFORE DROP [RENAME TO <新表名>]]
    | [SCN | TIMESTAMP] <表达式>[ENABLE |DISABLE] TRIGGERS}
```

说明：

- SCN：将表恢复到指定的 SCN 时的状态。
- TIMESTAMP：将表恢复到指定的时间点。
- ENABLE｜DISABLE TRIGGER：恢复后是否直接启用触发器。

表闪回操作的举例如下。

【例 12.6】　使用表闪回恢复在 cou1 表中删除的数据。

操作步骤如下。

（1）使用 system 用户登录 SQL ∗ Plus，开启时间显示。代码和运行结果如下：

```
SQL> SET TIME ON;
```

（2）查询 cou1 表中的数据，删除 cou1 表中的数据并提交，记录删除的时间点为 15：07：00。代码和运行结果如下：

```
15:06:45 SQL> SELECT * FROM cou1;
CID    CNAME       CREDIT
------ ---- ------ ---------

1004   数据库系统        4
1015   数据结构         3
1201   英语           5
4002   数字电路         3
8001   高等数学         5


15:07:00 SQL> DELETE FROM cou1 WHERE cid='1201';
已删除 1 行。


15:07:20 SQL> COMMIT;
提交完成。


15:07:32 SQL> SELECT * FROM cou1;
CID    CNAME       CREDIT
------ ---- ------ ---------

1004   数据库系统        4
1015   数据结构         3
4002   数字电路         3
8001   高等数学         5
```

（3）使用表闪回进行恢复。代码和运行结果如下：

```
15:07:59 SQL> ALTER TABLE cou1 ENABLE ROW MOVEMENT;
表已更改。


15:09:27 SQL> FLASHBACK TABLE cou1 TO TIMESTAMP
15:09:49  2     TO_TIMESTAMP('2023-03-29 15:07:00','YYYY-MM-DD HH24:MI:SS');
闪回完成。
```

12.5.3　删除闪回

删除闪回（Flashback Drop）可恢复使用语句 DROP TABLE 删除的表。

删除闪回功能的实现是通过 Oracle 数据库中的回收站（Recycle Bin）技术实现的。Oracle 在执行 DROP TABLE 操作时，并不立即回收表及其对象的空间，而是将它们重命名后放入一个称为回收站的逻辑容器中保存，直到用户永久删除它们或存储该表的表空间不足时，才真正被删除。

要使用删除闪回功能，需要启动数据库的回收站，通过以下语句设置初始化参数 RECYCLEBIN，可以启用回收站：

```
ALTER SESSION SET RECYCLEBIN=ON;
```

在默认情况下，"回收站"已启动。删除闪回操作的举例如下。

【例 12.7】　使用删除闪回恢复被删除的 st 表。

操作步骤如下。

（1）使用 Lee 用户连接数据库，代码和运行结果如下：

```
SQL>CONNECT Lee/test;
已连接。
```

（2）创建 st 表，再删除 st 表，代码和运行结果如下：

```
SQL>CREATE TABLE st(sid char(6));
表已创建。

SQL>DROP TABLE st;
表已删除。
```

（3）使用删除闪回进行恢复，代码和运行结果如下：

```
SQL>FLASHBACK TABLE st TO BEFORE DROP;
闪回完成。
```

12.5.4　数据库闪回

数据库闪回（Flashback Database）能够使数据库快速恢复到以前的某个时间点。

为了能在发生误操作时闪回数据库到误操作之前的时间点上，需要设置下面 3 个参数。

（1）DB_RECOVERY_FILE_DEST：确定 FLASHBACK LOGS 的存放路径。

（2）DB_RECOVERY_FILE_DEST_SIZE：指定恢复区的大小，默认值为空。

（3）DB_FLASHBACK_RETENTION_TARGET：设定闪回数据库的保存时间，单位是分钟，默认是一天。

默认情况下，FLASHBACK DATABASE 是不可用的。如果需要闪回数据库功能，DBA 必须配置恢复区的大小，设置数据库闪回环境。

当用户发出 FLASHBACK DATABASE 语句之后，数据库会首先检查所需要的归档文件与联机重建日志文件的可用性。如果可用，则会将数据库恢复到指定的 SCN 或者时间点上。

数据库闪回的语法如下。

语法格式：

```
FLASHBACK [ STANDBY ]DATABASE <数据库名>
{TO [ SCN | TIMESTAMP ] <表达式>
  |TO BEFORE [ SCN | TIMESTAMP ] <表达式>
}
```

说明：

- TO SCN：指定一个系统改变 SCN 号。
- TO BEFORE SCN：恢复到之前的 SCN。
- TO TIMESTAMP：指定一个需要恢复的时间点。
- TO BEFORE TIMESTAMP：恢复到之前的时间点。

使用 FLASHBACK DATABASE，必须以 MOUNT 启动数据库实例，设置 FLASHBACK DATABASE 为启用，数据库闪回操作完成后，关闭 FLASHBACK DATABASE 功能。

【例 12.8】 设置数据库闪回环境。

操作步骤如下。

（1）使用 system 用户登录 SQL * Plus，查询闪回信息。代码和运行结果如下：

```
SQL>SHOW PARAMETER DB_RECOVERY_FILE_DEST
NAME                                 TYPE          VALUE
------------------------------------ ------------- ----------------------------------
db_recovery_file_dest                string        F:\app\fast_recovery_area
db_recovery_file_dest_size           big integer   8256M

SQL>SHOW PARAMETER FLASHBACK
NAME                                 TYPE          VALUE
------------------------------------ ------------- ----------------------------------
db_flashback_retention_target        integer       1440
```

（2）以 MOUNT 方式打开数据库，设置归档日志模式，将数据库实例由非归档模式切换到归档模式。代码和运行结果如下：

```
SQL>CONNECT SYS/Ora123456 AS SYSDBA
已连接。

SQL>SHUTDOWN IMMEDIATE;
数据库已经关闭。
已经卸载数据库。
ORACLE 例程已经关闭。

SQL>STARTUP MOUNT
ORACLE 例程已经启动。
Total System Global Area    5066718176 bytes
```

```
Fixed Size                    9038816 bytes
Variable Size               956301312 bytes
Database Buffers           4093640704 bytes
Redo Buffers                  7737344 bytes
```
数据库装载完毕。

```
SQL>ALTER DATABASE ARCHIVELOG;
```
数据库已更改。

```
SQL>SELECT DBID, NAME, LOG_MODE, PLATFORM_NAME FROM V$DATABASE;
      DBID   NAME      LOG_MODE     PLATFORM_NAME
---------- --------- ------------ ------------------------------------
350048405   STSYSTEM  ARCHIVELOG  Microsoft Windows x86 64-bit
```

（3）设置 FLASHBACK DATABASE 为启用。代码和运行结果如下：

```
SQL>ALTER DATABASE FLASHBACK ON;
```
数据库已更改。

```
SQL>ALTER DATABASE OPEN;
```
数据库已更改。

【例 12.9】 使用数据库闪回恢复被删除的 stu2 表。

操作步骤如下：

（1）查询当前数据库是否是归档模式和启用闪回数据库。代码和运行结果如下：

```
SQL>SELECT DBID, NAME, LOG_MODE FROM V$DATABASE;
      DBID   NAME      LOG_MODE
---------- --------- ------------
350048405   STSYSTEM  ARCHIVELOG
```

```
SQL>ARCHIVE LOG LIST
数据库日志模式           归档模式
自动归档                 启用
归档终点                 USE_DB_RECOVERY_FILE_DEST
最早的联机日志序列       525
下一个存档日志序列       527
当前日志序列             527
```

```
SQL>SHOW PARAMETER DB_RECOVERY_FILE_DEST
NAME                            TYPE           VALUE
------------------------------ -------------- -------------------------------
db_recovery_file_dest           string         F:\app\fast_recovery_area
db_recovery_file_dest_size      big integer    8256M
```

（2）查询当前用户、当前时间和旧的闪回号。代码和运行结果如下：

```
SQL>SHOW USER;
```

USER 为 "SYS"

```
SQL>ALTER SESSION SET NLS_DATE_FORMAT='YYYY-MM-DD HH24:MI:SS';
会话已更改。

SQL>SELECT SYSDATE FROM DUAL;
SYSDATE
------------------------
2023-04-01 16:50:56

SQL>SELECT OLDEST_FLASHBACK_SCN, OLDEST_FLASHBACK_TIME
  2   FROM V$FLASHBACK_DATABASE_LOG;
OLDEST_FLASHBACK_SCN OLDEST_FLASHBACK_TI
-------------------------------- ---------------------------------------
          59294914 2023-04-01 16:46:13

SQL>SET TIME ON
16:52:44 SQL>
```

（3）在当前用户下创建 stu2 表，然后删除 stu2 表，记录删除时间点为 17:08:20。代码和运行结果如下：

```
16:56:58 SQL>CREATE TABLE stu2 AS SELECT * FROM system.student;
表已创建。

17:07:40 SQL>SELECT SYSDATE FROM DUAL;
SYSDATE
-------------------------------
2023-04-01 17:08:20

17:08:20 SQL>DROP TABLE stu2;
表已删除。

17:08:39 SQL>DESC stu2;
ERROR:
ORA-04043:对象 stu2 不存在
```

（4）以 MOUNT 方式打开数据库，使用数据库闪回进行恢复。代码和运行结果如下：

```
17:08:55 SQL>SHUTDOWN IMMEDIATE;
数据库已经关闭。
已经卸载数据库。
ORACLE 例程已经关闭。

17:12:32 SQL>STARTUP MOUNT EXCLUSIVE
ORACLE 例程已经启动。
Total System Global Area    5066718176 bytes
```

```
Fixed Size                    9038816 bytes
Variable Size                 956301312 bytes
Database Buffers              4093640704 bytes
Redo Buffers                  7737344 bytes
```
数据库装载完毕。

```
17:15:08 SQL>FLASHBACK DATABASE
17:16:29    2      TO TIMESTAMP(TO_DATE('2023-04-01 17:08:20', 'YYYY-MM-DD HH24:
MI:SS'));
```
闪回完成。

```
17:16:36 SQL>ALTER DATABASE OPEN RESETLOGS;
```
数据库已更改。

```
17:18:05 SQL>ALTER DATABASE FLASHBACK OFF;
```
数据库已更改。

12.5.5 归档闪回

Oracle 对闪回技术进行了新的扩展,提出了全新的归档闪回(Flashback Data Archive)方式。Flashback Data Archive 和 Flashback Query 都能查询以前的数据,但实现机制不同,Flashback Query 是通过重做日志中读取信息来构造旧数据的,而 Flashback Data Archive 是通过将变化数据另外存储到创建的闪回归档区。

创建一个闪回归档区使用 CREATE FLASHBACK ARCHIVE 语句。

语法格式:

```
CREATE FLASHBACK ARCHIVE [DEFAULT] <闪回归档区名称>
  TABLESPACE <表空间名>
  [QUOTA <数字值>{M|G|T|P} ]
  [RETENTION <数字值>{YEAR|MONTH|DAY}];
```

说明:
- DEFAULT:指定默认的闪回归档区。
- TABLESPACE:指定闪回归档区存放的表空间。
- QUOTA:指定闪回归档区的最大大小。
- RETENTION:指定闪回归档区可以保留的时间。

使用归档闪回操作的举例如下。

【例 12.10】 使用归档闪回恢复删除的 cou2 表。

操作步骤如下。

(1)创建闪回归档区,代码和运行结果如下:

```
SQL>CONNECT system/123456 AS sysdba
已连接。
```

```
SQL>CREATE FLASHBACK ARCHIVE DEFAULT DataArchive
  2        TABLESPACE USERS QUOTA 20M RETENTION 2 DAY;
闪回档案已创建。
```

（2）使用 Lee 用户连接数据库，创建 cou2 表，对 cou2 表进行闪回归档设置。代码和运行结果如下：

```
SQL>GRANT CREATE ANY TABLE, CREATE ANY VIEW TO Lee;
授权成功。

SQL>GRANT SELECT ON system.course TO Lee;
授权成功。

SQL>GRANT UNLIMITED TABLESPACE TO Lee;
授权成功。

SQL>CONNECT Lee/test
已连接。

SQL>CREATE TABLE cou2 AS SELECT * FROM system.course;
表已创建。

SQL>CONNECT system/Ora123456 AS sysdba
已连接。

SQL>ALTER TABLE Lee.cou2 FLASHBACK ARCHIVE DataArchive;
表已更改。
```

（3）记录 SCN 为 59627873，删除 cou2 表中的一条记录后，使用归档闪回进行恢复，执行闪回查询。代码和运行结果如下：

```
SQL>SELECT DBMS_FLASHBACK.GET_SYSTEM_CHANGE_NUMBER FROM DUAL;
GET_SYSTEM_CHANGE_NUMBER
----------------------------
              59627873

SQL>DELETE FROM Lee.cou2 WHERE cid='1004';
已删除 1 行。

SQL>COMMIT;
提交完成。

SQL>SELECT * FROM Lee.cou2 AS OF SCN 59627873;
CID   CNAME      CREDIT
----- ---------- ---------
1004  数据库系统       4
1015  数据结构         3
```

1201	英语	5
4002	数字电路	3
8001	高等数学	5

12.6 小　　结

本章主要介绍了以下内容。

(1) 备份(Backup)是数据库信息的一个拷贝,这个拷贝包括数据库的控制文件、数据文件和重做日志文件等,将其存放到一个相对独立的设备(如磁盘或磁带)上,以备数据库出现故障时使用。根据备份方式的不同,备份分为逻辑备份和物理备份两种。根据数据库备份时是否关闭服务器,物理备份分为联机备份和脱机备份两种。根据数据库备份的规模不同,物理备份分为完全备份和部分备份两种。

(2) 恢复(Recovery)是指在数据库发生故障时,使用备份还原数据库,使数据库从故障状态恢复到无故障状态。根据故障原因,恢复可以分为实例恢复和介质恢复。根据数据库使用的备份不同,恢复可以分为逻辑恢复和物理恢复。根据数据库恢复程度的不同,恢复可以分为完全恢复和不完全恢复。

(3) 逻辑备份与恢复必须在数据库运行状态下进行。使用数据泵技术 EXPDP 和 IMPDP 进行导出和导入。

(4) 脱机备份又称冷备份,是在数据库关闭状态下对构成数据库的全部物理文件的备份,包括数据库的控制文件、数据文件和重做日志文件等,脱机恢复是用备份文件将数据库恢复到备份时的状态。

(5) 联机备份又称热备份,在数据库运行的情况下对数据库进行物理备份。进行联机备份,数据库必须运行在归档日志(ARCHIVELOG)模式下。

RMAN(Recovery Manager)是 Oracle 数据库备份和恢复的主要管理工具之一,它可以方便快捷地对数据库实现备份和恢复,还可保存已经备份的信息以供查询,用户可以不经过实际的还原即可检查已经备份的数据文件的可用性。

(6) 闪回技术采用新方法进行时间点的恢复,它能快速地将 Oracle 数据库恢复到以前的时间,能只恢复改变的数据块,而且操作简单,通过 SQL 语句就可实现数据的恢复,从而提高了数据库恢复的效率。闪回技术包括查询闪回(Flashback Query)、表闪回(Flashback Table)、删除闪回(Flashback Drop)、数据库闪回(Flashback Database)和归档闪回(Flashback Data Archive)等。

习　题　12

一、选择题

1. 使用数据泵导出工具 EXPDP 导出 Lee 用户所有对象时,应选的选项是_____。

  A. TABLES   B. SCHEMAS

  C. FULL   D. TABLESPACES

2. 执行 DROP TABLE 误操作后,不能采用下面选项中的_____方法进行恢复。

A. FLASHBACK DATABASE　　　　B. 数据库时间点恢复

C. FLASHBACK QUERY　　　　　　D. FLASHBACK TABLE

3. 实现冷备份的关机方式是_____。

A. SHUTDOWN ABORT　　　　　　B. SHUTDOWN NORMAL

C. SHUTDOWN TRANSTCTION　　　D. 以上 A、B、C 都是

4. 当误删除表空间的数据文件后,可在_____状态下恢复其数据文件。

A. NOMUNT　　　B. MOUNT　　　C. OPEN　　　D. OFFLINE

二、填空题

1. 逻辑备份与恢复必须在数据库_____状态下进行。

2. 打开恢复管理器的命令是_____。

3. 使用 STARTUP 命令启动数据库时,添加_____选项,可以实现只启动数据库实例和装载数据库,不打开数据库。

4. 进行联机备份,数据库必须运行在_____模式下。

三、问答题

1. 什么是备份? 备份可分为哪几种?

2. 什么是恢复? 恢复可分为哪几种?

3. 什么是脱机备份?

4. 什么是联机备份?

5. 什么是闪回技术? 闪回技术可分为哪几种?

四、应用题

1. 使用 EXPDP 导出 teacher 表,删除 teacher 表后,再用 IMPDP 导入。

2. 使用表闪回恢复在 score 表中删除的数据。

第 13 章

事务和锁

本章要点

- 事务的基本概念
- 事务处理：提交事务、回退全部事务、回退部分事务
- 并发控制
- 锁的类型
- 死锁

数据库系统的并发控制是以事务为单位进行的，事务是用户定义的一组不可分割的 SQL 语句序列，这些操作要么全做要么全不做，从而保证数据操作的一致性、有效性和完整性，锁定机制用于对多个用户进行并发控制。

13.1 事务的基本概念

13.1.1 事务的概念

事务（Transaction）是 Oracle 中一个逻辑工作单元（Logical Unit of Work），由一组 SQL 语句组成，事务是一组不可分割的 SQL 语句，其结果是作为整体永久性地修改数据库的内容，或者作为整体取消对数据库的修改。

事务是数据库程序的基本单位，一般地，一个程序包含多个事务，数据存储的逻辑单位是数据块，数据操作的逻辑单位是事务。

现实生活中的银行转账、网上购物、库存控制、股票交易等，都是事务的例子。例如，将资金从一个银行账户转到另一个银行账户，第一个操作是从一个银行账户中减少一定的资金，第二个操作是向另一个银行账户中增加相应的资金，减少和增加这两个操作必须作为整体永久性地记录到数据库中，否则资金会丢失。如果转账发生问题，则必须同时取消这两个操作。一个事务可以包括多条 INSERT、UPDATE 和 DELETE 语句。

13.1.2 事务特性

事务定义为一个逻辑工作单元，即一组不可分割的 SQL 语句。数据库理论对事务有更严格的定义，指明事务有 4 个基本特性，称为 ACID 特性，即原子性（Atomicity）、一致性（Consistency）、隔离性（Isolation）和持久性（Durability）。

1. 原子性

事务必须是原子工作单元,即一个事务中包含的所有 SQL 语句组成一个工作单元。

2. 一致性

事务必须确保数据库的状态保持一致。事务开始时,数据库的状态是一致的,当事务结束时,也必须使数据库的状态一致。例如,在事务开始时,数据库的所有数据都满足已设置的各种约束条件和业务规则,在事务结束时,数据虽然不同,但必须仍然满足先前设置的各种约束条件和业务规则,即事务把数据库从一个一致性状态带入另一个一致性状态。

3. 隔离性

多个事务可以独立运行,彼此不会发生影响。这表明事务必须是独立的,它不应以任何方式依赖于或影响其他事务。

4. 持久性

一个事务一旦提交,它对数据库中数据的改变永久有效,即使以后系统崩溃也是如此。

13.2　事 务 处 理

Oracle 提供的事务控制是隐式自动开始的,它不需要用户显式地使用语句开始事务处理。事务处理包括使用 COMMIT 语句提交事务、使用 ROLLBACK 语句回退全部事务和设置保存点回退部分事务。

13.2.1　事务的开始与结束

事务是用来分割数据库操作的逻辑单元,事务既有起点,也有终点。Oracle 的特点是没有"开始事务处理"语句,但有"结束事务处理"语句。

当发生如下事件时,事务就自动开始了:

(1) 连接到数据库,并开始执行第一条 DML 语句(INSERT、UPDATE 或 DELETE);

(2) 前一个事务结束,又输入另一条 DML 语句。

当发生如下事件时,事务就结束了:

(1) 用户执行 COMMIT 语句提交事务,或者执行 ROLLBACK 语句撤销了事务;

(2) 用户执行了一条 DDL 语句,如 CREATE、DROP 或 ALTER 语句;

(3) 用户执行了一条 DCL 语句,如 GRANT、REVOKE、AUDIT、NOAUDIT 等;

(4) 用户断开与数据库的连接,这时用户当前的事务会被自动提交;

(5) 执行 DML 语句失败,这时当前的事务会被自动回退。

另外,可在 SQL＊Plus 中设置自动提交事务的功能。

语法格式:

```
SET AUTOCOMMIT ON|OFF
```

其中,ON 表示设置为自动提交事务,OFF 为不自动提交事务。一旦设置了自动提交事务,用户每次执行 INSERT、UPDATE 或 DELETE 语句后,系统会自动进行提交事务,而不再需要使用 COMMIT 语句来提交。但这种设置不利于实现多语句组成的逻辑单元,所以默认是不自动提交事务。

注意：不显式提交或回退事务是不好的编程习惯，因此确保在每个事务后面都要执行 COMMIT 语句或 ROLLBACK 语句。

13.2.2　使用 COMMIT 语句提交事务

使用 COMMIT 语句提交事务后，Oracle 会将 DML 语句对数据库所做的修改永久性地保存在数据库中。

在使用 COMMIT 提交事务时，Oracle 将执行如下操作。

（1）在回退段的事务表内记录这个事务已经提交，并且生成一个唯一的系统改变号（SCN）保存到事务表中，用于唯一标识这个事务。

（2）启动 LGWR 后台进程，将 SGA 区重做日志缓存的重做记录写入联机重做日志文件，并且将该事务的 SCN 也保存到联机重做日志文件中。

（3）释放该事务中各个 SQL 语句所占用的系统资源。

（4）通知用户事务已经成功提交。

【例 13.1】　使用 UPDATE 语句对 course 表课程号为 1004 的课程学分进行修改，使用 COMMIT 语句提交事务，永久性地保存对数据库的修改。

启动 SQL * Plus，在 SQL * Plus 窗口中，代码和运行结果如下：

```
SQL>UPDATE course SET credit=3 WHERE cid='1004';
已更新 1 行。


SQL>COMMIT;
提交完成。
```

使用 COMMIT 语句提交事务后，1004 课程的学分已永久性地修改为 3。

13.2.3　使用 ROLLBACK 语句回退全部事务

要取消事务对数据所做的修改，需要执行 ROLLBACK 语句回退全部事务，将数据库的状态回退到原始状态。

语法格式：

```
ROOLBACK;
```

Oracle 通过回退段（或撤销表空间）存储数据修改前的数据，通过重做日志记录对数据库所做的修改进行回退。如果回退整个事务，Oracle 将执行以下操作。

（1）Oracle 通过使用回退段中的数据撤销事务中所有 SQL 语句对数据库所做的修改。

（2）Oracle 服务进程释放事务所使用的资源。

（3）通知用户事务回退成功。

【例 13.2】　使用 UPDATE 语句对 course 表课程号为 4002 的课程学分进行修改；再使用 ROLLBACK 语句回退整个事务，取消修改。

（1）启动 SQL * Plus，使用 UPDATE 语句对 course 表中 4002 课程的学分进行修改，此时未提交事务。代码和运行结果如下：

```
SQL>UPDATE course SET credit=4 WHERE cid='4002';
已更新 1 行。

SQL>SELECT * FROM course;
CID     CNAME      CREDIT
------  ---------- --------
1004    数据库系统      3
1015    数据结构       3
1201    英语         5
4002    数字电路       4
8001    高等数学       5
```

（2）使用 ROLLBACK 语句回退整个事务，取消修改。代码和运行结果如下：

```
SQL>ROLLBACK;
回退已完成。

SQL>SELECT * FROM course;
CID     CNAME      CREDIT
------  ---------- --------
1004    数据库系统      3
1015    数据结构       3
1201    英语         5
4002    数字电路       3
8001    高等数学       5
```

注意：4002 课程的学分虽被修改为 4，由于 ROLLBACK 语句的执行，仍回退到初始状态 3。

13.2.4　设置保存点回退部分事务

在事务中任何地方都可以设置保存点，可以将修改回退到保存点，设置保存点可以使用 SAVEPOINT 语句来实现。

语法格式：

SAVEPOINT <保存点名称>；

如果要回退到事务的某个保存点，则使用 ROLLBACK TO 语句。

语法格式：

ROLLBACK TO [SAVEPOINT] <保存点名称>

如果回退部分事务，Oracle 将执行以下操作。

（1）Oracle 通过使用回退段中的数据，撤销事务中保存点之后的所有更改，但会保存保存点之前的更改。

（2）Oracle 服务进程释放保存点之后各个 SQL 语句所占用的系统资源，但会保存保存点之前各个 SQL 语句所占用的系统资源。

(3) 通知用户回退到保存点的操作成功。

(4) 用户可以继续执行当前的事务。

【例 13.3】 使用 UPDATE 语句对 course 表课程号为 4002 的课程学分进行修改，设置保存点，再对课程号为 8001 的课程学分进行修改，使用 ROLLBACK 语句回退部分事务到保存点，然后提交事务。

(1) 启动 SQL * Plus，使用 UPDATE 语句对 course 表中 4002 课程的学分进行修改，对该语句设置保存点 point1。代码和运行结果如下：

```
SQL>UPDATE course SET credit=4 WHERE cid='4002';
已更新 1 行。

SQL>SAVEPOINT point1;
保存点已创建。
```

(2) 再对 8001 课程的学分进行修改，此时未提交事务。代码和运行结果如下：

```
SQL>UPDATE course SET credit=4 WHERE cid='8001';
已更新 1 行。

SQL>SELECT * FROM course;
CID    CNAME      CREDIT
------ ---------- --------
1004   数据库系统        3
1015   数据结构          3
1201   英语              5
4002   数字电路          4
8001   高等数学          4
```

(3) 回退部分事务到设置的保存点处，查询回退部分事务后的 course 表，并提交事务。代码和运行结果如下：

```
SQL>ROLLBACK TO SAVEPOINT point1;
回退已完成。

SQL>SELECT * FROM course;
CID    CNAME      CREDIT
------ ---------- --------
1004   数据库系统        3
1015   数据结构          3
1201   英语              5
4002   数字电路          4
8001   高等数学          5

SQL>COMMIT;
提交完成。
```

在课程号为 4002 的学分由 3 修改为 4 后,设置保存点为 point1,再将课程号为 8001 的学分由 4 修改为 5;通过 ROLLBACK TO 语句将事务退回到保存点 point1,课程号为 4002 的学分为修改后的值 4,保留了修改,课程号为 8001 的学分仍为原来的值 4,被取消了修改;使用 COMMIT 语句完成该事务的提交。

13.3 并发事务和锁

Oracle 数据库支持多个用户同时对数据库进行并发访问,每个用户都可以同时运行自己的事务,这种事务称为并发事务(Concurrent Transaction)。为支持并发事务,必须保持表中数据的一致性和有效性,可以通过锁(Lock)来实现。

13.3.1 并发事务

对于并发事务,举例如下。

【例 13.4】 并发事务 T1 和 T2 都对 student 表按以下顺序进行访问:

(1)事务 T1 执行 INSERT 语句向 student 表中插入一行,但未执行 COMMIT 语句;

(2)事务 T2 执行一条 SELECT 语句,但 T2 并未看到 T1 在步骤(1)中插入新行;

(3)事务 T1 执行 COMMIT 语句,永久性地保存在步骤(1)中插入的新行;

(4)事务 T2 执行一条 SELECT 语句,此时看到 T1 在步骤(1)中插入新行。

对于该例,上述步骤中的并发事务执行过程的描述如下。

(1)启动 SQL * Plus,用 system 身份连接数据库,在第一个窗口中,事务 T1 使用 INSERT 语句向 student 表中插入一行,但未执行 COMMIT 语句。代码和运行结果如下:

```
SQL>INSERT INTO student VALUES('224007','夏兰','女','2002-08-19','通信',52);
已创建 1 行。

SQL>SELECT * FROM student;
SID        SNAME    SSEX   SBIRTHDAY     SPECIALITY       TC
---------  -------  -----  ------------  -------------   ------
221001     何德明   男     2001-07-16    计算机           52
221002     王丽     女     2002-09-21    计算机           50
221004     田桂芳   女     2002-12-05    计算机           52
224001     周思远   男     2001-03-18    通信             52
224002     许月琴   女     2002-06-23    通信             48
224003     孙俊松   男     2001-10-07    通信             50
224007     夏兰     女     2002-08-19    通信             52
已选择 7 行。
```

(2)保持第一个窗口不关闭,再启动 SQL * Plus,用 system 身份连接数据库,在第二个窗口中,事务 T2 执行一条 SELECT 语句,但 T2 并未看到 T1 在步骤(1)中插入新行。代码和运行结果如下:

```
SQL>SELECT * FROM student;
```

```
SID        SNAME    SSEX   SBIRTHDAY      SPECIALITY         TC
---------  -------  -----  -------------  --------------   ------
221001     何德明    男     2001-07-16     计算机             52
221002     王丽      女     2002-09-21     计算机             50
221004     田桂芳    女     2002-12-05     计算机             52
224001     周思远    男     2001-03-18     通信               52
224002     许月琴    女     2002-06-23     通信               48
224003     孙俊松    男     2001-10-07     通信               50
已选择 6 行。
```

(3) 在第一个窗口中,事务 T1 使用 COMMIT 语句提交事务,永久性地保存在步骤(1)中插入的新行。代码和运行结果如下:

```
SQL>COMMIT;
提交完成。
```

(4) 在第二个窗口中,事务 T2 执行一条 SELECT 语句查询 student 表,此时看到 T1 在步骤(1)中插入了新行。代码和运行结果如下:

```
SQL>SELECT * FROM student;
SID        SNAME    SSEX   SBIRTHDAY      SPECIALITY         TC
---------  -------  -----  -------------  --------------   ------
221001     何德明    男     2001-07-16     计算机             52
221002     王丽      女     2002-09-21     计算机             50
221004     田桂芳    女     2002-12-05     计算机             52
224001     周思远    男     2001-03-18     通信               52
224002     许月琴    女     2002-06-23     通信               48
224003     孙俊松    男     2001-10-07     通信               50
224007     夏兰      女     2002-08-19     通信               52
已选择 7 行。
```

当并发事务访问相同行时,事务处理可能存在三种问题:幻想读、不可重复读、脏读。

(1) 幻想读(Phantom Read)。事务 T1 用指定 WHERE 子句的查询语句进行查询,得到返回的结果集,以后事务 T2 新插入一行,恰好满足 T1 查询中 WHERE 子句的条件,然后 T1 再次用相同的查询进行检索,看到了 T2 刚插入的新行,这个新行就称为"幻想",像变魔术似的突然出现。

(2) 不可重复读(Unrepeatable Read)。事务 T1 读取一行,紧接着事务 T2 修改了该行。事务 T1 再次读取该行时,发现与刚才读取的结果不同,此时发生原始读取不可重复。

(3) 脏读(Dirty Read)。事务 T1 修改了一行的内容,但未提交,事务 T2 读取该行,所得的数据是该行修改前的结果。然后事务 T1 提交了该行的修改,现在事务 T2 读取的数据无效了,由于所读的数据可能是"脏"(不正确)数据,从而会引起错误。

13.3.2　事务隔离级别

事务隔离级别(Transaction Isolation Level)是一个事务对数据库的修改与并行的另一个事务的隔离程度。

为了处理并发事务中可能出现的幻想读、不可重复读、脏读等问题,数据库实现了不同级别的事务隔离,以防止事务的相互影响。

1. SQL 标准支持的事务隔离级别

SQL 标准定义了以下 4 种事务隔离级别,隔离级别从低到高。

(1) READ UNCOMMITTED:幻想读、不可重复读和脏读都允许。

(2) READ COMMITTED:允许幻想读、不可重复读,但是不允许脏读。

(3) REPETABLE READ:允许幻想读,但是不允许不可重复读和脏读。

(4) SERIALIZABLE:幻想读、不可重复读和脏读都不允许。

SQL 标准定义的默认事务隔离级别是 SERIALIZABLE。

2. Oracle 数据库支持的事务隔离级别

Oracle 数据库支持其中两种事务隔离级别。

(1) READ COMMITTED:允许幻想读、不可重复读,但是不允许脏读。

(2) SERIALIZABLE:幻想读、不可重复读和脏读都不允许。

Oracle 数据库默认事务隔离级别是 READ COMMITTED,这几乎对所有应用程序都是可以接受的。

Oracle 数据库也可以使用 SERIALIZABLE 事务隔离级别,但要增加 SQL 语句执行所需的时间,只有在必须的情况下才应使用 SERIALIZABLE 事务隔离级别。

设置 SERIALIZABLE 事务隔离级别的语句如下:

```
SET TRANSACTION ISOLATION LEVEL SERIALIZABLE;
```

13.3.3 锁机制

在 Oracle 中,提供了两种锁机制。

1. 排它锁(Exclusive Lock,X 锁)

排它锁又称为写锁,如果事务 T 给数据对象 A 加上排它锁,只允许事务 T 对数据对象 A 进行插入、修改和删除等更新操作,其他事务将不能对 A 加上任何类型的锁。

排它锁用作数据的修改,防止共同改变相同的数据对象。

2. 共享锁(Share Lock,S 锁)

共享锁又称为读锁,如果事务 T 给数据对象 A 加上共享锁,该事务 T 可对数据对象 A 进行读操作,其他事务也只能对数据对象 A 加上共享锁进行读取。

共享锁下的数据只能被读取,不能被修改。

13.3.4 锁的类型

根据保护的对象不同,Oracle 数据库锁可以分为以下几大类。

1. DML 锁

DML 锁(Data Locks,数据锁)的目的在于保证并发情况下的数据完整性,例如,DML 锁保证表的特定行能够被一个事务更新,同时保证在事务提交之前,不能删除表。

在 Oracle 数据库中,DML 锁主要包括 TM 锁和 TX 锁,其中 TM 锁称为表级锁,TX 锁称为事务锁或行级锁。

当 Oracle 执行 DML 语句时，系统自动在所要操作的表上申请 TM 类型的锁。当获得 TM 锁后，系统再自动申请 TX 类型的锁，并将实际锁定的数据行的锁标志位进行置位。这样在事务加锁前检查 TX 锁相容性时就不用再逐行检查锁标志了，而只需检查 TM 锁模式的相容性即可，从而提高了系统的效率。TM 锁包括了 SS、SX、S、X 等多种模式，在数据库中用 0～6 来表示。

2. DDL 锁

DDL 锁（Dictionary Locks，字典锁）有多种形式，用于保护数据库对象的结构，如表、索引等的结构定义。

（1）独占 DDL 锁：当 CREATE、ALTER 和 DROP 等语句用于一个对象时使用该锁。

（2）共享 DDL 锁：当 GRANT 与 CREATE PACKAGE 等语句用于一个对象时使用此锁。

（3）可破的分析 DDL 锁：数据库高速缓存区中语句或 PL/SQL 对象有一个用于它所引用的每一个对象的锁。

3. 内部锁和闩

内部锁和闩（Internal Locks and Latches）用于保护数据库的内部结构，对用户来说，它们是不可访问的，因为用户不需要控制它们的发生。

13.3.5　死锁

当两个事务并发执行时，各对一个资源加锁，并等待对方释放资源但又不释放自己加锁的资源，这就会造成死锁，如果不进行外部干涉，死锁将会一直进行下去。死锁会造成资源的大量浪费，甚至会使系统崩溃。

Oracle 会对死锁自动进行定期搜索，通过回滚死锁中包含的一个语句来解决死锁问题，也就是释放其中一个冲突锁，同时返回一个消息给对应的事务。

防止死锁的发生是解决死锁最好的方法，用户需要遵循如下原则。

（1）尽量避免并发地执行修改数据的语句。

（2）要求每个事务将所有要使用的数据一次性全部加锁，否则就不予执行。

（3）可以预先规定一个加锁顺序，所有的事务都按该顺序对数据进行加锁。例如，对于不同的过程，在事务内部对对象的更新执行顺序应尽量保持一致。

（4）每个事务的执行时间不可太长，尽量缩短事务的逻辑处理过程，及早地提交或回退事务。对于程序段长的事务，可以考虑将其分割为几个事务。

（5）一般不建议强行加锁。

13.4　小　　结

本章主要介绍了以下内容。

（1）事务是 Oracle 中的一个逻辑工作单元，由一组 SQL 语句组成，事务是一组不可分割的 SQL 语句，其结果是作为整体永久性地修改数据库的内容，或者作为整体取消对数据库的修改。

（2）事务有 4 个基本特性，称为 ACID 特性，即原子性、一致性、隔离性和持久性。

（3）使用 COMMIT 语句提交事务后，Oracle 将 DML 语句对数据库所做的修改永久性地保存在数据库中。

（4）要取消事务对数据所做的修改，需要执行 ROLLBACK 语句回退全部事务，将数据库的状态回退到原始状态。

（5）Oracle 数据库支持多个用户同时对数据库进行并发访问，每个用户都可以同时运行自己的事务，这种事务称为并发事务。为支持并发事务，必须保持表中数据的一致性和有效性，可以通过锁（Lock）来实现。

（6）当两个事务并发执行时，各对一个资源加锁，并等待对方释放资源但又不释放自己加锁的资源，这就会造成死锁，如果不进行外部干涉，死锁将会一直进行下去。死锁会造成资源的大量浪费，甚至会使系统崩溃。

习　题　13

一、选择题

1. 下列_____语句会结束事务。
   A. SAVEPOINT　　　　　　　　　B. COMMIT
   C. END TRANSACTION　　　　　　D. ROLLBACK TO SAVEPOINT

2. 下列关键字中_____与事务控制无关。
   A. COMMIT　　　B. SAVEPOINT　　　C. DECLARE　　　D. ROLLBACK

3. Oracle 中的锁不包括_____。
   A. 插入锁　　　B. 排它锁　　　C. 共享锁　　　D. 行级排它锁

4. SQL 标准定义了 4 种事务隔离级别，隔离级别从低到高的依次为：
   （1）READ UNCOMMITTED；
   （2）READ COMMITTED；
   （3）REPETABLE READ；
   （4）SERIALIZABLE。
   Oracle 数据库支持其中的两种事务隔离级别是_____。
   A.（1）和（2）　　B.（3）和（4）　　C.（1）和（3）　　D.（1）和（4）

二、填空题

1. 事务的特性有原子性、一致性、隔离性、_____。
2. 锁机制有_____、共享锁两类。
3. 事务处理可能存在三种问题是_____、不可重复读、脏读。
4. 在 Oracle 中使用_____命令提交事务。
5. 在 Oracle 中使用_____命令回退事务。
6. 在 Oracle 中使用_____命令设置保存点。

三、问答题

1. 什么是事务？简述事务的基本特性。

2. COMMIT 语句和 ROLLBACK 语句各有何功能？

3. 保存点的作用是什么？怎样设置？

4. 什么是并发事务？什么是锁机制？

5. 什么是死锁？怎样防止死锁？

第 14 章

学生成绩管理系统开发

本章要点

- 搭建系统框架
- 持久层开发
- 业务层开发
- 表示层开发

在介绍 Java EE 项目开发基础和 Java EE 开发环境的基础上,本章介绍使用 Struts、Spring、Hibernate 三个框架的整合来开发 Oracle 应用系统——学生成绩管理系统。

14.1 搭建系统框架

14.1.1 层次划分

创建一个生成绩管理系统应用项目,项目命名为 StudentDeveloper,该项目需要实现学生、课程、成绩的增加、删除、修改和查询等项功能。在 Oracle 中创建学生成绩管理系统数据库 stsys,它的基本表有 student 表、course 表、score 表,使用轻量级 Java EE 系统的 Struts 2、Spring 和 Hibernate 框架进行开发。

1. 分层模型

轻量级 Java EE 系统划分为持久层、业务层和表示层,用 Struts 2＋Spring＋Hibernate 架构进行开发,用 Hibernate 进行持久层开发,用 Spring 的 Bean 来管理组件 DAO、Action 和 Service,用 Struts 2 完成页面的控制跳转,分层模型如图 14.1 所示。

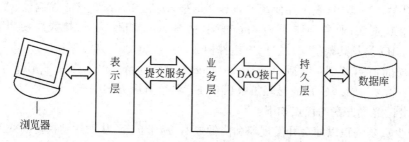

图 14.1　轻量级 Java EE 系统分层模型

1)持久层

轻量级 Java EE 系统的后端是持久层,使用 Hibernate 框架,持久层由 POJO 类及其映射文件、DAO 组件构成,该层屏蔽了底层 JDBC 连接和数据库操作细节,为业务层提供统一的面向对象的数据访问接口。

2)业务层

轻量级 Java EE 系统的中间部分是业务层,使用 Spring 框架。业务层由 Service 组件构成,Service 调用 DAO 接口中的方法,经由持久层间接地操作后台数据库,并为表示层提供服务。

3)表示层

轻量级 Java EE 系统的前端是表示层,是 Java EE 系统直接与用户交互的层面,使用业务层提供的服务来满足用户的需求。

2. 轻量级 Java EE 系统解决方案

轻量级 Java EE 系统采用三种主流开源框架 Struts 2、Spring 和 Hibernate 进行开发,其解决方案如图 14.2 所示。

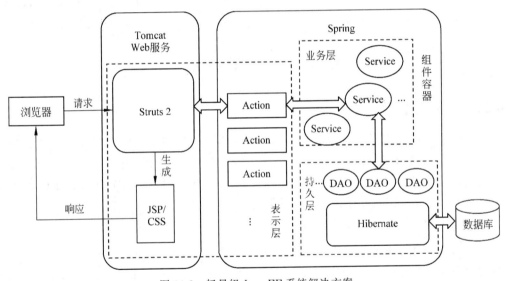

图 14.2 轻量级 Java EE 系统解决方案

在上述解决方案中,表示层使用 Struts 2 框架,包括 Struts 2 核心控制器、Action 业务控制器和 JSP 页面;业务层使用 Spring 框架,由 Service 组件构成;持久层使用 Hibernate框架,由 POJO 类及其映射文件、DAO 组件构成。

该系统的所有组件,包括 Action、Service 和 DAO 等,全部放在 Spring 容器中,由 Spring 统一管理,所以,Spring 是轻量级 Java EE 系统解决方案的核心。

使用上述解决方案的优点如下:

- 减少重复编程以缩短开发周期和降低成本,易于扩充,从而达到快捷高效的目的;
- 系统架构更加清晰合理、系统运行更加稳定可靠。

程序员在表示层中只需编写 Action 和 JSP 代码,在业务层中只需编写 Service 接口及其实现类,在持久层中只需编写 DAO 接口及其实现类,可以花更多的精力为应用开发项目选择合适的框架，从根本上提高开发的速度、效率和质量。

比较 Java EE 三层架构和 MVC 三层结构，区别如下。

（1）MVC 是所有 Web 程序的通用开发模式，划分为三层结构：M（模型层）、V（视图层）和 C（控制器层），它的核心是 C（控制器层），一般由 Struts 2 担任。Java EE 三层架构为表示层、业务层和持久层，使用的框架分别为 Struts 2、Spring 和 Hibernate，以 Spring 容器为核心，控制器 Struts 2 只承担表示层的控制功能。

（2）在 Java EE 三层架构中，表示层包括 MVC 的 V（视图层）和 C（控制器层）两层，业务层和持久层是 M（模型层）的细分。

14.1.2　搭建项目框架

1. 创建 Java EE 项目

新建 Java EE 项目，项目命名为 StudentDeveloper。

2. 添加 Spring 核心容器

添加 Spring 开发能力。

3. 添加 Hibernate 框架

添加 Hibernate 框架。

4. 添加 Struts 2 框架

加载配置 Struts 2 包。

5. 集成 Spring 与 Struts 2

本项目采用 Struts＋Spring＋Hibernate 架构进行开发，用 Hibernate 进行持久层开发，用 Spring 的 Bean 来管理组件 Dao、Action 和业务逻辑，用 Struts 完成页面的控制跳转，项目完成后的项目目录树如图 14.3 所示。

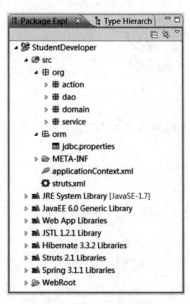

图 14.3　项目目录树

1)持久层

(1) org.dao。

BaseDao.java：公共数据访问类。

(2) org.domain(该包中放置实现 DAO 接口的类和表对应的 POJO 类及映射文件 * .hbm.xml)。

Student.java：学生实体类。

Student.hbm.xml：学生实体类映射文件。

Course.java：课程实体类。

Course.hbm.xml：课程实体类映射文件。

Score.java：成绩实体类。

Score.hbm.xml：成绩实体类映射文件。

2)业务层

(1) org.service(该包中放置业务逻辑接口,接口中的方法用来处理用户请求)。

BaseService.java：通用逻辑接口。

UsersService.java：学生逻辑接口。

ScoreService.java：成绩逻辑接口。

CourseService.java：课程逻辑接口。

(2) org.service.impl(该包中放置实现业务逻辑接口的类)。

BaseServiceImpl.java：通用实现类。

UsersServiceImpl.java：学生实现类。

ScoreServiceImpl.java：成绩实现类。

CourseServiceImpl.java：课程实现类。

3)表示层

org.action(该包中放置对应的用户自定义的 Action 类)。

StudentAction.java：学生信息控制器。

ScoreAction.java：成绩信息控制器。

CourseAction.java：课程信息控制器。

4)配置文件

(1) META-INFO。

applicationContext.xml：spring 配置文件,该文件实现 Spring 和 Struts2、Hibernate 的整合。

struts.xml：struts2 配置文件,该文件配置 Action。

(2) orm。

jdbc.properties：jdbc 配置文件,配置数据库连接信息。

```
jdbc.driverClassName=oracle.jdbc.OracleDriver
jdbc.url=jdbc:oracle:thin:@ localhost:1521/stsys.domain
jdbc.username=system
jdbc.pwd=123456
hibernate.dialect=org.hibernate.dialect.OracleDialect
```

```
hibernate.show_sql=true
hibernate.format_sql=true
hibernate.hbm2ddl.auto=update
```

在项目开发中,需要一个团队分工协作,而不是由一个程序员来完成。面向接口编程有利于团队开发,有了接口,其他程序员可以直接调用其中的方法,不管该方法如何实现。开发项目的流程一般是先完成持久层数据连接,再实现 DAO,进而完成业务逻辑,最后实现页面及控制逻辑。

14.2　持久层开发

利用 Hibernate 编程,有以下几个步骤:
- 编写 Hibernate 配置文件,连接到数据库;
- 生成 POJO 类及 Hibernate 映射文件,将 POJO 类和表映射,POJO 类中的属性和表中的列映射;
- 编写 DAO,使用 Hibernate 进行数据库操作。

将数据库表 student、course、score 生成对应的 POJO 类及映射文件,放置在持久层的 org.domain 包中,包括学生实体类文件 Student.java、学生实体类映射文件 Student.hbm. xml、课程实体类文件 Course.java、课程实体类映射文件 Course.hbm.xml、成绩实体类文件 Score.java、成绩实体类映射文件 Score.hbm.xml。

下面仅列出学生实体类文件 Student.java、学生实体类映射文件 Student.hbm.xml 的代码。

1. 生成 POJO 类及映射文件

对应代码为第 14 章代码 1,扫描二维码查看。

代码 1

对应代码为第 14 章代码 2,扫描二维码查看。

代码 2

2. 公共数据访问类

在项目开发过程中,将访问数据库的操作放到特定的类中去处理,这个对数据库操作的类叫作 DAO 类。

DAO(Data Access Object,数据访问对象)类专门负责对数据库的访问。

公共数据访问类 BaseDao.java 放在 org.dao 包中。

对应代码为第 14 章代码 3,扫描二维码查看。

代码 3

14.3　业务层开发

业务逻辑组件是为控制器提供服务的,业务逻辑对 DAO 进行封装,使控制器调用业务逻辑方法无须直接访问 DAO。

1. 业务逻辑接口

业务逻辑接口放在 org.service 包中,包括通用逻辑接口 BaseService.java、学生逻辑接口 UsersService.java、成绩逻辑接口 ScoreService.java、课程逻辑接口 CourseService.java,下面介绍通用逻辑接口 BaseService.java 和学生逻辑接口 UsersService.java。

对应代码为第 14 章代码 4,扫描二维码查看。

代码 4

对应代码为第 14 章代码 5,扫描二维码查看。

代码 5

2. 业务逻辑实现类

业务逻辑实现类放在 org.service.impl 包中,包括通用实现类 BaseServiceImpl.java、学生实现类 UsersServiceImpl. java、成绩实现类 ScoreServiceImpl. java、课程实现类 CourseServicImple.java。

3. 事务管理配置

Spring 的配置文件 applicationContext.xml 用于对业务逻辑进行事务管理。

14.4　表示层开发

Web 应用的前端是表示层,使用 Struts 框架进行,使用 Struts 2 搭建的基本流程如下:
- Web 浏览器请求一个资源;
- 过滤器 Dispatcher 查找请求,确定适当的 Action;
- 拦截器自动对请求应用通用功能,如验证和文件上传等操作;
- Action 的 execute 方法通常用来存储和(或)重新获得信息(通过数据库);
- 结果被返回到浏览器,可能是 HTML、图片、PDF 或其他。

当用户发送一个请求后,web.xml 中配置的 FilterDispatcher(Struts 2 核心控制器)就会过滤该请求。如果请求是以.action 结尾,该请求就会被转入 Struts 2 框架处理。Struts 2 框架接收到 * .action 请求后,将根据 * .action 请求前面的"*"来决定调用哪个业务。

学生信息控制器 StudentAction.java、成绩信息控制器 ScoreAction.java、课程信息控制器 CourseAction.java 放在 org.action 包中。

14.4.1　配置 struts.xml 和 web.xml

1. struts.xml

struts.xml 是 struts2 配置文件,在 META-INFO 包中,该文件配置 Action 和 JSP,其代码如下:

对应代码为第 14 章代码 6,扫描二维码查看。

代码 6

2. web.xml

web.xml 文件配置过滤器及监听器,其代码如下:

对应代码为第 14 章代码 7,扫描二维码查看。

代码 7

14.4.2　主界面设计

在浏览器地址栏，输入"http://localhost:8080/StudentDeveloper/"，运行学生成绩管理系统，出现主界面，如图 14.4 所示。

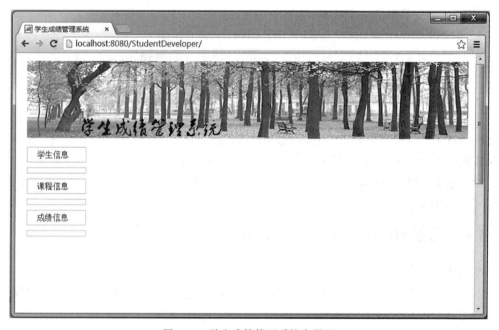

图 14.4　学生成绩管理系统主界面

界面分为 3 部分：头部 title.jsp、左部 left.jsp、右部 right.jsp，通过 main.jsp 整合在一起。

对应代码为第 14 章代码 8，扫描二维码查看。

代码 8

对应代码为第 14 章代码 9，扫描二维码查看。

代码 9

对应代码为第 14 章代码 10,扫描二维码查看。

代码 10

对应代码为第 14 章代码 11,扫描二维码查看。

代码 11

14.4.3 添加学生信息设计

在学生成绩管理系统中,单击添加学生信息链接,出现学生添加信息界面,如图 14.5 所示。

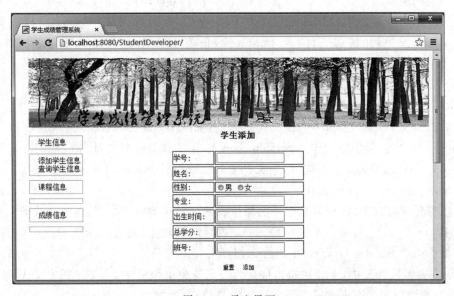

图 14.5 录入界面

该超链接提交的 Action 配置，在 struts. xml 文件中已经给出，对应 Action 类 ScoreAction.java 类和学生信息录入页面 addStudent.jsp。

14.4.4　查询学生信息设计

查询学生信息设计包括设计和实现学生信息查询、学生信息修改、学生信息删除等功能。

1. 查询学生信息

在学生成绩管理系统中，单击学生信息查询的图片链接，将会出现所有学生信息的列表。

其 Action 的配置在前面的 struts. xml 代码中已经给出，对应 Action 类的 ScoreAction .java 类和学生信息查询页面 showStudent.jsp。

2. 修改学生信息

在学生信息查询中，单击功能栏中的“修改”按钮，出现修改学生信息界面。

其 Action 的配置在前面的 struts. xml 代码中已经给出，对应 Action 类 ScoreAction .java 类和学生信息修改页面 updateStudent.jsp。

14.5　小　　结

本章主要介绍了以下内容。

（1）在项目开发过程中，需要将 Struts、Spring、Hibernate 三个框架进行整合。使用上述三个开源框架的策略为：表示层用 Struts，业务层用 Spring，持久层用 Hibernate，该策略简称为 SSH。

前端使用 Struts 充当视图层和控制层，普通的 Java 类为业务逻辑层，后端采用 Hibernate 充当数据访问层，而 Spring 主要运行在 Struts 和 Hibernate 的中间，通过控制反转让控制层间接调用业务逻辑层，负责降低 Web 层和数据库层之间的耦合性。

（2）在持久层开发中，Hibernate 框架作为模型/数据访问层中间件，通过配置文件（hibernate.cfg.xml）和映射文件（∗.hbm.xml）把将 Java 对象或持久化对象（Persistent Object，PO）映射到关系数据库的表中，再通过持久化对象对表进行有关操作。持久化对象（PO）指不含业务逻辑代码的普通 Java 对象（Plain Ordinary Java Object，POJO）加映射文件。

将数据库表 student、course、score 生成对应的 POJO 类及映射文件，放置在持久层的 org.domain 包中，包括学生实体类 Student.java、学生实体类映射文件 Student.hbm.xml、课程实体类 Course.java、课程实体类映射文件 Course.hbm.xml、成绩实体类 Score.java、成绩实体类映射文件 Score.hbm.xml。

在项目开发过程中，将访问数据库的操作放到特定的类中去处理，这个对数据库操作的类叫作 DAO 类，DAO（Data Access Object，数据访问对象）类专门负责对数据库的访问。公共数据访问类 BaseDao.java 放在 org.dao 包中。

（3）在业务层开发中，业务逻辑组件是为控制器提供服务的，业务逻辑对 DAO 进行封装，使控制器调用业务逻辑方法无须直接访问 DAO。

业务逻辑接口放在 org.service 包中，包括通用逻辑接口 BaseService.java、学生逻辑接口 UsersService.java、成绩逻辑接口 ScoreService.java、课程逻辑接口 CourseService.java。

业务逻辑实现类放在 org.service.impl 包中，包括通用实现类 BaseServiceImpl.java、学生实现类 UsersServiceImpl. java、成绩实现类 ScoreServiceImpl. java、课程实现类 CourseServiceImple.java。

Spring 的配置文件 applicationContext.xml 用于对业务逻辑进行事务管理。

（4）Web 应用的前端是表示层，使用 Struts 框架，当用户发送一个请求后，web.xml 中配置的 FilterDispatcher（Struts 2 核心控制器）就会过滤该请求。如果请求是以.action 结尾，该请求就会被转入 Struts 2 框架处理。Struts 2 框架接收到＊.action 请求后，将根据＊.action 请求前面的"＊"来决定调用哪个业务。

struts.xml 是 Struts 2 配置文件，在 META-INFO 包中，该文件配置 Action 和 JSP。

学生信息控制器 StudentAction.java、成绩信息控制器 ScoreAction.java、课程信息控制器 CourseAction.java 放在 org.action 包中。

习　题　14

一、选择题

1. Struts 2 的核心配置文件是_____。
   - A. web.xml
   - B. struts.xml
   - C. hibernate.cfg.xml
   - D. applicationContext.xml

2. Hibernat 的映射文件是_____。
   - A. hibernate.cfg.xml
   - B. applicationContext.xml
   - C. web.xml
   - D. ＊.hbm.xml

3. Hibernat 的配置文件是_____。
   - A. applicationContext.xml
   - B. web.xml
   - C. hibernate.cfg.xml
   - D. struts.xml

二、填空题

1. SSH 的表示层用_____，业务层用 Spring，持久层用 Hibernate。

2. ORM 用于实现_____的映射。

3. Action 定义的方式包括普通的 POTO 提供一个 execute 方法，_____和继承 ActionSupport。

4. Hibernate 通过配置文件和映射文件将 Java 对象映射到关系数据库的_____中。

5. Spring 的配置文件为_____。

三、应用题

1. 在课程信息设计中，增加课程信息修改和课程信息删除功能。
2. 在成绩信息设计中，增加成绩信息修改和成绩信息删除功能。
3. 在学生成绩管理系统中，增加登录功能。
4. 在学生成绩管理系统中，增加分页功能。

第 2 篇

Oracle 数据库实验

E-R图画法与概念模型向逻辑模型的转换

1. 实验目的及要求

（1）了解 E-R 图的构成要素。

（2）掌握 E-R 图的绘制方法。

（3）掌握概念模型向逻辑模型的转换原则和方法。

2. 验证性实验

1）实验内容

（1）某同学需要设计开发班级信息管理系统，希望能够管理班级与学生信息的数据库，其中学生信息包括学号、姓名、年龄、性别；班级信息包括班号、年级号、班级人数。

① 确定班级实体和学生实体的属性。

学生：学号，姓名，年龄，性别。

班级：班号，班主任，班级人数。

② 确定班级和学生之间的联系，给联系命名并指出联系的类型。

一个学生只能属于一个班级，一个班级可以有很多个学生，所以和学生间是 1 对多的关系，即 $1:n$。

③ 确定联系的名称和属性。

联系的名称：属于。

④ 画出班级与学生关系的 E-R 图。

班级和学生关系的 E-R 图如实验图 1.1 所示。

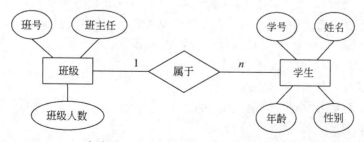

实验图 1.1　班级和学生关系的 E-R 图

⑤ 将 E-R 图转换为关系模式，写出各关系模式并标明各自的主码。

学生(<u>学号</u>，姓名，年龄，性别，班号)，码：学号。

班级(<u>班号</u>,班主任,班级人数),码：班号。

(2) 设图书借阅系统在需求分析阶段搜集到的图书信息为书号、书名、作者、价格、复本量、库存量,学生信息为借书证号、姓名、专业、借书量。

① 确定图书和学生实体的属性。

图书信息：书号、书名、作者、价格、复本量、库存量。

学生信息：借书证号、姓名、专业、借书量。

② 确定图书和学生之间的联系,为联系命名并指出联系的类型。

一个学生可以借阅多种图书,一种图书可被多个学生借阅。学生借阅的图书要在数据库中记录索书号、借阅时间,所以,图书和学生间是多对多关系,即 $m:n$。

③ 确定联系名称和属性。

联系名称：借阅。

属性：索书号、借阅时间。

④ 画出图书和学生关系的 E-R 图。

图书和学生关系的 E-R 图如实验图 1.2 所示。

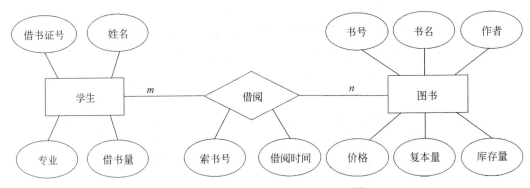

实验图 1.2　图书和学生关系的 E-R 图

⑤ 将 E-R 图转换为关系模式,写出表的关系模式并标明各自的码。

学生(<u>借书证号</u>,姓名,专业,借书量),码：借书证号。

图书(<u>书号</u>,书名,作者,价格,复本量,库存量),码：书号。

借阅(<u>书号,借书证号</u>,索书号,借阅时间),码：书号,借书证号。

(3) 在商场销售系统中,搜集到顾客信息包括顾客号、姓名、地址、电话,订单信息包括订单号、单价、数量、总金额,商品信息包括商品号、商品名称。

① 确定顾客、订单、商品实体的属性。

顾客信息：顾客号、姓名、地址、电话。

订单信息：订单号、单价、数量、总金额。

商品信息：商品号、商品名称。

② 确定顾客、订单、商品之间的联系,给联系命名并指出联系的类型。

一个顾客可拥有多个订单,一个订单只属于一个顾客,顾客和订单间是一对多关系,即 $1:n$。一个订单可购多种商品,一种商品可被多个订单购买,订单和商品间是多对多关系,即 $m:n$。

③ 确定联系的名称和属性。

联系的名称：订单明细。

属性：单价,数量。

④ 画出顾客、订单、商品之间联系的 E-R 图。

顾客、订单、商品之间联系的 E-R 图如实验图 1.3 所示。

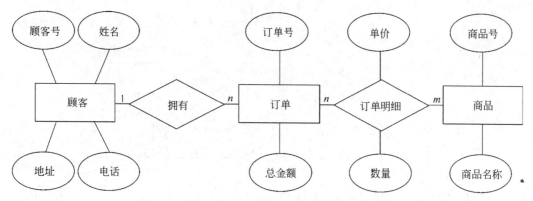

实验图 1.3　顾客、订单、商品之间联系的 E-R 图

⑤ 将 E-R 图转换为关系模式,写出表的关系模式并标明各自的码。

顾客(<u>顾客号</u>, 姓名, 地址, 电话),码：顾客号。

订单(<u>订单号</u>, 总金额, 顾客号),码：订单号。

订单明细(<u>订单号, 商品号</u>,单价,数量),码：订单号,商品号。

商品(<u>商品号</u>, 商品名称),码：商品号。

(4) 设某汽车运输公司想开发车辆管理系统,其中,车队信息有车队号、车队名等;车辆信息有车牌照号、厂家、出厂日期等;司机信息有司机编号、姓名、电话、车队号等。车队与司机之间存在"聘用"联系,每个车队可聘用若干个司机,但每个司机只能应聘一个车队,车队聘用司机有"聘用开始时间"和"聘期"两个属性;车队与车辆之间存在"拥有"联系,每个车队可拥有若干车辆,但每辆车只能属于一个车队;司机与车辆之间存在着"使用"联系,司机使用车辆有"使用日期"和"千米数"两个属性,每个司机可使用多辆汽车,每辆汽车可被多个司机使用。

① 确定实体和实体的属性。

车队：车队号,车队名。

车辆：车牌照号,厂家,生产日期。

司机：司机编号,姓名,电话,车队号。

② 确定实体之间的联系,给联系命名并指出联系的类型。

车队与车辆联系类型是 $1:n$,联系名称为拥有;车队与司机联系类型是 $1:n$,联系名称为聘用;车辆和司机联系类型为 $m:n$,联系名称为使用。

③ 确定联系的名称和属性。

联系"聘用"有"聘用开始时间"和"聘期"两个属性;联系"使用"有"使用日期"和"千米数"两个属性。

④ 画出 E-R 图。

车队、车辆和司机关系的 E-R 图如实验图 1.4 所示。

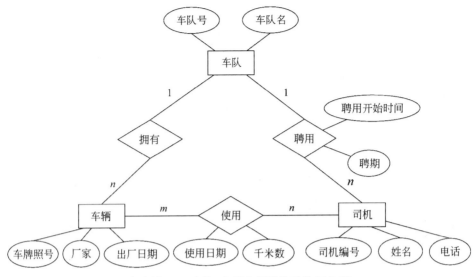

实验图 1.4　车队、车辆和司机关系的 E-R 图

⑤ 将 E-R 图转换为关系模式,写出表的关系模式并标明各自的码。

车队(车队号,车队名),码:车队号。

车辆(车牌照号,厂家,生产日期,车队号),码:车牌照号。

司机(司机编号,姓名,电话,车队号,聘用开始时间,聘期),码:司机编号。

使用(司机编号,车辆号,使用日期,千米数),码:司机编号,车辆号。

3. 设计性试验

(1) 设计存储生产厂商和产品信息的数据库,生产厂商的信息包括厂商名称、地址、电话;产品信息包括品牌、型号、价格;生产厂商生产某产品的数量和日期。

① 确定产品和生产厂商实体的属性。

② 确定产品和生产厂商之间的联系,为联系命名并指出联系的类型。

③ 确定联系的名称和属性。

④ 画出产品与生产厂商关系的 E-R 图。

⑤ 将 E-R 图转换为关系模式,写出表的关系模式并标明各自的码。

(2) 某房地产交易公司,需要存储房地产交易中客户、业务员和合同三者信息的数据库,其中,客户信息主要包括客户编号、购房地址;业务员信息有员工号、姓名、年龄;合同信息有客户编号、员工号、合同有效时间。其中,一个业务员可以接待多个客户,每个客户只签署一个合同。

① 确定客户实体、业务员实体和合同的属性。

② 确定客户、业务员和合同三者之间的联系,为联系命名并指出联系类型。

③ 确定联系的名称和属性。

④ 画出客户、业务员和合同三者关系的 E-R 图。

⑤ 将 E-R 图转换为关系模式,写出表的关系模式并标明各自的码。

4. 观察与思考

如果有 10 个不同的实体集,它们之间存在 12 个不同的二元联系(二元联系是指两个实体集之间的联系),包括 3 个 $1:1$ 联系,4 个 $1:n$ 联系,5 个 $m:n$ 联系,那么根据 E-R 模式转换为关系模型的规则,这个 E-R 结构转换为关系模式的个数至少有多少个?

Oracle 19c 的安装和运行

1. 实验目的及要求

（1）掌握 Oracle 19c 的安装步骤。

（2）掌握 SQL Developer 登录 Oracle 数据库的步骤。

（3）掌握 SQL * Plus 登录 Oracle 数据库的步骤。

（4）掌握 Oracle 服务的启动、停止、重新启动等操作。

2. 实验内容

（1）Oracle 19c 的安装步骤参见第 2 章。

（2）SQL Developer 登录 Oracle 数据库的步骤。

① 双击 sqldeveloper.exe，启动 SQL Developer。在"连接"窗格中，单击 ✚▾ 下拉按钮，选择"新建数据库连接命令"，出现"新建/选择数据库连接"对话框，在 Name 文本框中输入一个自定义的连接名，如 st_test，在"用户名"文本框中输入 system，在"密码"文本框中输入相应的密码，这里密码为 Ora123456（安装时已设置），"角色"框保留为默认值，在"主机名"文本框中保留为 localhost；"端口"文本框保留默认的 1521，SID 文本框中输入数据库的 SID，本书为 orcl，如实验图 2.1 所示。

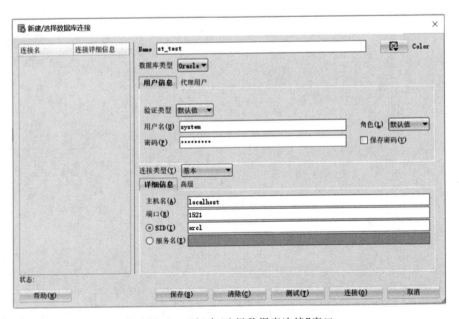

实验图 2.1 "新建/选择数据库连接"窗口

② 单击"连接"按钮,出现"连接信息"对话框,如实验图 2.2 所示,在"密码"文本框中输入相应的密码,这里密码为 Ora123456。

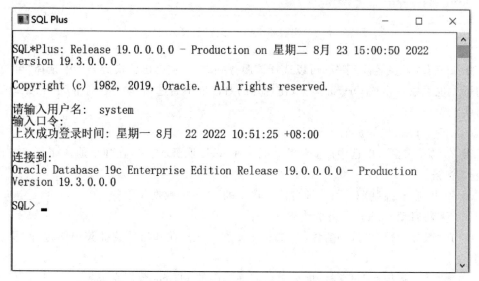

实验图 2.2 "连接到服务器"对话框

③ 单击"确定"按钮,出现 Oracle SQL Developer 主界面。

(3) SQL * Plus 登录 Oracle 数据库,有以下两种方式。

① 使用菜单命令方式启动 SQL * Plus 登录 Oracle 数据库。

选择"开始"→Oracle-OraDb19_home1→SQL Plus 命令,进入 SQL Plus 命令行窗口,这里在"请输入用户名:"处输入 system,在"输入口令:"处输入 Ora123456,按 Enter 键后连接到 Oracle,如实验图 2.3 所示。

```
SQL Plus                                              —    □    ×

SQL*Plus: Release 19.0.0.0.0 - Production on 星期二 8月 23 15:00:50 2022
Version 19.3.0.0.0

Copyright (c) 1982, 2019, Oracle.  All rights reserved.

请输入用户名: system
输入口令:
上次成功登录时间: 星期一 8月  22 2022 10:51:25 +08:00

连接到:
Oracle Database 19c Enterprise Edition Release 19.0.0.0.0 - Production
Version 19.3.0.0.0

SQL>
```

实验图 2.3 使用菜单命令方式启动 SQL * Plus 登录 Oracle 数据库

② 使用 Windows 运行窗口启动 SQL * Plus 登录 Oracle 数据库。

选择"开始"→"运行"命令,进入 Windows 运行窗口,在"打开"文本框中输入 sqlplus 后按 Enter 键,然后输入用户名和口令,按 Enter 键后连接到 Oracle。

(4) 启动 Oracle 服务的步骤。

① 在菜单栏选择"开始"→"运行"命令,出现"运行"对话框,在"打开"下拉框中输入 services.msc,单击"确定"按钮。

② 出现 Windows 的"服务"窗口,可以看到服务名以"Oracle"开头的 5 个服务项的右边状态都是"正在运行",表明该服务已经启动,如实验图 2.4 所示。

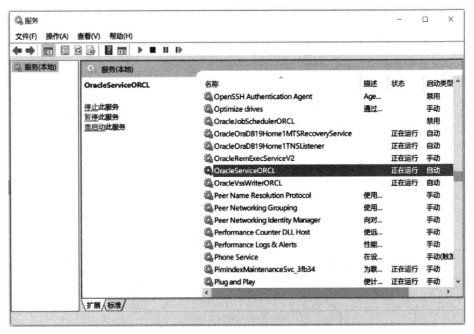

实验图 2.4 "服务"窗口

如果没有"正在运行"字样,可以选择该服务并右击,在弹出的快捷菜单中选择"启动"命令即可。也可以双击该 Oracle 服务,在打开的对话框中通过"启动"或"停止"按钮来改变服务器状态。

(5) 停止 Oracle 服务的步骤。

① 在"服务"窗口中选中需要停止运行的 Oracle 服务,右击,在弹出的快捷菜单中选择"停止"命令。

② 弹出"服务控制"对话框,即可停止选中的 Oracle 数据库服务。

(6) 重新启动 Oracle 服务的步骤。

① 在"服务"窗口中选中暂停的 Oracle 服务,右击,在弹出的快捷菜单中选择"重新启动"命令。

② 弹出"服务控制"对话框,即可重新启动选中的 Oracle 数据库服务。

Oracle 数据库

1. 实验目的及要求

(1) 掌握使用 DBCA(数据库配置向导)创建数据库的步骤和方法。

(2) 掌握使用 DBCA(数据库配置向导)删除数据库的步骤和方法。

2. 实验内容

(1) 使用 DBCA 删除数据库 stsystem。

① 选择"开始"→Oracle-OraDB19Home1→Database Configuration Assistant 命令。

② 出现"选择数据库操作"窗口,选择"删除数据库"选项,单击"下一步"按钮。

③ 进入"选择源数据库"窗口,这里选择 stsystem 数据库,单击"下一步"按钮。

④ 进入"选择注销管理选项"窗口,单击"下一步"按钮,进入"概要"窗口,单击"完成"按钮,在弹出的确认删除提示框中单击"是"按钮,即可显示删除进度,直至完成删除数据库操作。

(2) 使用 DBCA 创建数据库 shoppm,商店数据库 shoppm 是本书实验数据库,在实验中多次用到。

① 选择"开始"→Oracle-OraDB19Home1→Database Configuration Assistant 命令。

② 出现"选择数据库操作"窗口,选择"创建数据库"选项。

③ 单击"下一步"按钮,出现"选择数据库创建模式"窗口。

* 在"全局数据库名"栏目中输入 shoppm。
* 在"数据库字符集"栏目中选择"ZHS16GBK-BGK16 位简体中文"。
* 在"管理口令"、"确认口令"和"Oracle 主目录用户口令"栏目中,分别输入 Ora123456。
* 取消"创建为容器数据库"选项的选择。

④ 单击"下一步"按钮,进入"概要"窗口,单击"完成"按钮,将会出现"进度页"窗口,直至数据库 shoppm 创建完成。

Oracle 表

实验 4.1 定 义 表

1. 实验目的及要求

（1）理解表的基本概念和 CREATE TABLE 语句、ALTER TABLE 语句、DROP TABLE 语句的语法格式。

（2）掌握使用 PL/SQL 语句定义表的操作，具备编写和调试创建表、修改表、删除表的代码的能力。

2. 验证性实验

商店实验数据库 shoppm 是实验中多次用到的数据库，包含部门表 DeptExpm、员工表 EmplExpm、订单表 OrderExpm、订单明细表 DetailExpm 和商品表 GoodsExpm，它们的表结构参见附录 C。

在数据库 shoppm 中，验证和调试创建表、修改表、删除表的代码。

（1）创建 GoodsExpm 表。

```
CREATE TABLE GoodsExpm
    (
        GoodsNo varchar2(4) NOT NULL PRIMARY KEY,
        GoodsName varchar2(30) NOT NULL,
        Classification varchar2(24) NOT NULL,
        UnitPrice number NULL,
        Stock number NULL
    );
```

（2）将 GoodsExpm 表的 GoodsName 字段的数据类型改为 char(30)。

```
ALTER TABLE GoodsExpm
    MODIFY (GoodsName char(30));
```

（3）将 GoodsExpm 表的 Classification 字段删除。

```
ALTER TABLE GoodsExpm
    DROP COLUMN Classification;
```

（4）在 GoodsExpm 表中增加名为 Classification 的字段，数据类型为 char(30)。

```
ALTER TABLE GoodsExpm
    ADD Classification char(24);
```

（5）删除 GoodsExpm 表。

```
DROP TABLE GoodsExpm;
```

3. 设计性试验

在数据库 shoppm 中,设计、编写和调试创建表、修改表、删除表的代码。

（1）创建 OrderExpm 表。

（2）将 OrderExpm 表的 EmplNo 字段的数据类型改为 char(4)。

（3）将 OrderExpm 表的 CustNo 字段删除。

（4）在 OrderExpm 表中增加名为 CustNo 的字段,数据类型为 char(4)。

（5）删除 OrderExpm 表。

4. 观察与思考

（1）在创建表的语句中,NOT NULL 的作用是什么?

（2）一个表可以设置几个主键?

（3）主键列能否修改为 NULL?

实验 4.2　表数据操作

1. 实验目的及要求

（1）掌握表数据的插入、修改和删除操作。

（2）具备编写和调试插入数据、修改数据和删除数据的代码的能力。

2. 验证性实验

在商店实验数据库 shoppm 中,包含部门表 DeptExpm 的样本数据、员工表 EmplExpm 的样本数据、订单表 OrderExpm 的样本数据、订单明细表 DetailExpm 的样本数据和商品表 GoodsExpm 的样本数据,分别参见附录 C。

设商品表 GoodsExpm、GoodsExpm1、GoodsExpm2 的表结构已创建,验证和调试表数据的插入、修改和删除的代码,需完成以下操作。

（1）在商品表中插入样本数据。

① 向 GoodsExpm 表插入样本数据。

```
INSERT INTO GoodsExpm VALUES('1001','Microsoft Surface Pro 7','笔记本电脑',6288.00,8);
INSERT INTO GoodsExpm VALUES('1002','DELL XPS13-7390','笔记本电脑',8877.00,8);
INSERT INTO GoodsExpm VALUES('2001','Apple iPad Pro','平板电脑',7029.00,4);
INSERT INTO GoodsExpm VALUES('3001','DELL PowerEdgeT140','服务器',8899.00,4);
INSERT INTO GoodsExpm VALUES('4001','EPSON L565','打印机',1959.00,5);
```

② 向 GoodsExpm1 表插入样本数据。

```
INSERT INTO GoodsExpm1 VALUES('1001','Microsoft Surface Pro 7','笔记本电脑',6288.00,8);
```

```
INSERT INTO GoodsExpm1 VALUES('1002','DELL XPS13-7390','笔记本电脑',8877.00,8);
INSERT INTO GoodsExpm1 VALUES('2001','Apple iPad Pro','平板电脑',7029.00,4);
INSERT INTO GoodsExpm1 VALUES('3001','DELL PowerEdgeT140','服务器',8899.00,4);
INSERT INTO GoodsExpm1 VALUES('4001','EPSON L565','打印机',1959.00,5);
```

（2）采用 3 种不同的方法，向 GoodsExpm2 表插入数据。

① 省略列名表，插入记录('2001','Apple iPad Pro','平板电脑',7029.00,4)。

```
INSERT INTO GoodsExpm2 VALUES('2001','Apple iPad Pro','平板电脑',7029.00,4);
```

② 不省略列名表，插入商品名称为 DELL PowerEdgeT140、单价为 8899.00、商品类型为服务器、库存量为 4、商品号为 3001 的记录。

```
INSERT INTO GoodsExpm2(GoodsName, UnitPrice, Classification, Stock, GoodsNo)
    VALUES('DELL PowerEdgeT140 ', 8899.00,'服务器',4, '3001');
```

③ 插入商品名称为 EPSON L565、商品类型为打印机、商品号为 4001、库存量为 5、单价为空的记录。

```
INSERT INTO GoodsExpm2(GoodsName, Classification, GoodsNo, Stock)
    VALUES('EPSON L565 ','打印机','4001',5);
```

（3）在 GoodsExpm1 表中，将商品名称为 Apple iPad Pro 的单价改为 7099.00。

```
UPDATE GoodsExpm1
    SET UnitPrice=7099.00
    WHERE GoodsName='Apple iPad Pro';
```

（4）在 GoodsExpm1 表中，将所有商品的库存量改为 4。

```
UPDATE GoodsExpm1
    SET Stock=4;
```

（5）在 GoodsExpm1 表中，删除商品名称为 Apple iPad Pro 的记录。

```
DELETE FROM GoodsExpm1
    WHERE GoodsName='Apple iPad Pro';
```

（6）采用 2 种不同的方法，删除表中的全部记录。

① 使用 DELETE 语句，删除 GoodsExpm1 表中的全部记录。

```
DELETE FROM GoodsExpm1;
```

② 使用 TRUNCATE 语句，删除 GoodsExpm2 表中的全部记录。

```
TRUNCATE TABLE GoodsExpm2;
```

3. 设计性试验

设订单表 OrderExpm 表、OrderExpm 表 1、OrderExpm 表 2 的表结构已创建，接下来设计、编写和调试表数据的插入、修改和删除的代码，完成以下操作。

（1）在订单表中插入样本数据。

① 向 OrderExpm 表插入样本数据。

② 向 OrderExpm1 表插入样本数据。

（2）采用 3 种不同的方法，向 OrderExpm2 表插入数据。

① 省略列名表，插入记录('S00002','E001','C002','20230415',31996.80)。

② 不省略列名表，插入员工号为 E002、订单号为 S0003、客户号为 C003、总金额为 11318.40、销售日期为 20230415 的记录。

③ 插入客户号为 C004、员工号为空、订单号为 S00004、总金额为 7989.30、销售日期为 20230415 的记录。

（3）在 OrderExpm1 表中，将订单号为 S00002 的客户号改为 C005。

（4）在 OrderExpm1 表中，将所有订单的销售日期改为 20230416。

（5）在 OrderExpm1 表中，删除订单号为 S00002 的记录。

（6）采用 2 种不同的方法，删除表中的全部记录。

① 使用 DELETE 语句，删除 OrderExpm1 表中的全部记录。

② 使用 TRUNCATE 语句，删除 OrderExpm2 表中的全部记录。

4. 观察与思考

（1）省略列名表插入记录需要满足什么条件？

（2）DELETE 语句和 TRUNCATE 语句有何区别？

（3）DROP 语句与 DELETE 语句有何区别？

数据查询

实验 5.1　数据查询 1

1. 实验目的及要求

（1）理解 SELECT 语句的语法格式。

（2）掌握 SELECT 语句的操作和使用方法。

（3）具备编写和调试 SELECT 语句以进行数据库查询的能力。

2. 验证性实验

对 shoppm 数据库 GoodsExpm 表进行数据查询，验证和调试查询语句的代码。

（1）使用两种方式，查询 GoodsExpm 表的所有记录。

① 使用列名表。

```
SELECT GoodsNo, GoodsName, Classification, UnitPrice, Stock
FROM GoodsExpm;
```

② 使用 *。

```
SELECT *
FROM GoodsExpm;
```

（2）查询 GoodsExpm 表有关商品号、商品名称和单价的记录。

```
SELECT GoodsNo, GoodsName, UnitPrice
FROM GoodsExpm;
```

（3）使用两种方式，查询商品类型为平板电脑和打印机的商品信息。

① 使用 IN 关键字。

```
SELECT *
FROM GoodsExpm
WHERE Classification IN ('平板电脑', '打印机');
```

② 使用 OR 关键字。

```
SELECT *
FROM GoodsExpm
WHERE Classification='平板电脑' OR Classification='打印机';
```

（4）通过两种方式查询 GoodsExpm 表中单价在 2000～8000 元的商品。

① 通过指定范围的关键字。

```
SELECT *
FROM GoodsExpm
WHERE UnitPrice BETWEEN 2000 AND 8000;
```

② 通过比较运算符。

```
SELECT *
FROM GoodsExpm
WHERE UnitPrice>=2000 AND UnitPrice<=8000;
```

（5）查询商品类型为"平板"的商品信息。

```
SELECT *
FROM GoodsExpm
WHERE Classification LIKE '平板%';
```

（6）查询各类商品的库存量。

```
SELECT Classification AS 商品类型, SUM(Stock) AS 库存量
FROM GoodsExpm
GROUP BY Classification;
```

（7）查询各类商品品种个数和最高单价。

```
SELECT Classification AS 商品类型, COUNT(*) AS 品种个数, MAX(UnitPrice) AS 最高单价
FROM GoodsExpm
GROUP BY Classification;
```

（8）查询各个商品的单价，按照从高到低的顺序排列。

```
SELECT *
FROM GoodsExpm
ORDER BY UnitPrice DESC;
```

（9）使用 ROW_NUMBER 函数、RANK 函数、DENSE_RANK 函数和 NTILE 函数查询库存量的排名。

① 使用 ROW_NUMBER 函数。

```
SELECT ROW_NUMBER() OVER(ORDER BY Stock DESC) AS ROW_NUMBER, GoodsNo AS 商品号,
GoodsName AS 商品名称, Stock AS 库存量
FROM GoodsExpm;
```

② 使用 RANK 函数。

```
SELECT RANK() OVER(ORDER BY Stock DESC) AS RANK, GoodsNo AS 商品号, GoodsName AS
商品名称, Stock AS 库存量
FROM GoodsExpm;
```

③ 使用 DENSE_RANK 函数。

```
SELECT DENSE_RANK() OVER(ORDER BY Stock DESC) AS DENSE_RANK, GoodsNo AS 商品号,
GoodsName AS 商品名称, Stock AS 库存量
FROM GoodsExpm;
```

④ 使用 NTILE 函数。

```
SELECT NTILE(2) OVER(ORDER BY Stock DESC) AS NTILE, GoodsNo AS 商品号, GoodsName AS
商品名称, Stock AS 库存量
FROM GoodsExpm;
```

(10) 使用正则表达式查询商品名称含有 DELL 和 Apple 的商品。

```
SELECT *
FROM GoodsExpm
WHERE REGEXP_LIKE(GoodsName, 'DELL|Apple');
```

3. 设计性试验

对 shoppm 数据库的 EmplExpm 表进行数据查询,设计、编写和调试查询语句的代码,完成以下操作。

(1) 使用两种方式,查询 EmplExpm 表的所有记录。

① 使用列名表。

② 使用 * 。

(2) 查询 EmplExpm 表有关员工号、姓名和籍贯的记录。

(3) 使用两种方式,查询籍贯为上海和四川的员工信息。

① 使用 IN 关键字。

② 使用 OR 关键字。

(4) 通过两种方式查询 EmplExpm 表中工资在 3500~4500 元的员工。

① 通过指定范围关键字。

② 通过比较运算符。

(5) 查询籍贯是北京的员工的姓名、出生日期和部门号。

(6) 查询各个部门的员工人数。

(7) 查询每个部门的总工资和最高工资。

(8) 查询员工工资,按照工资从高到低的顺序排列。

(9) 使用 ROW_NUMBER 函数、RANK 函数、DENSE_RANK 函数和 NTILE 函数查询员工工资的排名。

(10) 使用正则表达式查询籍贯在北京和四川的员工。

4. 观察与思考

(1) LIKE 的通配符"%"和"_"有何不同?

(2) IS 能用"="来代替吗?

(3) "="与 IN 在什么情况下作用相同?

(4) 空值的使用,可分为哪几种情况?

(5) 聚集函数能否直接使用在 SELECT 子句、WHERE 子句、GROUP BY 子句、HAVING

子句之中？

（6）WHERE 子句与 HAVING 子句有何不同？

（7）COUNT(＊)、COUNT(列名)、COUNT(DISTINCT 列名)三者的区别是什么？

（8）试比较各种排名函数的排名结果。

（9）正则表达式的查询和通配符的查询有何不同？试进行比较。

实验 5.2　数据查询 2

1. 实验目的及要求

（1）理解连接查询、子查询及联合查询的语法格式。

（2）掌握连接查询、子查询及联合查询的操作和使用方法。

（3）具备编写和调试连接查询、子查询及联合查询语句以进行数据库查询的能力。

2. 验证性实验

对 shoppm 数据库进行数据查询，验证和调试数据查询的代码。

（1）对商品表 GoodsExpm 和订单明细表 DetailExpm 进行连接，使用两种表示方式。

① 使用 JOIN 关键字的表示方式。

```
SELECT GoodsExpm.＊, DetailExpm.＊
FROM GoodsExpm JOIN DetailExpm ON GoodsExpm.GoodsNo=DetailExpm.GoodsNo;
```

② 使用连接谓词的表示方式。

```
SELECT GoodsExpm.＊, DetailExpm.＊
FROM GoodsExpm, DetailExpm
WHERE GoodsExpm.GoodsNo=DetailExpm.GoodsNo;
```

（2）对商品表 GoodsExpm 和订单明细表 DetailInfo 进行自然连接。

```
SELECT GoodsExpm.＊,OrderNo, SUnitPrice, Quantity, Total, Discount, DiscTotal
FROM GoodsExpm JOIN DetailExpm ON GoodsExpm.GoodsNo=DetailExpm.GoodsNo;
```

（3）对商品表 GoodsExpm 和订单明细表 DetailExpm 分别进行左外连接、右外连接、全外连接。

① 左外连接。

```
SELECT GoodsName, OrderNo
FROM GoodsExpm LEFT JOIN DetailExpm ON GoodsExpm.GoodsNo=DetailExpm.GoodsNo;
```

② 右外连接。

```
SELECT GoodsName, OrderNo
FROM GoodsExpm RIGHT JOIN DetailExpm ON GoodsExpm.GoodsNo=DetailExpm.GoodsNo;
```

③ 全外连接。

```
SELECT GoodsName, OrderNo
```

```
FROM GoodsExpm FULL JOIN DetailExpm ON GoodsExpm.GoodsNo=DetailExpm.GoodsNo;
```

（4）对商品表 GoodsExpm 和订单明细表 DetailExpm 进行交叉连接,观察所有的可能组合。

```
SELECT GoodsExpm.*, DetailExpm.*
FROM GoodsExpm CROSS JOIN DetailExpm;
```

（5）查询 S00002 订单所订商品的商品名称。

```
SELECT GoodsName
FROM GoodsExpm
WHERE GoodsNo IN
    (SELECT GoodsNo
     FROM DetailExpm
     WHERE OrderNo='S00002'
    );
```

（6）查询比 1002 商品库存量小的商品。

```
SELECT *
FROM GoodsExpm
WHERE Stock<ALL
    (SELECT Stock
     FROM GoodsExpm
     WHERE GoodsNo='1002'
    );
```

（7）查询 S00001 订单所订商品的库存量。

```
SELECT GoodsNo, Stock
FROM GoodsExpm
WHERE EXISTS
    (SELECT *
     FROM DetailExpm
     WHERE GoodsExpm.GoodsNo=DetailExpm.GoodsNo AND OrderNo='S00001'
    );
```

3. 设计性实验

在数据库 shoppm 中,设计、编写和调试查询语句的代码,完成以下操作。

（1）对订单表 OrderExpm 和订单明细表 DetailExpm 进行连接,使用两种表示方式。

① 使用 JOIN 关键字的表示方式。

② 使用连接谓词的表示方式。

（2）对订单表 OrderExpm 和订单明细表 DetailExpm 进行自然连接。

（3）对订单表 OrderExpm 和订单明细表 DetailExpm 分别进行左外连接、右外连接、全外连接。

① 左外连接。

② 右外连接。

③ 全外连接。

（4）对订单表 OrderExpm 和订单明细表 DetailExpm 进行交叉连接，观察所有的可能组合。

（5）查询销售 1001 商品的员工号。

（6）查询订购 1002 商品的客户号。

4. 观察与思考

（1）使用 JOIN 关键字的表示方式和使用连接谓词的表示方式有什么不同？

（2）内连接与外连接有何区别？

（3）举例说明 IN 子查询、比较子查询和 EXIST 子查询的用法。

（4）关键字 ALL、SOME 和 ANY 对比较运算有何限制？

视图和索引 ◀

实验 6.1　视　　图

1. 实验目的及要求

(1) 理解视图的概念。

(2) 掌握创建、修改、删除视图的方法,掌握通过视图进行插入、删除、修改数据的方法。

(3) 具备编写和调试创建、修改、删除视图语句和更新视图语句的能力。

2. 验证性实验

对于商品表 GoodsExpmnt 和订单明细表 DetailExpm 进行如下操作。

(1) 创建视图 V_GoodsDetail,包括商品号、商品名称、商品类型、库存量、订单号、销售单价、数量、总价、折扣总价。

```
CREATE  VIEW V_GoodsDetail
AS
SELECT a. GoodsNo, GoodsName, Classification, Stock, OrderNo, SUnitPrice,
Quantity, Total, DiscTotal
FROM GoodsExpm a JOIN DetailExpm b ON a.GoodsNo=b.GoodsNo
WITH CHECK OPTION;
```

(2) 查看视图 V_GoodsDetail 的所有记录。

```
SELECT *
FROM V_GoodsDetail;
```

(3) 查看商品 3001 的销售情况。

```
SELECT GoodsNo, GoodsName, OrderNo, SUnitPrice, Quantity, DiscTotal
FROM V_GoodsDetail
WHERE GoodsNo='3001';
```

(4) 对视图 V_GoodsDetail 进行修改,指定商品类型为笔记本电脑。

```
CREATE OR REPLACE VIEW V_GoodsDetail
AS
SELECT a. GoodsNo, GoodsName, Classification, Stock, OrderNo, SUnitPrice,
Quantity, Total, DiscTotal
FROM GoodsExpm a JOIN DetailExpm b ON a.GoodsNo=b.GoodsNo
```

```
WHERE Classification='笔记本电脑'
WITH CHECK OPTION;
```

（5）删除 V_GoodsDetail 视图。

```
DROP VIEW V_GoodsDetail;
```

3. 设计性实验

对于订单表 OrderExpm 和订单明细表 DetailExpm 进行如下操作。

（1）创建视图 I_OrderExpmDetailExpm，包括订单号、员工号、客户号、总金额、商品号、销售单价、数量、总价、折扣总价。

（2）查看视图 I_OrderExpmDetailExpm 的所有记录。

（3）查看订单号 S00001 的订单号、商品号、销售单价、数量、总价、折扣总价。

（4）对视图 I_OrderExpmDetailExpm 进行修改，指定商品号为 1001。

（5）删除 I_OrderExpmDetailExpm 视图。

4. 观察与思考

（1）在视图中插入的数据能进入基表吗？

（2）修改基表的数据会自动映射到相应的视图中吗？

（3）哪些视图中的数据不可以进行插入、修改、删除操作？

实验 6.2 索   引

1. 实验目的及要求

（1）理解索引的概念。

（2）掌握创建、修改、删除索引的方法。

（3）具备编写和调试创建、修改、删除索引语句的能力。

2. 验证性实验

在商品表 GoodsExpm 中，执行以下操作。

（1）在 Stock 列上，创建一个单列索引 I_Stock。

```
CREATE INDEX I_Stock ON GoodsExpm(Stock);
```

（2）在 GoodsName 列和 UnitPrice 列，创建一个复合索引 I_GoodsNameUnitPrice。

```
CREATE INDEX I_GoodsNameUnitPrice ON GoodsExpm(GoodsName, UnitPrice);
```

（3）在 UnitPrice 列上，创建一个唯一索引 I_UnitPrice。

```
CREATE INDEX I_GoodsName ON GoodsExpm(GoodsName);
```

（4）删除已建索引 I_Stock。

```
DROP INDEX I_Stock;
```

3. 设计性实验

在订单表 OrderExpm 中,进行以下操作。

(1) 在 EmplNo 列上,创建一个单列索引 I_EmplNo。

(2) 在 EmplNo 列和 Cost 列,创建一个复合索引 I_EmplNoCost。

(3) 在 CustNo 列上,创建一个唯一索引 I_CustNo。

(4) 删除已建索引 I_EmplNo。

4. 观察与思考

(1) 索引有何作用?

(2) 使用索引有何代价?

(3) 数据库中索引被破坏后会产生什么结果?

数据完整性 ◄

1. 实验目的及要求

（1）理解域完整性、实体完整性、参照完整性的概念。

（2）掌握通过完整性约束实现数据完整性的方法和操作。

（3）具备编写 CHECK 约束、NOT NULL 约束、PRIMARY KEY 约束、UNIQUE 约束、FOREIGN KEY 约束的代码实现数据完整性的能力。

（4）掌握完整性约束的作用。

2. 验证性实验

对商品表 GoodsExpm 和订单明细表 DetailExpm，验证和调试完整性实验的代码。

（1）创建 GoodsExpm1 表，以列级完整性约束方式定义主键。

```
CREATE TABLE GoodsExpm1
    (
        GoodsNo varchar2(4) NOT NULL PRIMARY KEY,
        GoodsName varchar2(30) NOT NULL,
        Classification varchar2(24) NOT NULL,
        UnitPrice number NULL,
        Stock number NULL
    );
```

（2）创建 GoodsExpm2 表，以表级完整性约束方式定义主键，并指定主键约束名称。

```
CREATE TABLE GoodsExpm2
    (
        GoodsNo varchar2(4) NOT NULL,
        GoodsName varchar2(30) NOT NULL,
        Classification varchar2(24) NOT NULL,
        UnitPrice number NULL,
        Stock number NULL,
        CONSTRAINT PK_GoodsExpm2 PRIMARY KEY(GoodsNo)
    );
```

（3）删除上例创建的在 GoodsExpm2 表上的主键约束。

```
ALTER TABLE GoodsExpm2
DROP CONSTRAINT PK_GoodsExpm2;
```

（4）重新在 GoodsExpm2 表上定义主键约束。

```
ALTER TABLE GoodsExpm2
ADD CONSTRAINT PK_GoodsExpm2 PRIMARY KEY(GoodsNo);
```

（5）创建 GoodsExpm3 表，以列级完整性约束方式定义唯一性约束。

```
CREATE TABLE GoodsExpm3
    (
        GoodsNo varchar2(4) NOT NULL PRIMARY KEY,
        GoodsName varchar2(30) NOT NULL UNIQUE,
        Classification varchar2(24) NOT NULL,
        UnitPrice number NULL,
        Stock number NULL
    );
```

（6）创建 GoodsExpm4 表，以表级完整性约束方式定义唯一性约束，并指定唯一性约束名称。

```
CREATE TABLE GoodsExpm4
    (
        GoodsNo varchar2(4) NOT NULL PRIMARY KEY,
        GoodsName varchar2(30) NOT NULL,
        Classification varchar2(24) NOT NULL,
        UnitPrice number NULL,
        Stock number NULL,
        CONSTRAINT UN_GoodsExpm4 UNIQUE(GoodsName)
    );
```

（7）删除上例创建的在 GoodsExpm4 表上的唯一性约束。

```
ALTER TABLE GoodsExpm4
DROP CONSTRAINT UQ_GoodsExpm4;
```

（8）重新在 GoodsExpm4 表上定义唯一性约束。

```
ALTER TABLE GoodsExpm4
ADD CONSTRAINT UN_GoodsExpm4 UNIQUE(GoodsName);
```

（9）创建 DetailExpm1 表，以列级完整性约束方式定义外键。

```
CREATE TABLE DetailExpm1
    (
        OrderNo varchar2(6) NOT NULL,
        GoodsNo varchar2(4) NOT NULL REFERENCES GoodsExpm1(GoodsNo),
        SUnitPrice number NOT NULL,
        Quantity number NOT NULL,
        Total number NOT NULL,
        Discount float NOT NULL,
        DiscTotal number NOT NULL,
```

```
PRIMARY KEY(OrderNo, GoodsNo)
);
```

（10）创建 DetailExpm2 表，以表级完整性约束方式定义外键，指定外键约束名称，并定义相应的参照动作。

```
CREATE TABLE DetailExpm2
    (
        OrderNo varchar2(6) NOT NULL,
        GoodsNo varchar2(4) NOT NULL,
        SUnitPrice number NOT NULL,
        Quantity number NOT NULL,
        Total number NOT NULL,
        Discount float NOT NULL,
        DiscTotal number NOT NULL,
        PRIMARY KEY(OrderNo, GoodsNo),
        CONSTRAINT FK_DetailExpm2 FOREIGN KEY(GoodsNo) REFERENCES GoodsExpm2
(GoodsNo)
        ON DELETE CASCADE
    );
```

（11）删除上例创建的在 DetailExpm2 表上的外键约束。

```
ALTER TABLE DetailExpm2
DROP CONSTRAINT FK_DetailExpm2;
```

（12）重新在 DetailExpm2 表上定义外键约束。

```
ALTER TABLE DetailExpm2
ADD CONSTRAINT FK_DetailExpm2 FOREIGN KEY(GoodsNo) REFERENCES GoodsExpm2
(GoodsNo);
```

（13）在 storepm 数据库中，创建 DetailExpm3 表，以列级完整性约束方式定义检查约束。

```
CREATE TABLE DetailExpm3
    (
        OrderNo varchar2(6) NOT NULL,
        GoodsNo varchar2(4) NOT NULL,
        SUnitPrice number NOT NULL,
        Quantity number NOT NULL,
        Total number NOT NULL,
        Discount float NOT NULL CHECK(Discount>=0 AND Discount<=0.2),
        DiscTotal number NOT NULL,
        PRIMARY KEY(OrderNo, GoodsNo)
    );
```

（14）创建 DetailExpm4 表，以表级完整性约束方式定义，并指定检查约束名称。

```
CREATE TABLE DetailExpm4
    (
        OrderNo varchar2(6) NOT NULL,
        GoodsNo varchar2(4) NOT NULL,
        SUnitPrice number NOT NULL,
        Quantity number NOT NULL,
        Total number NOT NULL,
        Discount float NOT NULL,
        DiscTotal number NOT NULL,
        PRIMARY KEY(OrderNo, GoodsNo),
        CONSTRAINT CK_DetailExpm4 CHECK(Discount>=0 AND Discount<=0.2)
    );
```

3. 设计性实验

对商品表 OrderExpm、订单明细表 DetailExpm，设计、编写和调试完整性实验的代码。

（1）创建 OrderExpm1 表，以列级完整性约束方式定义主键。

（2）创建 OrderExpm2 表，以表级完整性约束方式定义主键，并指定主键约束名称。

（3）删除上一步创建的在 OrderExpm2 表上的主键约束。

（4）重新在 OrderExpm2 表上定义主键约束。

（5）创建 OrderExpm3 表，以列级完整性约束方式定义唯一性约束。

（6）创建 OrderExpm4 表，以表级完整性约束方式定义唯一性约束，并指定唯一性约束名称。

（7）删除上一步创建的在 OrderExpm4 表上的唯一性约束。

（8）重新在 OrderExpm4 表上定义唯一性约束。

（9）创建 DetailExpm5 表，以列级完整性约束方式定义外键。

（10）创建 DetailExpm6 表，以表级完整性约束方式定义外键，指定外键约束名称，并定义相应的参照动作。

（11）删除上一步创建的在 DetailExpm6 表上的外键约束。

（12）重新在 DetailExpm6 表上定义外键约束。

（13）创建 DetailExpm7 表，以列级完整性约束方式定义检查约束。

（14）创建 DetailExpm8 表，以表级完整性约束方式定义，并指定检查约束名称。

4. 观察与思考

（1）一个表可以设置几个 PRIMARY KEY 约束？几个 UNIQUE 约束？

（2）UNIQUE 约束的列可取 NULL 值吗？

（3）如果主表无数据，从表的数据能输入吗？

（4）如果未指定动作，当删除主表数据时，如果违反完整性约束，操作能否被禁止？

（5）定义外键时有哪些参照动作？

（6）能否先创建从表，再创建主表？

（7）能否先删除主表，再删除从表？

（8）FOREIGN KEY 约束设置应注意哪些问题？

PL/SQL 程序设计

1. 实验目的及要求

（1）理解 PL/SQL 编程的概念和基本结构，理解系统内置函数、游标的概念。

（2）掌握 PL/SQL 控制语句、系统内置函数、游标的操作和使用方法。

（3）具备设计、编写和调试分支语句、循环语句、系统内置函数语句、游标语句，以解决应用问题的能力。

2. 验证性实验

使用分支语句、循环语句、内置函数语句、游标语句解决以下应用问题。

（1）对商品单价进行分类显示，如果商品单价高于 7000 元，则显示"高档商品"；如果商品单价在 3000～7000 元，则显示"中档商品"；如果商品单价低于 3000 元，则显示"低档商品"。

```
SET SERVEROUTPUT ON;
DECLARE
    v_price NUMBER;
    v_result VARCHAR2(12);
BEGIN
    SELECT UnitPrice INTO v_price
        FROM GoodsExpm
        WHERE GoodsNo='1001';
    CASE
        WHEN v_price>=7000 THEN v_result:='高档商品';
        WHEN v_price>=3000 AND v_price<7000 THEN v_result:='中档商品';
        WHEN v_price<3000 THEN v_result:='低档商品';
    END CASE;
    DBMS_OUTPUT.PUT_LINE('商品号为 1001 的商品：'||v_result);
END;
```

（2）打印输出"下三角"形状九九乘法表。

```
DECLARE
    v_i NUMBER:=1;                    /*设置被乘数*/
    v_j NUMBER:=1;                    /*设置乘数*/
BEGIN
    WHILE v_i<=9                      /*外循环 9 次*/
        LOOP
```

```
            v_j:=1;
            WHILE v_j<=v_i                    /* 内循环输出当前行的各个乘积等式项 */
                LOOP
                    DBMS_OUTPUT.PUT(v_i||' * '||v_j||'='||v_i * v_j||' ');
                    /* 输出当前行的各个乘积等式项时，留 1 个空字符间距 */
                    v_j:=v_j+1;
                END LOOP;
                DBMS_OUTPUT.PUT_LINE('');        /* 内循环结束后，换行，共换 9 行 */
                v_i:=v_i+1;
        END LOOP;
END;
```

（3）计算员工刘志强的年龄。

```
DECLARE
    v_age int;
BEGIN
    SELECT MONTHS_BETWEEN(SYSDATE, Birthday) INTO v_age
    /* 通过系统内置函数 MONTHS_BETWEEN 和 SYSDATE 获取当前系统日期和出生日期之间的月
       份数 */
        FROM  EmplExpm
        WHERE EmplName='刘志强';
    v_age:=v_age/12;
    DBMS_OUTPUT.PUT_LINE('刘志强的年龄是：'||v_age);
END;
```

（4）使用游标，输出商品表的商品号、商品名称和单价。

```
DECLARE
    v_gno char(4);
    v_gname char(30);
    v_price number;
    CURSOR C_GoodsExpm
    IS
    SELECT GoodsNo, GoodsName, UnitPrice
        FROM GoodsExpm;
BEGIN
    OPEN C_GoodsExpm;
    FETCH C_GoodsExpm INTO v_gno, v_gname, v_price;
    WHILE C_GoodsExpm%FOUND LOOP
        DBMS_OUTPUT.PUT_LINE('商品号：'||v_gno||'  商品名称：'||v_gname||'单价：'||
TO_char(v_price));
        FETCH C_GoodsExpm INTO v_gno, v_gname, v_price;
    END LOOP;
    CLOSE C_GoodsExpm;
END;
```

3. 设计性实验

设计、编写和调试分支语句、循环语句、系统内置函数、游标以解决下列应用问题。

（1）使用搜索 CASE 语句将商品库存量转换为库存量等级。

（2）计算 1~100 的奇数和、偶数和。

（3）打印输出"上三角"形状和"矩形"形状的九九乘法表。

（4）计算各个部门的最高工资。

（5）使用游标输出订单表的订单号、客户号和总金额。

4. 观察与思考

（1）一个 PL/SQL 程序块可以划分成哪几部分？

（2）SELECT-INTO 语句有何功能？该语句的运行结果能够返回多行吗？

（3）比较 LOOP-EXIT-END 循环和 LOOP-EXIT-WHEN-END 循环的异同，比较
WHILE-LOOP-END 循环和 FOR-IN-LOOP-END 循环的异同。

（4）dual 表有何作用？

（5）显式游标有哪些操作步骤？

存储过程和函数

1. 实验目的及要求

（1）理解存储过程和函数的概念。

（2）掌握存储过程和函数的创建、调用、管理等操作和使用方法。

（3）具备设计、编写和调试存储过程和函数语句以解决应用问题的能力。

2. 验证性实验

验证和调试存储过程和函数语句以解决以下应用问题。

（1）创建一个存储过程，输入商品名称后，输出商品类型。

① 创建存储过程。

```
CREATE OR REPLACE PROCEDURE P_Classification(p_gname IN GoodsExpm.GoodsName%
TYPE, p_cf OUT CHAR)
/*创建存储过程 P_Classification，参数 p_gname 是输入参数，参数 p_cf 是输出参数*/
AS
BEGIN
    SELECT Classification INTO p_cf
        FROM GoodsExpm
        WHERE GoodsName=p_gname;
END;
```

② 调用存储过程。

```
DECLARE
    v_cf GoodsExpm.Classification%TYPE;
BEGIN
    P_Classification('Microsoft Surface Pro 7', v_cf);
    DBMS_OUTPUT.PUT_LINE('Microsoft Surface Pro 7 的商品类型是：'||v_cf);
END;
```

（2）创建一个存储过程，输入商品号后，查找出的商品名称、单价。

① 创建存储过程。

```
CREATE OR REPLACE PROCEDURE P_NamePrice(p_gno IN GoodsExpm.GoodsNo%TYPE, p_gname
OUT CHAR, p_uprice OUT CHAR)
    /*创建存储过程 P_NamePrice，参数 p_gno 是输入参数，参数 p_gname 和 p_uprice 是输出参数*/
AS
```

```
BEGIN
    SELECT GoodsName, UnitPrice INTO p_gname, p_uprice
        FROM GoodsExpm
        WHERE GoodsNo=p_gno;
END;
```

② 调用存储过程。

```
DECLARE
    v_gname GoodsExpm.GoodsName%TYPE;
    v_uprice GoodsExpm.UnitPrice%TYPE;
BEGIN
    P_NamePrice('4001', v_gname, v_uprice);
    DBMS_OUTPUT.PUT_LINE('商品号 4001 的商品名称是：'||v_gname||'，单价是：'||v_
uprice);
END;
```

（3）创建一个存储过程，输入商品号和订单号后，查找该商品销售数量、折扣总价。

① 创建存储过程。

```
CREATE OR REPLACE PROCEDURE P_QuantityDtotal(p_gno IN GoodsExpm.GoodsNo%TYPE, p_
ordno IN DetailExpm.OrderNo%TYPE, p_qt OUT NUMBER, p_dt OUT NUMBER)
/*创建存储过程 P_QuantityDtotal，参数 p_gno、p_ordno 是输入参数，参数 p_qt、p_dt 是输
    出参数*/
AS
BEGIN
    SELECT Quantity, DiscTotal INTO p_qt, p_dt
        FROM GoodsExpm JOIN DetailExpm ON GoodsExpm.GoodsNo=DetailExpm.GoodsNo
        WHERE GoodsExpm.GoodsNo=p_gno AND OrderNo=p_ordno;
END;
```

② 调用存储过程。

```
DECLARE
    v_qt NUMBER;
    v_dt NUMBER;
BEGIN
    P_QuantityDtotal('3001', 'S00002', v_qt, v_dt);
    DBMS_OUTPUT.PUT_LINE('商品号 3001、订单号 S00002 的商品销售数量是：'||v_qt||'，折
扣总价是：'||v_dt);
END;
```

（4）删除（1）中创建的存储过程。

```
DROP PROCEDURE P_Classification;
```

（5）创建一个函数，输入订单号查询总金额。

① 创建函数。

```
CREATE OR REPLACE FUNCTION F_Cost(p_orderno IN char)
    /*创建函数 F_Cost,设置订单号参数*/
    RETURN number
AS
    result number;                      /*定义返回值变量*/
BEGIN
    SELECT Cost INTO result
        FROM OrderExpm
        WHERE OrderNo=p_orderno;
    RETURN(result);                     /*返回语句*/
END F_Cost;
```

② 调用函数。

```
DECLARE
    v_ct number;
BEGIN
    v_ct:=F_Cost('S00002');            /*调用函数 F_Cost,'S00002'为实参*/
    DBMS_OUTPUT.PUT_LINE('订单号 S00002 的总金额是：'||v_ct);
END;
```

(6) 创建一个函数,通过商品号查询商品名称和商品类型。

① 创建函数。

```
CREATE OR REPLACE FUNCTION F_NameCf(p_gno IN char)
    /*创建函数 F_NamePrice,设置商品号参数*/
    RETURN char
    AS
    result char(100);                   /*定义返回值变量*/
    v_gname char(30);
    v_cf char(24);
BEGIN
    SELECT GoodsName, Classification INTO v_gname, v_cf
        FROM GoodsExpm
        WHERE GoodsNo=p_gno;
    result:='商品名称：'||v_gname||'商品类型：'||v_cf;
    RETURN(result);                     /*返回语句*/
END F_NameCf;
```

② 使用 SELECT 语句调用函数,查询所有商品名称和商品类型。

```
SELECT GoodsNo AS 编号, F_NameCf(GoodsNo) AS 商品名称和商品类型
    /*调用函数 F_NameCf,GoodsNo 为实参*/
    FROM GoodsExpm;
```

(7) 删除(5)中创建的函数。

```
DROP FUNCTION F_Cost;
```

3. 设计性实验

设计、编写和调试存储过程语句以解决下列应用问题。

（1）创建一个存储过程，输入订单号后，输出客户号。

（2）创建一个存储过程，输入订单号后，查找出销售日期和总金额。

（3）创建一个存储过程，输入订单号和商品号后，输出该商品销售单价、总价。

（4）删除（2）中创建的存储过程。

（5）创建一个函数，输入商品名称查询库存量。

（6）创建一个函数，通过订单号查询客户号、总金额。

（7）删除（6）中创建的函数。

4. 观察与思考

（1）什么是形参？什么是实参？各有何作用？

（2）如何设置存储过程的参数？

（3）函数的形参和实参有何不同？

（4）怎样调用函数？

触发器和程序包

1. 实验目的及要求

（1）理解触发器和程序包的概念。

（2）掌握触发器和程序包的创建、管理等操作和使用方法。

（3）具备设计、编写和调试触发器和程序包语句以解决应用问题的能力。

2. 验证性实验

使用触发器和程序包语句解决以下应用问题，分别包括创建触发器、测试触发器，创建包规范和包体、包的调用两个步骤。

（1）在商品表上创建一个触发器，在商品表中删除记录时，显示"正在删除商品表记录"。

① 创建触发器。

```
CREATE OR REPLACE TRIGGER T_DelGoods
    AFTER DELETE ON GoodsExpm
DECLARE
    v_str varchar(20):='正在删除商品表记录';
BEGIN
    DBMS_OUTPUT.PUT_LINE(v_str);
END;
```

② 测试触发器。

```
DELETE FROM GoodsExpm WHERE GoodsNo='4001';
```

（2）创建一个触发器，向部门表插入记录后，统计输出该表的行数。

① 创建触发器。

```
CREATE OR REPLACE TRIGGER T_InsDept
    AFTER INSERT ON DeptExpm
DECLARE
    v_rows number;
BEGIN
    SELECT COUNT(*) INTO v_rows
        FROM DeptExpm;
    DBMS_OUTPUT.PUT_LINE('部门表的行数：'||TO_char(v_rows));
END;
```

② 测试触发器。

```
INSERT INTO DeptExpm VALUES('D007', '市场部');
```

（3）创建一个记录用户进行操作的表后，再创建对商品表的触发器，记录用户何时对商品表进行插入、修改或删除操作。

① 创建表、创建触发器。

```
CREATE TABLE OparationLog
    (
        UserName varchar2(30),
        OparationType varchar2(20),
        UserDate timestamp
    );


CREATE OR REPLACE TRIGGER T_UserOpration
    BEFORE INSERT OR UPDATE OR DELETE ON GoodsExpm FOR EACH ROW
DECLARE
    v_operation varchar2(20);
BEGIN
    IF INSERTING THEN
        v_operation:='INSERT';
    ELSIF UPDATING THEN
        v_operation:='UPDATE';
    ELSIF DELETING THEN
        v_operation:='DELETE';
    END IF;
    INSERT INTO OparationLog VALUES(user, v_operation, SYSDATE);
END;
```

② 测试触发器。

```
UPDATE GoodsExpm
    SET Stock=7
    WHERE GoodsNo='3001';


DELETE FROM GoodsExpm
    WHERE GoodsNo='4001';


INSERT INTO GoodsExpm
    VALUES('4002','HP LaserJet Pro M405d','打印机',2099.00,4);


SELECT * FROM OparationLog;
```

（4）创建包，通过包中的存储过程求指定商品号的商品名和库存量。

① 创建包规范和包体。

```
CREATE OR REPLACE PACKAGE Pkg_NameStock
```

```
    IS
    PROCEDURE P_NameStock(p_gno IN GoodsExpm.GoodsNo%TYPE, p_gname
                        OUT GoodsExpm.GoodsName%TYPE, p_stock OUT NUMBER);
END;

CREATE OR REPLACE PACKAGE BODY Pkg_NameStock
    IS
    PROCEDURE P_NameStock(p_gno IN GoodsExpm.GoodsNo%TYPE, p_gname OUT
                        GoodsExpm.GoodsName%TYPE, p_stock OUT NUMBER)
    AS
    BEGIN
        SELECT GoodsName, Stock INTO p_gname, p_stock
            FROM GoodsExpm
            WHERE GoodsNo=p_gno;
    END;
END;
```

② 包的调用。

```
DECLARE
    v_gname GoodsExpm.GoodsName%TYPE;
    v_stock NUMBER;
BEGIN
    Pkg_NameStock.P_NameStock('2001', v_gname, v_stock);
    DBMS_OUTPUT.PUT_LINE('商品号 2001 的商品名称是：'||v_gname||', 库存量是：'||v_
stock);
END;
```

3. 设计性实验

设计、编写和调试触发器语句以解决下列应用问题,分别包括创建触发器、测试触发器,创建包规范和包体、包的调用两个步骤。

(1) 在订单表修改记录时,显示"正在修改订单表记录"。

(2) 创建一个触发器,防止插入员工表的记录。

(3) 创建一个触发器,当删除订单表记录时,同时删除对应的订单明细表的记录。

(4) 创建包,通过包中的函数求指定订单号的总金额。

4. 观察与思考

(1) INSTEAD OF 触发器有何作用?

(2) ":OLD.列名"和":NEW.列名"各有何作用?

(3) 程序包中的包规范和包体各有何作用?

安全管理

1. 实验目的及要求

（1）理解安全管理的概念。

（2）掌握创建、修改和删除用户，创建、修改和删除角色，权限授予和收回等操作和使用方法。

（3）具备设计、编写和调试用户管理、角色管理、权限管理语句以解决应用问题的能力。

2. 验证性实验

验证和调试用户管理、角色管理、权限管理语句，解决以下应用问题。

（1）以系统管理员 system 身份登录 Oracle 数据库，创建 1 个用户 gd，口令为 123456。再将用户 gd 口令修改为 abc。

```
SQL>CREATE USER gd
  2      IDENTIFIED BY 123456
  3      DEFAULT TABLESPACE USERS
  4      TEMPORARY TABLESPACE TEMP;

SQL>ALTER USER gd
  2      IDENTIFIED BY abc;
```

（2）授予用户 gd 连接数据库的权限，创建表和视图的权限，以及对 GoodsExpm 表的查询、添加、修改数据的权限。

```
SQL>GRANT CREATE SESSION TO gd;

SQL>GRANT CREATE ANY TABLE, CREATE ANY VIEW TO gd;

SQL>GRANT SELECT, INSERT, UPDATE
  2      ON GoodsExpm TO gd;
```

（3）收回用户 gd 对 GoodsExpm 表添加、修改数据的权限。

```
SQL>REVOKE INSERT, UPDATE
  2      ON GoodsExpm FROM gd;
```

（4）创建角色 GdRole，密码为 123。

```
SQL>CREATE ROLE GdRole
  2      IDENTIFIED BY 123;
```

(5) 对角色 GdRole,授予在 DetailExpm 表添加、修改和删除数据的权限。

```
SQL>GRANT SELECT, INSERT, UPDATE
  2      ON DetailExpm TO GdRole;
```

(6) 将用户 gd 添加到角色 GdRole。

```
SQL>GRANT GdRole TO gd;
```

(7) 删除用户 gd,删除角色 GdRole。

```
SQL>DROP USER gd CASCADE;
```

```
SQL>DROP ROLE GdRole;
```

3. 设计性实验

设计、编写和调试用户管理、角色管理、权限管理语句,以解决下列应用问题。

(1) 以系统管理员 system 身份登录 Oracle 数据库,创建 1 个用户 ord,口令为 123456;再将用户 ord 的口令修改为 pqr。

(2) 创建 1 个用户 tst,口令为 1234。对用户 tst,授予在 OrderExpm 表中查询、添加、修改和删除数据的权限。

(3) 授予用户 ord 连接数据库的权限,以及创建表和视图的权限。收回用户 ord 创建视图的权限。

(4) 创建角色 OrdRole,密码为 789。

(5) 对角色 OrdRole,授予在 OrderExpm 表中添加、修改和删除数据的权限。

(6) 将用户 ord 添加到公用 OrdRole。

(7) 删除用户 ord,删除角色 OrdRole。

4. 观察与思考

(1) SYS 和 SYSTEM 有何不同?

(2) 简述用户、权限和角色的关系。

备份和恢复

1. 实验目的及要求

(1) 掌握使用数据泵技术 EXPDP 和 IMPDP 进行导出和导入的步骤和方法。

(2) 掌握使用查询闪回和表闪回的步骤和方法。

2. 验证性实验

验证和调试使用数据泵技术进行导出和导入,以及使用查询闪回和表闪回的代码,其中,GoodsExpm1 表、GoodsExpm2 表的表结构和数据与 GoodsExpm 表的表结构和数据相同。

(1) 使用 EXPDP 导出 GoodsExpm 表。

① 创建目录。

```
SQL>CREATE DIRECTORY pm_dir as 'd:\PmBk';
```

② 使用 EXPDP 导出数据。

```
C:\Users\dell>EXPDP SYSTEM/Ora123456 DUMPFILE=GoodsExpm.DMP DIRECTORY=PM_DIR
TABLES=GoodsExpm
```

(2) 使用 IMPDP 导入 GoodsExpm 表。

① 删除 GoodsExpm 表。

```
SQL>DROP TABLE GoodsExpm;
SQL>COMMIT;
```

② 使用 IMPDP 导入 GoodsExpm 表。

```
C:\Users\dell>IMPDP SYSTEM/Ora123456 DUMPFILE=GoodsExpm.DMP DIRECTORY=PM_DIR
TABLES=GoodsExpm
```

(3) 使用查询闪回恢复在 GoodsExpm1 表中删除的数据。

① 使用 system 用户登录 SQL * Plus,使用 SET 语句在"SQL>"标识符前显示当前时间。

```
SQL>SET TIME ON;
```

② 查询 GoodsExpm1 表中的数据,然后删除 GoodsExpm1 表中的数据并提交,记录删除的时间点为 20:21:03。

```
20:20:07 SQL>SELECT * FROM GoodsExpm1;

20:21:03 SQL>DELETE FROM GoodsExpm1;

20:21:27 SQL>COMMIT;

20:21:39 SQL>SELECT * FROM GoodsExpm1;
```

③ 进行查询闪回，可看到表中原有数据。

```
20:29:26 SQL>SELECT * FROM GoodsExpm1 AS OF TIMESTAMP;
20:31:28   2  TO_TIMESTAMP('2023-4-3 20:21:03','YYYY-MM-DD HH24:MI:SS');
```

④ 将闪回中的数据重新插入 GoodsExpm1 表并提交。

```
20:31:32 SQL>INSERT INTO GoodsExpm1;
20:31:47   2  SELECT * FROM GoodsExpm1 AS OF TIMESTAMP;
20:31:47   3  TO_TIMESTAMP('2023-4-3 20:21:03','YYYY-MM-DD HH24:MI:SS');
```

（4）使用表闪回恢复在 GoodsExpm2 表中删除的数据。

① 使用 system 用户登录 SQL * Plus，开启时间显示。

```
SQL>SET TIME ON
```

② 查询 GoodsExpm2 表中的数据，删除 GoodsExpm2 表中的数据并提交，记录删除的时间点为 20：40：41。

```
20:40:23 SQL>SELECT * FROM GoodsExpm2;
20:40:41 SQL>DELETE FROM GoodsExpm2 WHERE GoodsNo='2001';
20:40:53 SQL>COMMIT;
```

③ 使用表闪回进行恢复。

```
20:42:49 SQL>ALTER TABLE GoodsExpm2 ENABLE ROW MOVEMENT;
20:43:35 SQL>FLASHBACK TABLE GoodsExpm2 TO TIMESTAMP;
20:43:45   2  TO_TIMESTAMP('2023-04-03 20:40:41','YYYY-MM-DD HH24:MI:SS');
```

3. 设计性实验

设计、编写和调试使用数据泵技术进行导出和导入、使用查询闪和表闪回的代码，其中，OrderExpm1 表、OrderExpm2 表的表结构和数据与 OrderExpm 表的表结构和数据相同。

（1）使用 EXPDP 语句导出 OrderExpm 表。

（2）使用 IMPDP 语句导入 OrderExpm 表。

（3）使用查询闪回恢复在 OrderExpm1 表中删除的数据。

（4）使用表闪回恢复在 OrderExpm2 表中删除的数据。

4. 观察与思考

（1）逻辑备份与恢复有哪些实用程序？

（2）什么是 SCN？什么是 TIMESTAMP？二者有何关系？

习题参考答案

第1章 概　　论

一、选择题

1. C　　2. B　　3. D　　4. A　　5. C　　6. B　　7. C　　8. B　　9. C　　10. C

二、填空题

1. 数据完整性约束

2. 减少数据冗余

3. 数据库

4. E-R 模型

5. 关系模型

三、问答题（略）

四、应用题

1.

(1)

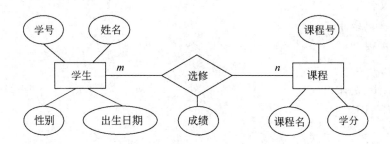

(2)

学生(<u>学号</u>，姓名，性别，出生日期)

课程(<u>课程号</u>，课程名，学分)

选修(<u>学号</u>，<u>课程号</u>，成绩)

　　　外码：学号，课程号

2.

(1)

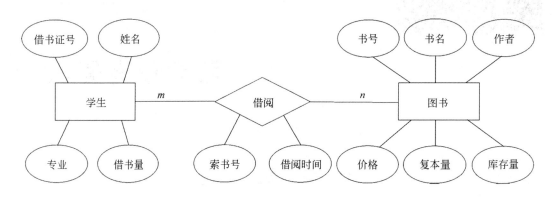

(2)

学生(借书证号,姓名,专业,借书量)

图书(书号,书名,作者,价格,复本量,库存量)

借阅(书号,借书证号,索书号,借阅时间)

　　外码:书号,借书证号

第2章　Oracle 数据库系统

一、选择题

1. B　　2. C　　3. A　　4. B　　5. A　　6. D　　7. C　　8. D

9. A　　10. B　　11. A

二、填空题

1. 数据文件

2. 日志文件

3. 重做日志缓冲区

4. 后台进程

5. 表空间

6. SQL * Plus 命令

7. DESCRIBE

8. GET

9. SAVE

10. 打开数据库

11. 卸载数据库

三、问答题(略)

四、应用题

1.

```
SQL>CREATE TABLE score
```

```
2     (
3          sid char (6) NOT NULL,
4          cid char(4) NOT NULL,
5          grade number NULL,
6          PRIMARY KEY(sid,cid)
7     );
```

2.

```
SQL>INSERT INTO score VALUES('221001','1004',94);
SQL>INSERT INTO score VALUES('221002','1004',86);
SQL>INSERT INTO score VALUES('221004','1004',90);
```

3.

```
SQL>SELECT * FROM score WHERE grade=92;
SQL>1
SQL>CHANGE /92/90
SQL>/
```

4.

```
SQL>SELECT * FROM score;
SQL>SAVE D:\sco.sql
SQL>GET D:\sco.sql
SQL>/
```

第 3 章　Oracle 数据库

一、选择题

1. B　　2. A

二、填空题

1. CREATE TABLESPACE

2. DROP TABLESPACE

三、问答题（略）

四、应用题

1.

```
SQL>CREATE TABLESPACE tbspace
  2 DATAFILE 'D:\app\tbspace01.DBF' SIZE 35M
  3 AUTOEXTEND OFF;
```

2.

```
SQL>CREATE TABLESPACE tbspace1
```

```
  2   DATAFILE 'D:\app\tbspace101.DBF' SIZE 35M
  3   AUTOEXTEND ON NEXT 10M MAXSIZE 180M
  4   EXTENT MANAGEMENT LOCAL
  5   UNIFORM SIZE 2M;
```

3.

```
SQL>ALTER TABLESPACE tbspace1 RENAME TO tbspace2;
```

4.

```
SQL>DROP TABLESPACE tbspace2
  2      INCLUDING CONTENTS AND DATAFILES;
```

第 4 章   Oracle 表

一、选择题

1. B   2. D   3. A   4. C   5. C   6. D   7. C   8. B

二、填空题

1. 标识

2. 未知

3. number

4. char

5. UPDATE

6. 顺序

7. 所有行

8. 所有记录

三、问答题（略）

四、

1.

```
CREATE TABLE student
    (
        sid char(6) NOT NULL PRIMARY KEY,
        sname char(12) NOT NULL,
        ssex char(3) NOT NULL ,
        sbirthday date NOT NULL,
        speciality char(12) NULL,
        tc number NULL
    );


CREATE TABLE course
    (
```

```
    cid char(4) NOT NULL PRIMARY KEY,
    cname char(15) NOT NULL,
    credit number NULL
  );

CREATE TABLE score
  (
    sid char(6) NOT NULL,
    cid char(4) NOT NULL,
    grade number NULL,
    PRIMARY KEY(sid,cid)
  );

CREATE TABLE teacher
  (
    tid char(6) NOT NULL PRIMARY KEY,
    tname char(12) NOT NULL,
    tsex char(3) NOT NULL ,
    tbirthday date NOT NULL,
    title char(12) NULL,
    school char(15) NULL
  );

CREATE TABLE lecture
  (
    tid char(6) NOT NULL,
    cid char(4) NOT NULL,
    location char(6) NULL,
    PRIMARY KEY(tid,cid)
  );
```

2.

```
INSERT INTO student VALUES('221001','何德明','男',TO_DATE('20010716','YYYYMMDD'),
'计算机',52);
INSERT INTO student VALUES('221002','王丽','女',TO_DATE('20020921','YYYYMMDD'),
'计算机',50);
INSERT INTO student VALUES('221004','田桂芳','女',TO_DATE('20021205','YYYYMMDD'),
'计算机',52);
INSERT INTO student VALUES('224001','周思远','男',TO_DATE('20010318','YYYYMMDD'),
'通信',52);
INSERT INTO student VALUES('224002','许月琴','女',TO_DATE('20020623','YYYYMMDD'),
'通信',48);
INSERT INTO student VALUES('224003','孙俊松','男',TO_DATE('20011007','YYYYMMDD'),
'通信',50);
COMMIT;
```

```
INSERT INTO course VALUES('1004','数据库系统',4);
INSERT INTO course VALUES('1015','数据结构',3);
INSERT INTO course VALUES('1201','英语',5);
INSERT INTO course VALUES('4002','数字电路',3);
INSERT INTO course VALUES('8001','高等数学',5);
COMMIT;

INSERT INTO score VALUES('221001','1004',94);
INSERT INTO score VALUES('221002','1004',86);
INSERT INTO score VALUES('221004','1004',90);
INSERT INTO score VALUES('221001','1201',93);
INSERT INTO score VALUES('221002','1201',76);
INSERT INTO score VALUES('221004','1201',92);
INSERT INTO score VALUES('224001','1201',82);
INSERT INTO score VALUES('224002','1201',75);
INSERT INTO score VALUES('224003','1201',91);
INSERT INTO score VALUES('224001','4002',92);
INSERT INTO score VALUES('224002','4002',78);
INSERT INTO score VALUES('224003','4002',89);
INSERT INTO score VALUES('221001','8001',91);
INSERT INTO score VALUES('221002','8001',87);
INSERT INTO score VALUES('221004','8001',85);
INSERT INTO score VALUES('224001','8001',86);
INSERT INTO score VALUES('224002','8001',NULL);
INSERT INTO score VALUES('224003','8001',93);
COMMIT;

INSERT INTO teacher VALUES('100006','汤俊才','男',TO_DATE('19790623','YYYYMMDD'),
'教授','计算机学院');
INSERT INTO teacher VALUES('100015','梁倩','女',TO_DATE('19830409','YYYYMMDD'),
'教授','计算机学院');
INSERT INTO teacher VALUES('120026','罗晓伟','男',TO_DATE('19870815','YYYYMMDD'),
'副教授','外国语学院');
INSERT INTO teacher VALUES('400009','郭莉君','女',TO_DATE('19941228','YYYYMMDD'),
'讲师','通信学院');
INSERT INTO teacher VALUES('800017','姚万祥','男',TO_DATE('19881104','YYYYMMDD'),
'副教授','数学学院');
COMMIT;

INSERT INTO lecture VALUES('100006','1004','1-108');
INSERT INTO lecture VALUES('120026','1201','5-203');
INSERT INTO lecture VALUES('400009','4002','4-216');
INSERT INTO lecture VALUES('800017','8001','3-114');
COMMIT;
```

3.（略）

4.（略）

第 5 章 数 据 查 询

一、选择题

1. B 2. C 3. D 4. A 5. C 6. B 7. A 8. D

二、填空题

1. WHERE

2. 子查询

3. FULL OUTER JOIN

4. INTERSECT

5. 升序输出

6. 文本内容

三、问答题（略）

四、应用题

1.

```
SELECT grade AS 成绩
FROM score
WHERE sid='221001' AND cid='1201';
```

2.

```
SELECT *
FROM student
WHERE sbirthday NOT BETWEEN TO_DATE('20020101','YYYYMMDD') AND TO_DATE('20021231',
'YYYYMMDD');
```

3.

```
SELECT *
FROM student
WHERE sname LIKE '许%';
```

4.

```
SELECT COUNT(*) AS 计算机专业人数
FROM student
WHERE speciality='计算机';
```

5.

```
SELECT MAX(tc) AS 最高学分
FROM student
```

```
WHERE speciality='通信';
```

6.

```
SELECT MAX(grade) AS 课程 1004 最高分,MIN(grade) AS 课程 1004 最低分,AVG(grade) AS 课
程 1004 平均分
FROM score
WHERE cid='1004';
```

7.

```
SELECT cid AS 课程号, AVG (grade) AS 平均分数
FROM score
WHERE cid LIKE '4%'
GROUP BY cid
HAVING COUNT( * )>=3;
```

8.

```
SELECT *
FROM student
WHERE speciality='通信'
ORDER BY sbirthday;
```

9.

```
SELECT cid AS 课程号, MAX(grade) AS 最高分
FROM score
GROUP BY cid
ORDER BY MAX(grade) DESC;
```

10.

```
SELECT sid AS 学号, COUNT(cid) AS 选修课程数
FROM score
WHERE grade>=85
GROUP BY sid
HAVING COUNT( * )>=3;
```

11.

```
SELECT sname, grade
FROM score JOIN course ON score.cid = course.cid JOIN student ON score.sid =
student.sid
WHERE cname='高等数学';
```

12.

```
SELECT a.sid, sname, ssex, cname, grade
FROM score a JOIN student b ON a.sid=B.sid JOIN course C ON a.cid=c.cid
WHERE cname='英语' AND grade>=80;
```

13.

```
SELECT tname AS 教师姓名, AVG(grade) AS 平均成绩
FROM teacher a, lecture b, course c, score d
WHERE a.tid=b.tid AND c.cid=b.cid AND c.cid=d.cid
GROUP BY tname
HAVING AVG(grade)>=85;
```

14.

(1)

```
SELECT sname AS 姓名, ssex AS 性别, tc AS 总学分
FROM student a, score b
WHERE a.sid=b.sid AND b.cid='1201'
INTERSECT
SELECT sname AS 姓名, ssex AS 性别, tc AS 总学分
FROM student a, score b
WHERE a.sid=b.sid AND b.cid='1004';
```

(2)

```
SELECT sname AS 姓名, ssex AS 性别, tc AS 总学分
FROM student a, score b
WHERE a.sid=b.sid AND b.cid='1201'
MINUS
SELECT sname AS 姓名, ssex AS 性别, tc AS 总学分
FROM student a, score b
WHERE a.sid=b.sid AND b.cid='1004';
```

15.

```
SELECT speciality AS 专业, cname AS 课程名, MAX(grade) AS 最高分
FROM student a, score b, course c
WHERE a.sid=b.sid AND b.cid=c.cid
GROUP BY speciality, cname
```

16.

```
SELECT MAX(grade) AS 最高分
FROM student a, score b
WHERE a.sid=b.sid AND speciality='计算机'
GROUP BY speciality
```

17.

```
SELECT teacher.tname
FROM teacher
WHERE teacher.tid=
    (SELECT lecture.tid
     FROM lecture
```

```
    WHERE cid=
      (SELECT course.cid
        FROM course
        WHERE cname='数字电路'
        )
    );
```

18.

```
SELECT sid,cid,grade
FROM score
WHERE grade>
    (SELECT AVG(grade)
     FROM score
     WHERE grade IS NOT NULL
     );
```

19.

```
SELECT RANK() OVER(ORDER BY credit DESC) AS RANK, cid AS 课程号, cname AS 姓名,
credit AS 学分
FROM course;
```

20.

```
SELECT NTILE(2) OVER(ORDER BY credit DESC) AS NTILE, cid AS 课程号, cname AS 姓名,
credit AS 学分
FROM course;
```

21.

```
SELECT *
FROM teacher
WHERE REGEXP_LIKE(tname, '姚');
```

第6章　视图、索引、序列和同义词

一、选择题

1. D　　2. C　　3. A　　4. B　　5. C　　6. D　　7. A

二、填空题

1. 增加安全性

2. 基表

3. 满足可更新条件

4. 数据字典

5. 快速访问数据

6. 序号

7. 同义词

三、问答题(略)

四、应用题

1.

```
CREATE VIEW V_CourseScore
AS
SELECT b.sid,cname,grade
FROM course a, score b
WHERE a.cid=b.cid;

SELECT *
FROM V_CourseScore;
```

2.

```
CREATE VIEW V_StudentCourseScore
AS
SELECT a.sid, sname, ssex, speciality, cname, grade
FROM student a JOIN score c ON a.sid=c.sid JOIN course b ON b.cid=c.cid
WHERE speciality='计算机';

SELECT *
FROM V_StudentCourseScore;
```

3.

```
CREATE VIEW V_AvgGrade
AS
SELECT a.sid AS 学号, sname AS 姓名, AVG(grade) AS 平均分
FROM student a JOIN score b ON a.sid=b.sid
GROUP BY a.sid, sname
ORDER BY AVG(grade) DESC;

SELECT *
FROM V_AvgGrade;
```

4.

```
CREATE INDEX I_Sbirthday ON student(sbirthday);
```

5.

```
CREATE INDEX I_CnameCredit ON course(cname, credit);
```

6.

```
CREATE UNIQUE INDEX I_Tname ON teacher(tname);
```

第 7 章 数据完整性

一、选择题

1. A   2. D   3. A   4. C

二、填空题

1. 参照完整性
2. CHECK
3. UNIQUE
4. FOREIGN KEY

三、问答题（略）

四、应用题

1.

```
ALTER TABLE score
ADD CONSTRAINT CK_grade CHECK(grade>=0 AND grade<=100);
```

2.

```
ALTER TABLE student
DROP CONSTRAINT SYS_C009709;

ALTER TABLE student
ADD CONSTRAINT PK_sid PRIMARY KEY(sid);
```

提示

PRIMARY KEY 约束名可在 SQL Developer 中 student 表的约束条件中查得。

3.

```
ALTER TABLE score
ADD CONSTRAINT FK_sid FOREIGN KEY(sid) REFERENCES student(sid);
```

4.

```
ALTER TABLE score
ADD CONSTRAINT FK_cid FOREIGN KEY(cid) REFERENCES course(cid);
```

5.

```
ALTER TABLE score
DROP CONSTRAINT FK_sid;

ALTER TABLE score
DROP CONSTRAINT FK_cid;
```

第 8 章　PL/SQL 程序设计

一、选择题

1. B　　2. B　　3. C　　4. B　　5. C　　6. B　　7. D　　8. B

二、填空题

1. 过程化语言

2. 块

3. 循环结构

4. SELECT-INTO

5. EXCEPTION

6. OPEN ＜游标名＞

三、问答题（略）

四、应用题

1.

```
DECLARE
    v_n number:=2;
    v_s number:=0;
BEGIN
    WHILE v_n<=100
        LOOP
            v_s:=v_s+v_n;
            v_n:=v_n+2;
        END LOOP;
    DBMS_OUTPUT.PUT_LINE('1~100 的偶数和为：'||v_s);
END;
```

2.

```
DECLARE
    v_gd number(4,2);
BEGIN
    SELECT AVG(grade) INTO v_gd
    FROM teacher a, lecture b, course c, score d
    WHERE a.tid=b.tid AND b.cid=c.cid AND c.cid=d.cid AND grade IS NOT NULL AND
tname='罗晓伟';
    DBMS_OUTPUT.PUT_LINE('罗晓伟老师所讲课程的平均分');
    DBMS_OUTPUT.PUT_LINE(v_gd);
END;
```

3.

```
DECLARE
```

```
    v_n number:=1;
BEGIN
    LOOP
        DBMS_OUTPUT.PUT(v_n * v_n|| ' ');      /* 输出整数的平方及整数之间的间隔,不换行 */
        IF MOD(v_n,10)=0 THEN
            DBMS_OUTPUT.PUT_LINE('');        /* 输出 10 个整数的平方后,换行 */
        END IF;
        v_n:=v_n+1;
        EXIT WHEN  v_n>100;
    END LOOP;
END;
```

4.

```
SELECT EXTRACT(YEAR FROM SYSDATE)-EXTRACT(YEAR FROM sbirthday) AS 年龄
    FROM student;
```

5.

```
SELECT sid, TRUNC(AVG(grade))
    FROM score
    GROUP BY sid;
```

6.

```
DECLARE
    v_speciality char(12);
    v_cname char(16);
    v_avg number;
    CURSOR C_SpecialityCnameAvg                      /* 声明游标 */
    IS
    SELECT speciality,cname,AVG(grade)
        FROM student a,course b,score c
        WHERE a.sid=c.sid AND b.cid=c.cid
        GROUP BY speciality,cname
        ORDER BY speciality;
BEGIN
    OPEN C_SpecialityCnameAvg;                        /* 打开游标 */
    FETCH C_SpecialityCnameAvg INTO v_speciality, v_cname, v_avg;
        /* 读取的游标数据存放到指定的变量中 */
    WHILE C_SpecialityCnameAvg %FOUND
        /* 如果当前游标指向有效的一行,则进行循环,否则退出循环 */
        LOOP
            DBMS_OUTPUT.PUT_LINE('专业:'||v_speciality||'课程名:'||v_cname||'平
均成绩:'||TO_char(ROUND(v_avg,2)));
            FETCH C_SpecialityCnameAvg INTO v_speciality, v_cname, v_avg;
        END LOOP;
    CLOSE C_SpecialityCnameAvg;                       /* 关闭游标 */
```

END;

第 9 章　存储过程和函数

一、选择题
1. C　　2. B　　3. C　　4. C　　5. D　　6. A　　7. C

二、填空题
1. CREATE PROCEDURE
2. 输入参数
3. IN OUT
4. IN

三、问答题（略）

四、应用题

1.

(1)

```
CREATE OR REPLACE PROCEDURE P_SpecialityCnameAvg(p_spec IN student.speciality
%TYPE, p_cname IN course.cname%TYPE, p_avg OUT number)
/*创建存储过程 P_SpecialityCnameAvg, 参数 p_spec 和 p_cname 是输入参数, 参数 p_avg 是
  输出参数*/
AS
BEGIN
    SELECT AVG(grade) INTO p_avg
        FROM student a, course b, score c
        WHERE a.sid=c.sid AND b.cid=c.cid AND a.speciality=p_spec AND b.cname=p_
cname;
END;
```

(2)

```
DECLARE
    v_avg number(4,2);
BEGIN
    P_SpecialityCnameAvg('计算机','高等数学',v_avg);
    DBMS_OUTPUT.PUT_LINE('计算机专业高等数学的平均分是：'||v_avg);
END;
```

2.

(1)

```
CREATE OR REPLACE PROCEDURE P_CnameMax(p_cid IN course.cid%TYPE, p_cname OUT
course.cname%TYPE, p_max OUT number)
/*创建存储过程 P_CnameMax,参数 p_cid 是输入参数,参数 p_cname 和 p_max 是输出参数*/
```

```
AS
BEGIN
    SELECT cname INTO p_cname
        FROM course
        WHERE cid=p_cid;
    SELECT MAX(grade) INTO p_max
        FROM course a, score b
        WHERE a.cid=b.cid AND a.cid=p_cid;
END;
```

(2)

```
DECLARE
    v_cname course.cname%TYPE;
    v_max number;
BEGIN
    P_CnameMax('1201',v_cname,v_max);
    DBMS_OUTPUT.PUT_LINE('课程号 1201 的课程名是：'||v_cname||'最高分是：'||v_max);
END;;
```

3.

(1)

```
CREATE OR REPLACE PROCEDURE P_NameSchoolTitle(p_tid IN teacher.tid%TYPE, p_tname
OUT teacher.tname%TYPE, p_school OUT teacher.school%TYPE, p_title OUT teacher
.title%TYPE)
    /*创建存储过程 P_NameSchoolTitle,参数 p_tid 是输入参数,参数 p_tname、p_school 和 p_
    title 是输出参数 */
AS
BEGIN
    SELECT tname, school, title INTO p_tname, p_school, p_title
        FROM teacher
        WHERE tid=p_tid;
END;
```

(2)

```
DECLARE
    v_tname teacher.tname%TYPE;
    v_school teacher.school%TYPE;
    v_title teacher.title%TYPE;
BEGIN
    P_NameSchoolTitle('100006', v_tname, v_school, v_title);
    DBMS_OUTPUT.PUT_LINE('教师编号 100006 的教师姓名是：'|| v_tname ||'学院是：'|| v_
school ||'职称是：'||v_title);
END;
```

4.

(1)

```
CREATE OR REPLACE FUNCTION F_Average(v_speciality IN char, v_cid IN char)
            /*设置专业参数和课程号参数*/
    RETURN number
AS
    result number;                      /*定义返回值变量*/
BEGIN
    SELECT avg(grade) INTO result
        FROM student a,score b
        WHERE a.sid=b.sid AND speciality=v_speciality AND cid=v_cid;
    RETURN(result);                    /*返回语句*/
END F_Average;
```

(2)

```
DECLARE
    v_avg number;
BEGIN
    v_avg:=F_Average('通信','4002');
    DBMS_OUTPUT.PUT_LINE('通信专业 4002 课程的平均成绩是：'||v_avg);
END;
```

第 10 章   触发器和程序包

一、选择题

1. D   2. B   3. D   4. A   5. C

二、填空题

1. 系统触发器

2. 行级

3. 视图

4. 数据库系统

5. ALTER TRIGGER

6. 包规范

三、问答题(略)

四、应用题

1.

(1)

```
CREATE OR REPLACE TRIGGER T_TotalCredits
    BEFORE UPDATE ON student FOR EACH ROW
```

```
BEGIN
    IF :NEW.tc<>:OLD.tc THEN
        RAISE_APPLICATION_ERROR(-20002,'不能修改总学分');
    END IF;
END;
```

（2）

```
UPDATE student
  SET tc=52
  WHERE sno='124002';
```

2.

（1）

```
CREATE OR REPLACE TRIGGER T_TeacherLecture
    AFTER DELETE ON teacher FOR EACH ROW
BEGIN
    DELETE FROM lecture
        WHERE tid=:OLD.tid;
END;
```

（2）

```
DELETE FROM teacher
    WHERE tid='400009';

SELECT * FROM teacher;

SELECT * FROM lecture;
```

第 11 章 安 全 管 理

一、选择题

1. B   2. A   3. C   4. D

二、填空题

1. 相同

2. 模式

3. CREATE USER

4. WITH ADMIN OPTION

5. 角色

6. SET ROLE

三、问答题（略）

四、应用题

1.

```
SQL>CREATE USER Su
  2      IDENTIFIED BY green
  3      DEFAULT TABLESPACE USERS
  4      TEMPORARY TABLESPACE TEMP
  5      QUOTA 15M ON USERS;
```

2.

```
SQL>GRANT CREATE SESSION TO Su;

SQL>GRANT SELECT, INSERT, DELETE ON student TO Su;
```

3.

```
SQL>CREATE USER teacher1
  2      IDENTIFIED BY 123456
  3      DEFAULT TABLESPACE USERS
  4      TEMPORARY TABLESPACE TEMP;

SQL>CREATE USER teacher2
  2      IDENTIFIED BY 123456
  3      DEFAULT TABLESPACE USERS
  4      TEMPORARY TABLESPACE TEMP;
```

4.

```
SQL>GRANT CREATE SESSION TO teacher1;
SQL>GRANT CREATE SESSION TO teacher2;
SQL>GRANT CREATE ANY TABLE, CREATE ANY PROCEDURE TO teacher1;
SQL>GRANT CREATE ANY TABLE, CREATE ANY PROCEDURE TO teacher2;
```

5.

```
SQL>CREATE ROLE TeaRole IDENTIFIED BY 1234;
SQL>GRANT SELECT, INSERT, UPDATE, DELETE ON teatb TO TeaRole;
```

6.

```
SQL>GRANT TeaRole TO teacher1;
SQL>GRANT TeaRole TO teacher2;
```

7.

```
SQL>DROP ROLE TeaRole;
SQL>DROP USER teacher1 CASCADE;
SQL>DROP USER teacher2 CASCADE;
```

第 12 章 备份和恢复

一、选择题

1. A   2. C   3. B   4. B

二、填空题

1. 运行

2. RMAN

3. MOUNT

4. 归档日志

三、问答题(略)

四、应用题

1.

(1) 创建目录。

```
SQL>CREATE DIRECTORY exer_dir as 'd:\OraBk';
```

(2) 使用 EXPDP 导出数据。

```
C:\Users\dell>EXPDP SYSTEM/Ora123456 DUMPFILE=TEACHER.DMP DIRECTORY=EXER_DIR
TABLES=TEACHER
```

(3) 删除 teacher 表。

```
SQL>DROP TABLE teacher;
SQL>COMMIT;
```

(4) 使用 IMPDP 导入 teacher 表。

```
C:\Users\dell>IMPDP SYSTEM/Ora123456 DUMPFILE=TEACHER.DMP DIRECTORY=EXER_DIR
TABLES=TEACHER
```

2.

(1) 使用 system 用户登录 SQL * Plus,开启时间显示。

```
SQL>SET TIME ON
```

(2) 查询 score 表中的数据,删除 score 表中的数据并提交,记录删除的时间点为 15:11:33。

```
15:11:15 SQL>SELECT * FROM score;

15:11:33 SQL>DELETE FROM score WHERE sid='221004';

15:12:12 SQL>COMMIT;
```

（3）使用表闪回进行恢复。

```
15:12:27 SQL>  ALTER TABLE score ENABLE ROW MOVEMENT;

15:12:48 SQL>  FLASHBACK TABLE score TO TIMESTAMP
15:15:41   2          TO_TIMESTAMP('2023-04-03 15:11:33','YYYY-MM-DD HH24:MI:SS');
```

第 13 章　事 务 和 锁

一、选择题

1. B　　2. C　　3. A　　4. D

二、填空题

1. 持久性

2. 排它锁

3. 幻想读

4. COMMIT

5. ROLLBACK

6. SAVEPOINT

三、问答题（略）

第 14 章　学生成绩管理系统开发

一、选择题

1. B　　2. D　　3. C

二、填空题

1. Struts

2. 程序对象到关系数据库数据

3. 实现 Action 接口

4. 表

5. applicationContext.xml

三、应用题（略）

案例数据库：学生信息数据库 stsystem的表结构和样本数据

1. stsystem 数据库的表结构

stsystem 数据库的表结构见表 B.1～表 B.5。

表 B.1　student（学生表）的表结构

列　　名	数据类型	非　　空	是否主键	说　　明
sid	char(6)	√	主键	学号
sname	char(12)	√		姓名
ssex	char(3)	√		性别
sbirthday	date	√		出生日期
speciality	char(12)			专业
tc	number			总学分

表 B.2　course（课程表）的表结构

列　　名	数据类型	非　　空	是否主键	说　　明
cid	char(4)	√	主键	课程号
cname	char(15)	√		课程名
credit	number			学分

表 B.3　score（成绩表）的表结构

列　　名	数据类型	非　　空	是否主键	说　　明
sid	char(6)	√	主键	学号
cid	char(4)	√	主键	课程号
grade	number			成绩

表 B.4　teacher（教师表）的表结构

列　　名	数据类型	非　　空	是否主键	说　　明
tid	char(6)	√	主键	教师编号
tname	char(12)	√		姓名
tsex	char(3)	√		性别
tbirthday	date	√		出生日期
title	char(12)			职称
school	char(15)			学院

表 B.5　lecture（讲课表）的表结构

列　　名	数据类型	非　空	是否主键	说　　明
tid	char(6)	√	主键	教师编号
cid	char(4)	√	主键	课程号
location	char(6)			上课地点

2. stsystem 数据库的样本数据

stsystem 数据库的样本数据见表 B.6～表 B.10。

表 B.6　student（学生表）的样本数据

学　　号	姓　　名	性　别	出 生 日 期	专　业	总 学 分
221001	何德明	男	2001-07-16	计算机	52
221002	王丽	女	2002-09-21	计算机	50
221004	田桂芳	女	2002-12-05	计算机	52
224001	周思远	男	2001-03-18	通信	52
224002	许月琴	女	2002-06-23	通信	48
224003	孙俊松	男	2001-10-07	通信	50

表 B.7　course（课程表）的样本数据

课 程 号	课 程 名	学　分	课 程 号	课 程 名	学　分
1004	数据库系统	4	4002	数字电路	3
1015	数据结构	3	8001	高等数学	5
1201	英语	5			

表 B.8　score（成绩表）的样本数据

学　　号	课 程 号	成　绩	学　　号	课 程 号	成　绩
221001	1004	94	224001	4002	92
221002	1004	86	224002	4002	78
221004	1004	90	224003	4002	89
221001	1201	93	221001	8001	91
221002	1201	76	221002	8001	87
221004	1201	92	221004	8001	85
224001	1201	82	224001	8001	86
224002	1201	75	224002	8001	NULL
224003	1201	91	224003	8001	93

表 B.9　teacher（教师表）的样本数据

教师编号	姓　　名	性　别	出 生 日 期	职　　称	学　　院
100006	汤俊才	男	1979-06-23	教授	计算机学院
100015	梁倩	女	1983-04-09	教授	计算机学院
120026	罗晓伟	男	1987-08-15	副教授	外国语学院

续表

教 师 编 号	姓 名	性 别	出 生 日 期	职 称	学 院
400009	郭莉君	女	1994-12-28	讲师	通信学院
800017	姚万祥	男	1988-11-07	副教授	数学学院

表 B.10　lecture（讲课表）的样本数据

教 师 编 号	课 程 号	上 课 地 点	教 师 编 号	课 程 号	上 课 地 点
100006	1004	1-108	400009	4002	4-216
120026	1201	5-203	800017	8001	3-114

实验数据库：商店数据库shoppm 的表结构和样本数据

1. shoppm 数据库的表结构

shoppm 数据库的表结构见表 C.1～表 C.5。

表 C.1　DeptExpm（部门表）的表结构

列　名	数据类型	非　空	是否主键	说　明
DeptNo	varchar2(4)	√	主键	部门号
DeptName	varchar2(15)	√		部门名称

表 C.2　EmplExpm（员工表）的表结构

列　名	数据类型	非　空	是否主键	说　明
EmplNo	varchar2(4)	√	主键	员工号
EmplName	varchar2(12)	√		姓名
Sex	varchar2(3)	√		性别
Birthday	date	√		出生日期
Native	varchar2(18)			籍贯
Wages	number	√		工资
DeptNo	varchar2(4)			部门号

表 C.3　OrderExpm（订单表）的表结构

列　名	数据类型	非　空	是否主键	说　明
OrderNo	varchar2(6)	√	主键	订单号
EmplNo	varchar2(4)			员工号
CustNo	varchar2(4)			客户号
SaleDate	date	√		销售日期
Cost	number	√		总金额

表 C.4　DetailExpm（订单明细表）的表结构

列　名	数据类型	非　空	是否主键	说　明
OrderNo	varchar2(6)	√	主键	订单号
GoodsNo	varchar2(4)	√	主键	商品号
SUnitPrice	number	√		销售单价
Quantity	number	√		销售数量

续表

列　　名	数 据 类 型	非　　空	是 否 主 键	说　　明
Total	number	√		总价
Discount	float	√		折扣率
DiscTotal	number	√		折扣总价

表 C.5　GoodsExpm(商品表)的表结构

列　　名	数 据 类 型	非　　空	是 否 主 键	说　　明
GoodsNo	varchar2(4)	√	主键	商品号
GoodsName	varchar2(30)	√		商品名称
Classification	varchar2(24)	√		商品类型
UnitPrice	number			单价
Stock	number	√		库存量

2. shoppm 数据库的样本数据

shoppm 数据库的样本数据见表 C.6～表 C.10。

表 C.6　DeptExpm(部门表)的样本数据

部　门　号	部 门 名 称	部　门　号	部 门 名 称
D001	销售部	D004	经理办
D002	人事部	D005	物资部
D003	财务部		

表 C.7　EmplExpm(员工表)的样本数据

员 工 号	姓　名	性　　别	出 生 日 期	籍　贯	工　资	部　门　号
E001	刘志强	男	1983-06-21	上海	4700.00	D001
E002	高静	女	1987-11-07	北京	4000.00	D002
E003	傅思远	男	1981-03-14	NULL	4900.00	D001
E004	梁婉如	女	1992-09-17	四川	3600.00	NULL
E005	管小翠	女	1985-12-08	上海	3800.00	D003
E006	顾敏	男	1976-07-28	北京	7100.00	D004

表 C.8　OrderExpm(订单表)的样本数据

订　单　号	员 工 号	客　户　号	销 售 日 期	总　金　额
S00001	E001	C001	2023-04-15	17644.50
S00002	E003	C002	2023-04-15	31996.80
S00003	E004	C003	2023-04-15	11318.40
S00004	NULL	C004	2023-04-15	7989.30

表 C.9 DetailExpm（订单明细表）的样本数据

订　单　号	商品号	销售单价	数　　量	总　　价	折扣率	折扣总价
S00001	1001	6288.00	2	12576.00	0.1	11318.40
S00001	2001	7029.00	1	7029.00	0.1	6326.10
S00002	1002	8877.00	2	17754.00	0.1	15978.60
S00002	3001	8899.00	2	17798.00	0.1	16018.20
S00003	1001	6288.00	2	12576.00	0.1	11318.40
S00004	1002	8877.00	2	8877.00	0.1	7989.30

表 C.10 GoodsExpm（商品表）的样本数据

商品号	商品名称	商品类型	单　　价	库　存　量
1001	Microsoft Surface Pro7	笔记本电脑	6288.00	8
1002	DELL XPS13-7390	笔记本电脑	8877.00	8
2001	Apple iPad Pro	平板电脑	7029.00	4
3001	DELL PowerEdgeT140	服务器	8899.00	4
4001	EPSON L565	打印机	1959.00	5

参 考 文 献

[1] SILBERSCHATZ A，KORTH H F，SUDARSHAN S. Database System Concepts［M］. Sixth Edition. New York：The McGraw-Hill Companies，Inc，2011.

[2] 王珊，萨师煊. 数据库系统概论［M］. 5 版. 北京：高等教育出版社，2014.

[3] 何玉洁. 数据库原理与应用教程［M］. 4 版. 北京：机械工业出版社，2016.

[4] 明日科技. Oracle 从入门到精通［M］. 5 版. 北京：清华大学出版社，2021.

[5] 马明环. Oracle 数据库开发实用教程(微课版)［M］. 2 版. 北京：清华大学出版社，2023.

[6] 张华. Oracle 19c 数据库应用(全案例微课版)［M］. 北京：清华大学出版社，2022.

[7] 王英英. Oracle 19c 从入门到精通(视频教学超值版)［M］. 北京：清华大学出版社，2021.

[8] 张立杰，陈恒，陶永鹏，等. Oracle 数据库系统管理与运维(微课视频版)［M］. 北京：清华大学出版社，2021.